高等院校数字化建设精品教材

# 高等数学

（上册）

主　编　李成群　秦　斌
副主编　屈思敏　黎协锐
编　者　（按姓氏笔画排序）
　　　　史丽华　朱红英　孙宪波　严可颂
　　　　李延波　张晶华　林承初　周成容
　　　　姚胜伟　黄玲花　黄　勤
主　审　曾凡平

## 内 容 简 介

本书是根据教育部制定的《经济管理类本科数学基础课程教学基本要求》,面向应用型高等院校经管类学生编写的高等数学教材.全书分为上、下两册,上册主要内容有函数、极限与连续,导数与微分,导数的应用,不定积分,定积分及其应用等.

本书精选了大量的例题和习题,帮助读者更好地理解基本概念,掌握基本方法;每章结尾给出了知识网络图,便于课后总结归纳,还给出了覆盖全章知识点的总习题(A类),以及为学有余力的学生准备的往年考研试题——总习题(B类);书末附有习题参考答案.

本书可供应用型高等院校经济管理类本科各专业的学生使用,也可作为其他专业的教师和学生的教材参考书.

### 图书在版编目(CIP)数据

高等数学.上册/李成群,秦斌主编.—北京:北京大学出版社,2021.8
ISBN 978-7-301-32302-1

Ⅰ.①高… Ⅱ.①李…②秦… Ⅲ.①高等数学—高等学校—教材 Ⅳ.①O13

中国版本图书馆 CIP 数据核字(2021)第 131902 号

| | |
|---|---|
| **书　　　名** | 高等数学(上册)<br>GAODENG SHUXUE (SHANGCE) |
| **著作责任者** | 李成群　秦　斌　主编 |
| **责任编辑** | 尹照原 |
| **标准书号** | ISBN 978-7-301-32302-1 |
| **出版发行** | 北京大学出版社 |
| **地　　　址** | 北京市海淀区成府路 205 号　100871 |
| **网　　　址** | http://www.pup.cn |
| **电子信箱** | zpup@pup.cn |
| **新浪微博** | @北京大学出版社 |
| **电　　　话** | 邮购部 010-62752015　发行部 010-62750672　编辑部 010-62752021 |
| **印 刷 者** | 长沙超峰印刷有限公司 |
| **经 销 者** | 新华书店<br>787 毫米×1092 毫米　16 开本　12.75 印张　319 千字<br>2021 年 8 月第 1 版　2022 年 5 月第 2 次印刷 |
| **定　　　价** | 42.00 元 |

未经许可,不得以任何方式复制或抄袭本书之部分或全部内容。
**版权所有,侵权必究**
举报电话:010-62752024　电子信箱:fd@pup.pku.edu.cn
图书如有印装质量问题,请与出版部联系,电话:010-62756370

# 前　言

本书是根据教育部制定的《经济管理类本科数学基础课程教学基本要求》，面向应用型高等院校经管类学生编写的高等数学教材。在本书的编写过程中，我们参阅了大量文献，充分吸收其他教材的优点，在保证教学基本要求的前提下，为适应应用型本科院校学生的需求，对一些内容做了适当精简与合并，力争使本教材具有如下特点：通俗、简单、应用性强。

在内容编排上，我们在每章的开头设有"本章导学""问题背景"，使读者在学习每一章之前，先对内容有一个大致的了解。在内容安排上，力求做到深入浅出、通俗易懂，通过例子、几何图形等帮助读者理解，最终达到熟记。其中的定理和性质有选择地给出证明过程，省略一些烦琐、冗长的推导过程。书中的例子都经过精心挑选，特别加强高等数学在经济问题中的应用，相信这些例子有助于读者更好地理解教材内容，加强学生应用意识和创新能力的培养。同时，在每一节的结尾都安排"小结"和"应用导学"，并配有相应的习题，帮助读者巩固所学知识。另外，在每一章的结尾附有"知识网络图""总习题(A类)""总习题(B类)"，对学生全面掌握知识很有帮助，其中总习题(A类)面向全体学生考察基础知识的综合运用能力，总习题(B类)是往年的考研试题，是面向一些学有余力及有考研志向的学生。

本书分为上、下两册，共十章。上册内容包括函数、极限与连续，导数与微分，导数的应用，不定积分，定积分及其应用等；下册内容包括空间解析几何简介，多元函数微分学，多元函数积分学，无穷级数，常微分方程等。

本书由李成群、秦斌任主编，屈思敏、黎协锐任副主编，曾凡平主审，其他参加编写人员有黄玲花、黄勤、严可颂、史丽华、姚胜伟、张晶华、周成容、林承初、孙宪波、朱红英、李延波。全书由李成群、朱红英、李延波负责统稿。贾华筹备了配套教学资源，谷任盟、易永荣提供了版式和装帧设计方案，在此一并表示感谢。

本教材在编写过程中得到了农卓恩教授的大力支持，在此深表感谢！

由于编者水平有限，书中难免存在疏漏和不妥之处，恳请专家、同行和读者批评指正。

编　者

# 目　录

## 第一章　函数、极限与连续 ... 1
### 第一节　函数 ... 1
### 第二节　函数的极限 ... 11
### 第三节　无穷大与无穷小 ... 17
### 第四节　极限的运算法则 ... 20
### 第五节　极限存在准则与两个重要极限 ... 24
### 第六节　无穷小的比较 ... 29
### 第七节　函数的连续性与间断点 ... 33
### 第八节　闭区间上连续函数的性质 ... 40
### 知识网络图 ... 43
### 总习题一（A类） ... 44
### 总习题一（B类） ... 45

## 第二章　导数与微分 ... 47
### 第一节　导数的概念 ... 47
### 第二节　导数的四则运算法则与导数的基本公式 ... 55
### 第三节　初等函数的求导问题 ... 61
### 第四节　隐函数的导数　由参数方程所确定的函数的导数 ... 66
### 第五节　高阶导数 ... 70
### 第六节　函数的微分 ... 72
### 知识网络图 ... 79
### 总习题二（A类） ... 79
### 总习题二（B类） ... 80

## 第三章　导数的应用 ... 82
### 第一节　微分中值定理 ... 82
### 第二节　洛必达法则 ... 87
### 第三节　函数的单调性、极值与最值 ... 93
### 第四节　曲线的凹凸性与拐点 ... 102
### 第五节　函数图形的描绘 ... 105
### 第六节　导数在经济学中的应用 ... 109
### 知识网络图 ... 117
### 总习题三（A类） ... 118

总习题三(B类) ……………………………………………………………… 119

## 第四章　不定积分 …………………………………………………………… 124
　第一节　不定积分的概念、性质与基本公式 ………………………………… 124
　第二节　不定积分的换元积分法 ……………………………………………… 130
　第三节　不定积分的分部积分法 ……………………………………………… 139
　第四节　有理函数的不定积分 ………………………………………………… 142
　　知识网络图 …………………………………………………………………… 146
　　总习题四(A类) ……………………………………………………………… 146
　　总习题四(B类) ……………………………………………………………… 148

## 第五章　定积分及其应用 …………………………………………………… 149
　第一节　定积分的概念及其性质 ……………………………………………… 149
　第二节　微积分基本定理 ……………………………………………………… 155
　第三节　定积分的计算 ………………………………………………………… 159
　第四节　定积分的应用 ………………………………………………………… 166
　　知识网络图 …………………………………………………………………… 178
　　总习题五(A类) ……………………………………………………………… 179
　　总习题五(B类) ……………………………………………………………… 180

**习题参考答案** ………………………………………………………………… 183
**参考文献** ……………………………………………………………………… 198

# 第一章 函数、极限与连续

**本章导学**

函数是现代数学的基本概念之一,是高等数学的主要研究对象.极限概念是微积分的理论基础,极限方法是微积分的基本分析方法,因此,掌握、运用好极限方法是学好微积分的关键.连续是函数的一个重要性态,是微积分的研究对象.本章将介绍函数、极限及函数的连续性等基本概念、性质,并学会处理与其相关的计算问题,为后续的微积分学习打下必要的基础.

**问题背景**

在现实世界中,客观世界的许多现象和事物不仅是运动变化的,而且其运动变化的过程往往是连续不断的.17世纪初,数学首先从对运动(如天文、航海问题等)的研究中引出了函数这个基本概念.在此后的二百多年里,函数在几乎所有的科学研究工作中占据了中心位置.高等数学是以变量为研究对象,进而研究变量之间的依赖关系、变量的变化趋势等问题.

## 第一节 函 数

函数是数学中最重要的基本概念之一,是现实世界中量与量之间的依存关系在数学中的反映.本节我们将进一步阐明函数的一般定义,描述关于函数的简单性态,并给它们重新分类.

### 一、集合

**1. 集合的概念**

集合是数学中的一个基本概念,它在现代数学中起着非常重要的作用.一般说来,**集合**是指具有某种属性的事物的全体,或是一些确定对象的汇总.构成集合的事物或对象,称为集合的**元素**.

通常用大写字母 $A,B,C,\cdots$ 表示集合,用小写字母 $a,b,c,\cdots$ 表示集合的元素. 如果 $a$ 是集合 $A$ 的元素,则称 $a$ 属于 $A$,记作 $a \in A$;如果 $a$ 不是集合 $A$ 的元素,则称 $a$ 不属于 $A$,记作 $a \notin A$.

由有限个元素组成的集合称为**有限集**;由无限个元素组成的集合称为**无限集**.

本书以后用到的集合主要是**数集**,即元素都是数的集合. 如果没有特别声明,以后提到的数都是实数.

对常用的一些数集,集合的符号表示我们采用习惯记号,例如,

自然数集:**N**, 整数集:**Z**, 有理数集:**Q**, 实数集:**R**.

集合的表示方法:我们常用列举和描述的方法来表示集合. 例如,由 $a,b,c,d$ 四个元素组成的集合,记作 $A$,可表示为 $A = \{a,b,c,d\}$;满足方程 $x^2+5x+6=0$ 的解 $x$ 组成的集合,记作 $B$,可表示为 $B = \{x \mid x^2+5x+6=0, x \in \mathbf{R}\}$.

**子集**:如果集合 $A$ 中每一个元素都是集合 $B$ 的元素,即 $x \in A$,则必有 $x \in B$,那么称 $A$ 为 $B$ 的子集,记作 $A \subset B$(读作 $A$ 包含于 $B$) 或 $B \supset A$(读作 $B$ 包含 $A$).

例如,$\mathbf{N} \subset \mathbf{Z} \subset \mathbf{Q} \subset \mathbf{R}$.

**集合相等**:如果 $A \subset B$ 且 $B \subset A$,则称集合 $A$ 与 $B$ 相等,记作 $A = B$.

例如,$A = \{2,3\}, B = \{x \mid x^2-5x+6=0, x \in \mathbf{R}\}$,则 $A = B$.

**空集**:不含任何元素的集合称为空集,记作 $\varnothing$.

例如,$A = \{x \mid x^2+1=0, x \in \mathbf{R}\} = \varnothing$.

**并集**:设 $A, B$ 是两个集合,称由这两个集合中的所有元素组成的集合为 $A$ 与 $B$ 的并集,记作 $A \cup B$,即

$$A \cup B = \{x \mid x \in A \text{ 或 } x \in B\}.$$

例如,$A = \{1,2,3\}, B = \{3,5\}$,则 $A \cup B = \{1,2,3,5\}$.

**交集**:设 $A, B$ 是两个集合,称由这两个集合中的所有公共元素组成的集合为 $A$ 与 $B$ 的交集,记作 $A \cap B$,即

$$A \cap B = \{x \mid x \in A \text{ 且 } x \in B\}.$$

例如,$A = \{2,3,4\}, B = \{3,4,5\}$,则 $A \cap B = \{3,4\}$.

### 2. 区间

区间是用得较多的一类数集. 区间在数轴上的表示如图 1-1 所示.

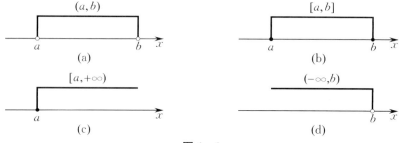

图 1-1

**有限区间**:设 $a$ 和 $b$ 都是实数,且 $a < b$,称数集 $\{x \mid a < x < b\}$ 为**开区间**,记作 $(a,b)$ [见图 1-1(a)];称数集 $\{x \mid a \leqslant x \leqslant b\}$ 为**闭区间**,记作 $[a,b]$ [见图 1-1(b)].

类似地有**半开区间**:$[a,b) = \{x \mid a \leqslant x < b\}$,$(a,b] = \{x \mid a < x \leqslant b\}$.

以上这些区间都称为有限区间,数 $b-a$ 称为这些区间的**长度**.

**无限区间**:引进记号 $+\infty$(读作正无穷大)及 $-\infty$(读作负无穷大),则可类似地表示无限区间,例如 $[a, +\infty) = \{x \mid x \geqslant a\}$[见图 1-1(c)],$(-\infty, b) = \{x \mid x < b\}$[见图 1-1(d)].

实数集 **R** 也可记作 $(-\infty, +\infty)$,它也是一个无限区间.

### 3. 邻域

**点 $a$ 的 $\delta$ 邻域**:设 $\delta$ 是任一正数,称开区间 $(a-\delta, a+\delta)$ 为点 $a$ 的 $\delta$ 邻域(见图 1-2),记作 $U(a, \delta)$,即

$$U(a, \delta) = \{x \mid a-\delta < x < a+\delta\} = \{x \mid |x-a| < \delta\},$$

其中点 $a$ 称为该邻域的**中心**,$\delta$ 称为该邻域的**半径**.

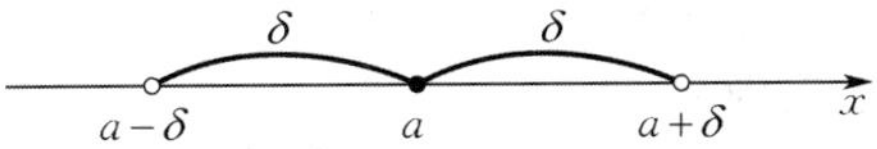

图 1-2

**点 $a$ 的去心 $\delta$ 邻域**:在点 $a$ 的 $\delta$ 邻域中去掉中心后,得到的区间称为点 $a$ 的去心 $\delta$ 邻域,记作 $\mathring{U}(a, \delta)$,即

$$\mathring{U}(a, \delta) = \{x \mid 0 < |x-a| < \delta\} = (a-\delta, a) \cup (a, a+\delta).$$

如果不需要强调邻域的半径,则用 $U(a)$ 表示点 $a$ 的某个邻域,$\mathring{U}(a)$ 表示点 $a$ 的某个去心邻域.

## 二、函数的概念

**定义 1** 设 $x$ 和 $y$ 是两个变量,$D$ 是一个给定的数集. 如果对于任一 $x \in D$,变量 $y$ 按照一定法则总有唯一确定的数值与之对应,则称 $y$ 是 $x$ 的**函数**,记作

$$y = f(x),$$

其中数集 $D$ 称为该函数的**定义域**,$x$ 称为**自变量**,$y$ 称为**因变量**. 当 $x$ 取数值 $x_0 \in D$ 时,与 $x_0$ 对应的 $y$ 的数值称为函数 $y = f(x)$ 在点 $x_0$ 处的**函数值**,记作 $f(x_0)$. 当 $x$ 取遍 $D$ 中的各个数值时,对应的函数值全体组成的数集

$$R_f = \{y \mid y = f(x), x \in D\}$$

称为该函数的**值域**.

**例 1** 函数 $y = 2$ 的定义域为 $D = (-\infty, +\infty)$,值域为 $R_f = \{2\}$,其图形如图 1-3 所示.

**例 2** 绝对值函数 $y = |x| = \begin{cases} x, & x \geqslant 0, \\ -x, & x < 0 \end{cases}$ 的定义域为 $D = (-\infty, +\infty)$,值域为 $R_f = [0, +\infty)$.

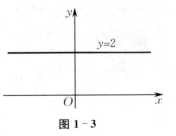

图 1-3

如果两个函数的定义域和对应法则都相同,则这两个函数是相同的,否则是不同的.

**例 3** 判断下列函数是否相同,并说明理由:

(1) $y = 1$ 与 $y = \sin^2 x + \cos^2 x$;      (2) $y = 2x+1$ 与 $x = 2y+1$.

**解** (1) 虽然这两个函数的表现形式不同,但它们的定义域 $(-\infty, +\infty)$ 与对应法则均

相同,因此这两个函数相同.

(2) 虽然这两个函数的自变量与因变量所用的字母不同,但它们的定义域$(-\infty,+\infty)$与对应法则均相同,因此这两个函数相同.

在自变量的不同变化范围内,对应法则用不同的表达式来表示的函数称为**分段函数**. 下面给出一些常见的分段函数.

**例 4** (1) **符号函数**

$$y = \operatorname{sgn} x = \begin{cases} 1, & x > 0, \\ 0, & x = 0, \\ -1, & x < 0. \end{cases}$$

(2) **取整函数** $y = [x]$,其中$[x]$表示不超过$x$的最大整数. 例如,$[1.2] = 1$,$[-2.3] = -3$,$[-2] = -2$.

(3) **狄利克雷(Dirichlet)函数**

$$y = D(x) = \begin{cases} 1, & \text{当 } x \text{ 是有理数时}, \\ 0, & \text{当 } x \text{ 是无理数时}. \end{cases}$$

**例 5** 求下列函数的定义域和值域:

(1) $f(x) = \sqrt{9-x^2}$; (2) $f(x) = \lg(4x-3)$.

**解** (1) 在偶次根式中,被开方式必须大于等于零,所以有$9-x^2 \geq 0$,解得$-3 \leq x \leq 3$,即函数的定义域为$D = [-3,3]$,这时值域为$R_f = [0,3]$.

(2) 在对数中,真数必须大于零,所以有$4x-3 > 0$,解得$x > \dfrac{3}{4}$,即函数的定义域为$D = \left(\dfrac{3}{4}, +\infty\right)$,这时值域为$R_f = (-\infty, +\infty)$.

## 三、函数的几种特性

**1. 函数的单调性**

设函数$y = f(x)$的定义域为$D$,区间$I \subset D$. 如果对于区间$I$上任意两点$x_1$及$x_2$,

(1) 当$x_1 < x_2$时,恒有$f(x_1) < f(x_2)$,则称函数$f(x)$在区间$I$上是**单调增加**的;

(2) 当$x_1 < x_2$时,恒有$f(x_1) > f(x_2)$,则称函数$f(x)$在区间$I$上是**单调减少**的.

单调增加函数和单调减少函数统称为**单调函数**,如果函数$y = f(x)$在某个区间上是单调函数,那么就说函数$y = f(x)$在该区间上具有**单调性**. 这一区间叫作函数$y = f(x)$的**单调区间**,在单调区间上单调增加函数的图形是上升的,单调减少函数的图形是下降的.

例如,函数$y = x^2$在$(-\infty, 0)$上单调减少,在$(0, +\infty)$上单调增加,但在$(-\infty, +\infty)$上不是单调函数(见图1-4). 而函数$y = x^3$在$(-\infty, +\infty)$上是单调增加的(见图1-5).

**注** (1) 函数的单调性也称为函数的增减性.

(2) 函数的单调性是对某个区间而言的,它是一个局部概念.

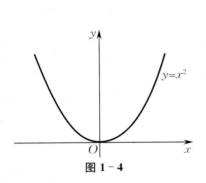
图 1-4

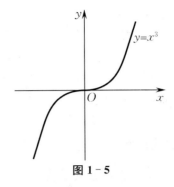
图 1-5

**2. 函数的奇偶性**

设函数 $y=f(x)$ 的定义域 $D$ 关于原点对称,即若 $x\in D$,则必有 $-x\in D$.

(1) 如果对于任一 $x\in D, f(-x)=f(x)$ 恒成立,则称 $f(x)$ 为**偶函数**;

(2) 如果对于任一 $x\in D, f(-x)=-f(x)$ 恒成立,则称 $f(x)$ 为**奇函数**.

在平面直角坐标系中,偶函数的图形关于 $y$ 轴对称(见图 1-6),奇函数的图形关于原点对称(见图 1-7).

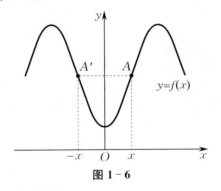
图 1-6

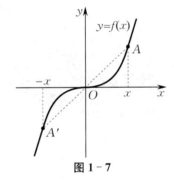
图 1-7

**3. 函数的周期性**

设函数 $y=f(x)$ 的定义域为 $D$. 若存在一个常数 $T>0$,使得对于任一 $x\in D$,必有 $x\pm T\in D$,并且

$$f(x\pm T)=f(x)$$

恒成立,则称 $f(x)$ 为**周期函数**,其中 $T$ 称为 $f(x)$ 的**周期**. 周期函数的周期通常是指它的**最小正周期**. 例如,函数 $\sin x, \cos x$ 都是以 $2\pi$ 为周期的周期函数;函数 $\tan x, \cot x$ 都是以 $\pi$ 为周期的周期函数.

**4. 函数的有界性**

设函数 $y=f(x)$ 的定义域为 $D$,数集 $X\subset D$.

(1) 如果存在数 $K_1$,使得 $f(x)\leqslant K_1$ 对任一 $x\in X$ 都成立,则称函数 $f(x)$ 在 $X$ 上有**上界**,而 $K_1$ 称为 $f(x)$ 在 $X$ 上的一个上界;

(2) 如果存在数 $K_2$,使得 $f(x)\geqslant K_2$ 对任一 $x\in X$ 都成立,则称函数 $f(x)$ 在 $X$ 上有**下界**,而 $K_2$ 称为 $f(x)$ 在 $X$ 上的一个下界;

(3) 如果存在正数 $M$,使得 $|f(x)|\leqslant M$ 对任一 $x\in X$ 都成立,则称函数 $f(x)$ 在 $X$ 上有

**界**;如果这样的正数 $M$ 不存在,则称函数 $f(x)$ 在 $X$ 上**无界**. 这就是说,如果对于任一正数 $M$, 总存在 $x_1 \in X$, 使得 $|f(x_1)| > M$, 那么函数 $f(x)$ 在 $X$ 上无界.

例如, $|\sin x| \leqslant 1$ 对任一 $x$ 都成立, 故函数 $f(x) = \sin x$ 在 $(-\infty, +\infty)$ 上是有界的. 这里 $M = 1$, 1 是它的一个上界, $-1$ 是它的一个下界.

又如, 函数 $f(x) = \dfrac{1}{x}$ 在开区间 $(0, 1)$ 内没有上界, 但有下界, 1 就是它的一个下界.

## 四、反函数

设函数 $y = f(x)$ 的定义域为 $D$, 值域为 $R_f$. 如果对于任一 $y \in R_f$, 有唯一的 $x \in D$ 与之对应, 即 $f(x) = y$, 那么变量 $x$ 也是变量 $y$ 的函数. 这个函数用 $x = \varphi(y)$ 来表示, 称为函数 $y = f(x)$ 的**反函数**.

由于习惯上用 $x$ 表示自变量, $y$ 表示因变量, 于是函数 $y = f(x), x \in D$ 的反函数一般记作

$$y = f^{-1}(x), \quad x \in f(D) = R_f.$$

例如, $y = x^3, x \in \mathbf{R}$ 的反函数通常写作 $y = x^{\frac{1}{3}}, x \in \mathbf{R}$.

相对于反函数 $y = f^{-1}(x)$ 来说, 原来的函数 $y = f(x)$ 称为**直接函数**. 将直接函数 $y = f(x)$ 和它的反函数 $y = f^{-1}(x)$ 的图形画在同一坐标平面上, 这两个函数的图形关于直线 $y = x$ 对称.

## 五、初等函数

**1. 基本初等函数**

下列函数统称为基本初等函数.

**常数函数**: $y = C$($C$ 为常数);

**幂函数**: $y = x^\mu$ ($\mu$ 为实数);

**指数函数**: $y = a^x$ ($a > 0$ 且 $a \neq 1$);

**对数函数**: $y = \log_a x$ ($a > 0$ 且 $a \neq 1$);

**三角函数**: 如 $y = \sin x, y = \cos x, y = \tan x, y = \cot x, y = \sec x, y = \csc x$;

**反三角函数**: 如 $y = \arcsin x, y = \arccos x, y = \arctan x, y = \operatorname{arccot} x$.

以上六种基本初等函数的图形、性质在中学教材中已列出, 这里不再详细介绍.

**2. 复合函数**

在现实经济活动中, 我们会遇到这样的问题: 一般来说, 成本 $C$ 可以看作产量 $q$ 的函数, 而产量 $q$ 又是时间 $t$ 的函数, 时间 $t$ 通过产量 $q$ 间接影响成本 $C$, 那么成本 $C$ 就可以看作时间 $t$ 的函数. $C$ 与 $t$ 的这种函数关系称为一种复合的函数关系.

**• 定义 2** 设 $y$ 是 $u$ 的函数 $y = f(u)$, $u$ 是 $x$ 的函数 $u = \varphi(x)$. 如果 $u = \varphi(x)$ 的值域或其部分值域包含于 $y = f(u)$ 的定义域, 则 $y$ 通过 $u$ 构成 $x$ 的函数, 称为 $x$ 的**复合函数**, 记作

$$y = f[\varphi(x)],$$

其中 $x$ 是自变量, $u$ 称为**中间变量**.

例如:

(1) 由函数 $y=\sqrt{u}, u=x+4$ 可以构成复合函数 $y=\sqrt{x+4}$. 为了使 $u=x+4$ 的值域包含于 $y=\sqrt{u}$ 的定义域 $[0,+\infty)$，必须有 $x\in[-4,+\infty)$，因此复合函数的定义域为 $[-4,+\infty)$.

(2) 复合函数 $y=\dfrac{1}{x^2+1}$ 是由函数 $y=\dfrac{1}{u}, u=x^2+1$ 复合而成的.

(3) 复合函数 $y=\log_3(\sin x)$ 是由函数 $y=\log_3 u, u=\sin x$ 复合而成的.

(4) 复合函数 $y=\arccos u, u=\sqrt{v}, v=x^2-3$ 可构成复合函数 $y=\arccos\sqrt{x^2-3}$. 它是由三个函数复合而成的，其中 $u$ 和 $v$ 都是中间变量.

**3. 初等函数**

由基本初等函数经过有限次的四则运算和有限次的函数复合所构成的可用一个式子表示的函数，称为**初等函数**.

例如，$y=\sqrt{1-x}$，$y=\arcsin\sqrt{\dfrac{1+\sin x}{1-\sin x}}$，$y=\mathrm{e}^{\cos x^2}$，$y=\sqrt{\cot\dfrac{x}{2}}$ 都是初等函数. 而 $y=1+x+x^2+x^3+\cdots$ 不满足有限次运算，$y=\begin{cases}1, & x>0,\\ 0, & x=0,\\ -1, & x<0\end{cases}$ 不能用一个解析式表示，因此它们都不是初等函数.

## 六、简单的经济函数

**1. 成本函数、收入函数与利润函数**

产品成本是以货币形式表现的生产者生产和销售产品的全部费用支出. 产品成本可分为固定成本和变动成本两部分. 所谓**固定成本**，是指在一定时期内不随产量变化而变化的那部分成本；所谓**变动成本**，是指随产量变化而变化的那部分成本. 一般地，以货币计值的成本 $C$ 是产量 $x$ 的函数，即

$$C=C(x)\quad(x\geqslant 0),$$

称其为**成本函数**. 当产量 $x=0$ 时，对应的成本函数值 $C(0)$ 就是产品的固定成本.

设 $C(x)$ 为成本函数，称

$$\overline{C}=\dfrac{C(x)}{x}\quad(x>0)$$

为**单位成本函数**或**平均成本函数**.

成本函数是单调增加函数，其图形称为**成本曲线**.

销售某种产品的收入 $R$，等于产品的价格 $p$ 乘以销售量 $x$，即

$$R=px,$$

称其为**收入函数**. 而销售利润 $L$ 等于收入 $R$ 减去成本 $C$，即

$$L=R-C,$$

称其为**利润函数**.

当 $L=R-C>0$ 时，生产者盈利；

当 $L = R - C < 0$ 时,生产者亏损;

当 $L = R - C = 0$ 时,生产者盈亏平衡.

使 $L(x) = 0$ 的点 $x_0$ 称为**盈亏平衡点**,也称为**保本点**.

**2. 需求函数、供给函数**

**需求量**是指在一定的价格条件下,消费者愿意购买并且有能力购买的商品量.

需求量与消费者的收入、人数及该商品的价格等诸多因素有关. 如果不考虑其他因素的影响,需求量 $Q$ 可看成价格 $p$ 的函数,称其为**需求函数**,记作

$$Q = Q(p).$$

通常提高商品的价格会使得需求量减少,降低商品的价格会使得需求量增加,需求函数为价格的单调减少函数.

需求函数的反函数

$$p = p(Q)$$

称为**价格函数**. 习惯上将价格函数也称为需求函数.

常见的需求函数有线性需求函数、二次需求函数、幂需求函数和指数需求函数等,其中线性需求函数为

$$Q = a - bp \quad (a > 0, b > 0).$$

**供给量**是指在一定的价格条件下,生产者愿意出售并且可供出售的商品量.

不考虑其他因素的影响,供给量 $S$ 也可以看成价格 $p$ 的函数,称其为**供给函数**,记作

$$S = S(p).$$

通常提高商品的价格会使得供给量增加,降低商品的价格会使得供给量减少,供给函数为价格的单调增加函数.

常见的供给函数有线性供给函数、二次供给函数、幂供给函数和指数供给函数等,其中线性供给函数为

$$S = -c + dp \quad (c > 0, d > 0).$$

如果市场上某种商品的需求量与供给量相等,则该种商品处于市场均衡,这时的商品价格 $p_0$ 称为**均衡价格**,需求量 $Q_0$(或供给量 $S_0$)称为**均衡数量**.

**例 6** 某种商品的需求函数和供给函数分别为

$$Q = 200 - 5p, \quad S = 25p - 10,$$

求该种商品的均衡价格和均衡数量.

**解** 由均衡条件 $Q = S$ 得

$$200 - 5p = 25p - 10,$$

解得 $p_0 = 7$. 于是,该种商品的均衡数量为 $Q_0 = 25p_0 - 10 = 165$.

**例 7** 某批发商每次以 160 元/台的价格将 500 台电扇批发给零售商,在这个基础上零售商每次多进 100 台电扇,则批发价相应降低 2 元/台,该批发商最大批发量为每次 1 000 台. 试将电扇批发价格表示为批发量的函数,并求零售商每次进 800 台电扇时的批发价格.

**解** 由题意可得所求函数的定义域为 $[500, 1\,000]$. 已知每次多进 100 台,价格降低 2 元/台,设每次进电扇 $x$ 台,则每次批发价格降低 $\dfrac{2}{100}(x - 500)$ 元/台,即所求函数为

$$p = 160 - \frac{2}{100}(x-500) = 160 - \frac{2x-1\,000}{100} = 170 - \frac{x}{50}.$$

当 $x = 800$ 时，$p = 170 - \frac{800}{50} = 154(元/台)$，即每次进 800 台电扇时的批发价格为 154 元/台.

**例 8** 某工厂生产某种产品，每天最多生产 200 单位. 每天的固定成本为 150 元，生产 1 单位该种产品的变动成本为 16 元. 求该厂每天的成本函数及平均成本函数.

**解** 据 $C(x) = C_{固} + C_{变}$，可得成本函数（单位：元）为
$$C(x) = 150 + 16x, \quad x \in [0, 200];$$
平均成本函数（单位：元/单位）为
$$\overline{C}(x) = \frac{C(x)}{x} = \frac{150}{x} + 16, \quad x \in (0, 200].$$

**例 9** 某服装公司每年的固定成本为 10 000 元. 要生产某个式样的服装 $x$ 套，除固定成本外，每套服装要花费 40 元，即生产 $x$ 套这种服装的变动成本为 $40x$ 元.

(1) 求一年生产 $x$ 套服装的成本函数；

(2) 画出变动成本、固定成本和成本的函数图形；

(3) 生产 100 套服装的成本是多少？400 套呢？并计算生产 400 套服装比生产 100 套服装多支出多少成本？

**解** (1) 因 $C(x) = C_{固} + C_{变}$，所以成本函数（单位：元）为
$$C(x) = 10\,000 + 40x, \quad x \in [0, +\infty).$$

(2) 变动成本函数和固定成本函数的图形如图 1-8(a) 所示，成本函数的图形如图 1-8(b) 所示. 从实际情况来看，这些函数的定义域是非负整数 0, 1, 2, 3 等，因为服装的套数既不能取分数，也不能取负数. 但通常的做法是把这些函数的定义域描述成由非负实数组成的集合.

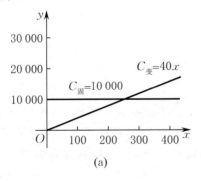
(a)

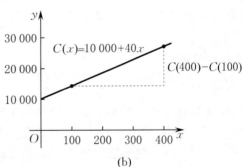
(b)

图 1-8

(3) 生产 100 套服装的成本是
$$C(100) = 10\,000 + 40 \times 100 = 14\,000(元);$$
生产 400 套服装的成本是
$$C(400) = 10\,000 + 40 \times 400 = 26\,000(元);$$
生产 400 套服装比生产 100 套服装多支出的成本为
$$C(400) - C(100) = 26\,000 - 14\,000 = 12\,000(元).$$

**例 10** 在例 9 中,若该服装公司决定,服装的销售价格为 100 元/套,即收入函数(单位:元)为 $R(x) = 100x$.

(1) 在同一坐标平面内画出 $R(x), C(x)$ 和利润函数 $L(x)$ 的图形;
(2) 求盈亏平衡点.

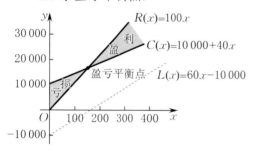

图 1-9

**解** (1) $R(x) = 100x$ 和 $C(x) = 10\,000 + 40x$ 的图形如图 1-9 所示.

当 $R(x)$ 在 $C(x)$ 上方时,该服装公司将获得盈利;

当 $R(x)$ 在 $C(x)$ 下方时,该服装公司将出现亏损.

利润函数(单位:元)为
$$L(x) = R(x) - C(x) = 100x - (10\,000 + 40x)$$
$$= 60x - 10\,000.$$

$L(x)$ 的图形在图 1-9 中用虚线表示. $x$ 轴下方的虚线表示亏损,$x$ 轴上方的虚线表示盈利.

(2) 为求盈亏平衡点,需解方程 $R(x) = C(x)$,即
$$100x = 10\,000 + 40x,$$

解得 $x = 166\frac{2}{3}$,因此盈亏平衡点约为 167 套.

### ■■■■ 小结 ■■■■

虽然函数是中学里已学过的概念,但高等数学中有了很大的丰富和深化. 在学习过程中需注意以下几点:(1) 理解函数、邻域的概念;(2) 掌握函数的特性;(3) 熟悉初等函数的概念,基本初等函数的概念及其图形,分段函数、复合函数的概念(包括正确理解和使用复合函数的记号,会进行复合函数的分解等).

### ■■■■ 应用导学 ■■■■

函数的特性、基本初等函数及其图形、初等函数、分段函数是微积分学中重要的基础知识,理解和掌握好这些基础知识对后续内容的理解和掌握起着关键作用. 另外,函数是数学中最重要的基本概念之一,是现实世界中量与量之间的依存关系在数学中的反映. 因此,用数学方法解决实际问题的关键是构建该问题的数学模型,即找出该问题的函数关系.

### 习题 1-1

**1.** 某市出租车票价规定如下:起步价为 8.90 元,行驶超过 8 km 时开始按里程计费,不足 16 km 时每千米收费 1.20 元,超过 16 km 时每千米收费 1.80 元. 试将票价 $y$(单位:元)表示

成里程 $x$(单位:km) 的函数.

**2.** 某出口商品,每售出 1 单位,可为国家挣得外汇 3 万元,若销售不出而积压,则每单位需付保管费 1.1 万元.若现给出这种商品 $a$ 单位,请写出经济收入 $R$(单位:万元) 与国际需求量 $x$ 的函数关系式.

**3.** 某工厂生产某种产品,年产量为 $x$ 百台,成本为 $C$ 万元,其中固定成本为 2 万元,每生产 1 百台,变动成本增加 1 万元.市场上每年可销售该种产品 4 百台,其销售收入 $R$(单位:万元) 是 $x$ 的函数:

$$R = R(x) = \begin{cases} 4x - \dfrac{1}{2}x^2, & 0 \leqslant x \leqslant 4, \\ 8, & x > 4. \end{cases}$$

求利润函数及其定义域.

**4.** 已知某厂生产单位某种产品的变动成本为 15 元,每天的固定成本为 2 000 元.若这种产品的出厂价格为 20 元/单位.

(1) 求利润函数;

(2) 若不亏本,该厂每天至少生产多少单位这种产品?

**5.** 若某种商品的成本函数(单位:元)为 $C = 81 + 3q$,其中 $q$ 为该种商品的数量(单位:件).试问:

(1) 如果该种商品的价格为 12 元/件,该种商品的保本点是多少?

(2) 价格为 12 元/件时,售出 10 件该种商品时的利润为多少?

(3) 该种商品的价格为什么不应定为 2 元/件?

# 第二节　函数的极限

极限思想是在求某些实际问题的精确解答过程中产生的.例如,我国古代数学家刘徽利用圆内接正多边形来推算圆面积的方法——割圆术,就是极限思想在几何学上的应用.又如,春秋战国时期的哲学家庄子在《庄子·天下》一书中有一段名言:"一尺之棰,日取其半,万世不竭",其中也隐含了深刻的极限思想.

极限是研究变量的变化趋势的基本工具,高等数学中许多基本概念,如连续、导数、定积分、无穷级数等,都是建立在极限基础上的.极限方法是研究函数的一种最基本的方法.本节首先给出数列极限的定义,并在此基础上再给出函数极限的定义.

## 一、数列的极限

一个以正整数为定义域的函数 $y = f(n)$ 称为**整标函数**.当自变量 $n$ 按正整数 $1, 2, 3, \cdots, n, \cdots$ 增大的顺序依次取值时,所得到的一串有序的函数值

$$f(1), f(2), f(3), \cdots, f(n), \cdots$$

称为**数列**,记作 $f(n)(n = 1, 2, 3, \cdots)$,我们往往也把 $f(n)$ 记作 $x_n$,即

$$x_n = f(n) \quad (n=1,2,3,\cdots),$$

从而数列也可记作

$$x_1, x_2, x_3, \cdots, x_n, \cdots.$$

数列就是按顺序排列的一串数,可以简记作$\{x_n\}$. 数列的每个数称为数列的**项**,其中$x_n$称为数列的**一般项**或**通项**. 例如:

(1) $\dfrac{1}{2}, \dfrac{2}{3}, \dfrac{3}{4}, \cdots, \dfrac{n}{n+1}, \cdots$;

(2) $2, 4, 8, \cdots, 2^n, \cdots$;

(3) $\dfrac{1}{2}, \dfrac{1}{4}, \dfrac{1}{8}, \cdots, \dfrac{1}{2^n}, \cdots$;

(4) $1, -1, 1, \cdots, (-1)^{n+1}, \cdots$;

(5) $2, \dfrac{1}{2}, \dfrac{4}{3}, \cdots, \dfrac{n+(-1)^{n-1}}{n}, \cdots$,

它们的一般项依次为

$$\dfrac{n}{n+1}, \quad 2^n, \quad \dfrac{1}{2^n}, \quad (-1)^{n+1}, \quad \dfrac{n+(-1)^{n-1}}{n}.$$

在几何上,数列$\{x_n\}$可看作数轴上的一个动点,它依次取数轴上的点$x_1, x_2, x_3, \cdots, x_n, \cdots$,如图 1-10 所示.

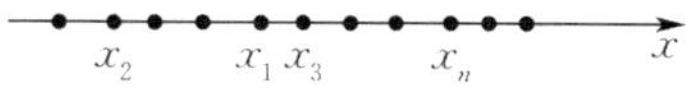

图 1-10

由于数列$\{x_n\}$是定义域为正整数的函数,因此函数的单调性和有界性等概念也可适用于数列.

例如,数列$\left\{\dfrac{n}{n+1}\right\}$单调增加且有界;数列$\left\{\dfrac{1}{2^n}\right\}$单调减少且有界;数列$\{2^n\}$单调增加但无界;数列$\left\{\dfrac{n+(-1)^{n-1}}{n}\right\}$交替地增减,称为**摆动数列**,且数列有界.

在上述所举的各数列中,我们来考察下面两个数列当$n$无限增大时(记作$n \to \infty$,符号"$\to$"读作**趋于**)数列$\{x_n\}$的一般项$x_n$的变化趋势:

(1) $\dfrac{1}{2}, \dfrac{1}{4}, \dfrac{1}{8}, \cdots, \dfrac{1}{2^n}, \cdots$;

(2) $2, \dfrac{1}{2}, \dfrac{4}{3}, \cdots, \dfrac{n+(-1)^{n-1}}{n}, \cdots$.

易见,当$n \to \infty$时,数列$\left\{\dfrac{1}{2^n}\right\}$的一般项$\dfrac{1}{2^n}$的值无限接近于一个确定的常数 0,如图 1-11(a) 所示;而数列$\left\{\dfrac{n+(-1)^{n-1}}{n}\right\}$的一般项$\dfrac{n+(-1)^{n-1}}{n}$的值无限接近于一个确定的常数 1,如图 1-11(b) 所示.

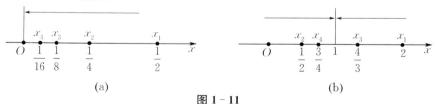

图 1-11

**定义 1** 对于数列 $\{x_n\}$,如果当 $n$ 无限增大时,对应的一般项 $x_n$ 的值无限接近于一个确定的常数 $A$,则称 $A$ 为数列 $\{x_n\}$ 当 $n\to\infty$ 时的**极限**,记作

$$\lim_{n\to\infty} x_n = A \quad \text{或} \quad x_n \to A \; (n\to\infty).$$

此时,也称数列 $\{x_n\}$ **收敛于** $A$,并称 $\{x_n\}$ 为**收敛数列**. 如果数列 $\{x_n\}$ 的极限不存在,则称它为**发散数列**.

定义 1 是数列极限的描述性定义,我们也可精确地定义数列极限,即数列极限的"$\varepsilon$-$N$"定义.

**定义 1'** 如果对于任意给定的正数 $\varepsilon$(不论它多么小),总存在正整数 $N$,使得对于 $n > N$ 的一切 $x_n$,不等式

$$|x_n - A| < \varepsilon$$

恒成立,则称常数 $A$ 是数列 $\{x_n\}$ 当 $n\to\infty$ 时的**极限**,或称数列 $\{x_n\}$ **收敛于** $A$,记作

$$\lim_{n\to\infty} x_n = A \quad \text{或} \quad x_n = A \; (n\to\infty).$$

## 二、收敛数列的性质

**定理 1** 收敛数列必定有界.

例如,数列 $\left\{\dfrac{n+(-1)^{n-1}}{n}\right\}$ 为收敛数列,因为

$$x_n = \frac{n+(-1)^{n-1}}{n} = 1 + (-1)^{n-1}\frac{1}{n} \quad (n=1,2,\cdots),$$

可取 $M = 2$,使得

$$\left|\frac{n+(-1)^{n-1}}{n}\right| \leqslant 2$$

对于一切正整数 $n$ 都成立,因此数列 $\left\{\dfrac{n+(-1)^{n-1}}{n}\right\}$ 是有界的.

但数列 $\{2^n\}$ 是无界的,因为当 $n$ 无限增大时,$2^n$ 也无限增大,$2^n$ 可以大于任何正数.

**推论 1** 无界数列必定发散.

**定理 2** 收敛数列的极限是唯一的.

例如,数列 $\left\{\dfrac{n-1}{n}\right\}$ 当 $n$ 无限增大时,$\dfrac{n-1}{n}$ 无限接近于 1,故该数列收敛于 1,且极限 1 是唯一的;数列 $\{(-1)^{n+1}\}$ 当 $n$ 无限增大时,$(-1)^{n+1}$ 交替取 1,$-1$ 两个数,而不会接近于任何一个确定的常数,故该数列是发散的,但它是有界的. 此例同时也说明**有界的数列不一定收敛**.

**定理 3(收敛数列的保号性)** 若 $\lim\limits_{n\to\infty} x_n = A$,且 $A > 0$(或 $A < 0$),则存在正整数 $N$,使得 $n > N$ 时,恒有 $x_n > 0$(或 $x_n < 0$).

**推论 2** 若数列 $\{x_n\}$ 从某项起有 $x_n \geqslant 0$(或 $x_n \leqslant 0$)且 $\lim\limits_{n\to\infty} x_n = A$,则 $A \geqslant 0$(或 $A \leqslant 0$).

## 三、函数极限的定义

数列可看作自变量为正整数 $n$ 的函数 $x_n = f(n)$. 数列 $\{x_n\}$ 的极限为 $A$,即当自变量 $n$ 取正整数且无限增大时($n\to\infty$),对应的函数值 $f(n)$ 无限接近于常数 $A$. 若将数列极限概念中

自变量 $n$ 和函数值 $f(n)$ 的特殊性撇开,可以由此引出函数极限的一般概念:在自变量 $x$ 的某个变化过程中,如果对应的函数值 $f(x)$ 无限接近于某个确定的常数 $A$,则称 $A$ 为 $x$ 在该变化过程中函数 $f(x)$ 的极限. 显然,极限 $A$ 是与自变量 $x$ 的变化过程紧密相关的,自变量的变化过程不同,函数的极限就有不同的表现形式. 下面分两种情况来讨论.

**1. 当自变量 $x$ 趋于无穷大时函数的极限**

我们来考察定义在无限区间上的函数 $f(x)$,当自变量 $x$ 趋于无穷大时的极限,包括三种情形:

(1) $x$ 取正值且无限增大,记作 $x \to +\infty$;

(2) $x$ 取负值,而 $|x|$ 无限增大,记作 $x \to -\infty$;

(3) $x$ 既可取正值,也可取负值,而 $|x|$ 无限增大,记作 $x \to \infty$.

显然,$x \to \infty$ 包含 $x \to -\infty$ 及 $x \to +\infty$ 两种情况.

**定义 2**  如果当 $x \to \infty$ 时,对应的函数值 $f(x)$ 无限接近于一个确定的常数 $A$,则称 $A$ 为函数 $f(x)$ 当 $x \to \infty$ 时的极限,记作

$$\lim_{x \to \infty} f(x) = A \quad \text{或} \quad f(x) \to A \ (x \to \infty).$$

如果当 $x \to +\infty$ 时,对应的函数值 $f(x)$ 无限接近于一个确定的常数 $A$,则称 $A$ 为**函数 $f(x)$ 当 $x \to +\infty$ 时的极限**,记作

$$\lim_{x \to +\infty} f(x) = A \quad \text{或} \quad f(x) \to A \ (x \to +\infty).$$

如果当 $x \to -\infty$ 时,对应的函数值 $f(x)$ 无限接近于一个确定的常数 $A$,则称 $A$ 为**函数 $f(x)$ 当 $x \to -\infty$ 时的极限**,记作

$$\lim_{x \to -\infty} f(x) = A \quad \text{或} \quad f(x) \to A \ (x \to -\infty).$$

极限 $\lim\limits_{x \to +\infty} f(x) = A$ 与 $\lim\limits_{x \to -\infty} f(x) = A$ 称为**单侧极限**.

**定理 4**  $\lim\limits_{x \to \infty} f(x) = A$ 的充要条件为

$$\lim_{x \to +\infty} f(x) = \lim_{x \to -\infty} f(x) = A.$$

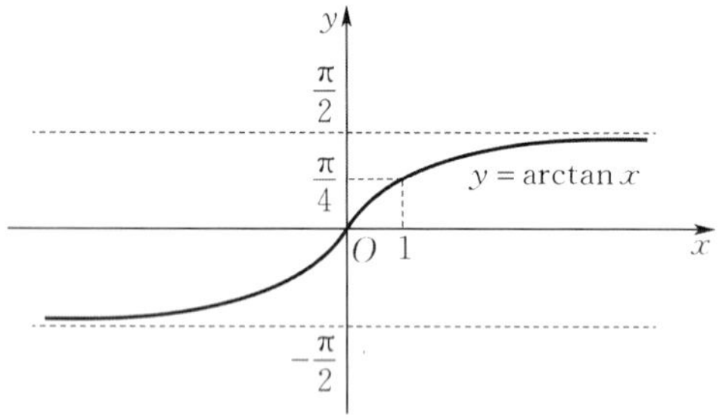

例如,如图 1-12 所示,因为

$$\lim_{x \to +\infty} \arctan x = \frac{\pi}{2},$$

$$\lim_{x \to -\infty} \arctan x = -\frac{\pi}{2},$$

所以 $\lim\limits_{x \to \infty} \arctan x$ 不存在.

**注**  当 $x \to +\infty$ 时函数 $f(x)$ 的极限与 $n \to \infty$ 时数列 $f(n)$ 的极限十分类似. 所不同的是数列 $f(n)$ 的自变量 $n$ 只能取正整数,而函数 $f(x)$ 的自变量 $x$ 可以取任何正实数.

图 1-12

**定理 5**  若 $\lim\limits_{x \to +\infty} f(x) = A$,则 $\lim\limits_{n \to \infty} f(n) = A$.

**2. 当自变量 $x$ 趋于有限值时函数的极限**

考察当 $x \to 1$ 时,函数 $f(x) = \dfrac{2x^2 - 2}{x - 1}$ 的变化趋势.

首先,在 $x=1$ 处,函数 $f(x)$ 没有意义,但 $f(x)=\dfrac{2x^2-2}{x-1}=2(x+1)$,当 $x\to 1$ 时,$f(x)\to 4$,如图 1-13 所示.

**• 定义 3** 设函数 $f(x)$ 在点 $x_0$ 的某个去心邻域内有定义. 如果当 $x$ 趋于 $x_0$,即 $x\to x_0$ 时,对应的函数值 $f(x)$ 无限接近于一个确定的常数 $A$,则称 $A$ 为**函数 $f(x)$ 当 $x\to x_0$ 时的极限**,记作
$$\lim_{x\to x_0}f(x)=A \quad 或 \quad f(x)\to A\,(x\to x_0).$$

与数列极限的精确定义类似,我们可以得到函数的"$\varepsilon$-$\delta$"定义如下.

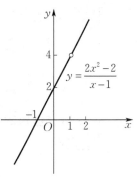

图 1-13

**• 定义 3'** 设函数 $f(x)$ 在点 $x_0$ 的某个去心邻域内有定义. 如果对于任意给定的正数 $\varepsilon$(不论它多么小),总存在正数 $\delta$,使得对于适合不等式 $0<|x-x_0|<\delta$ 的一切 $x$,对应的函数值 $f(x)$ 都满足不等式
$$|f(x)-A|<\varepsilon,$$
那么称常数 $A$ 为**函数 $f(x)$ 当 $x\to x_0$ 时的极限**,记作
$$\lim_{x\to x_0}f(x)=A \quad 或 \quad f(x)\to A\,(x\to x_0).$$

**注** (1) $\lim\limits_{x\to x_0}f(x)$ 是否存在与函数 $f(x)$ 在点 $x=x_0$ 处是否有定义无关.

(2) $\lim\limits_{x\to x_0}C=C$.

(3) $\lim\limits_{x\to x_0}x=x_0$.

**• 定义 4** 设函数 $f(x)$ 在点 $x_0$ 的某个左侧区间 $(x_0-\delta,x_0)$ 内有定义. 如果当 $x$ 从 $x_0$ 的左侧趋于 $x_0$ 时(记作 $x\to x_0^-$),对应的函数值 $f(x)$ 无限接近于一个确定的常数 $A$,则称 $A$ 为函数 $f(x)$ 当 $x\to x_0^-$ 时的**左极限**,记作
$$\lim_{x\to x_0^-}f(x)=A \quad 或 \quad f(x_0-0)=A.$$

设函数 $f(x)$ 在点 $x_0$ 的某个右侧区间 $(x_0,x_0+\delta)$ 内有定义. 如果当 $x$ 从 $x_0$ 的右侧趋于 $x_0$ 时(记作 $x\to x_0^+$),对应的函数值 $f(x)$ 无限接近于一个确定的常数 $A$,则称 $A$ 为函数 $f(x)$ 当 $x\to x_0^+$ 时的**右极限**,记作
$$\lim_{x\to x_0^+}f(x)=A \quad 或 \quad f(x_0+0)=A.$$

**• 定理 6** $\lim\limits_{x\to x_0}f(x)=A$ 的充要条件是左极限与右极限都存在且相等,即 $\lim\limits_{x\to x_0^-}f(x)=\lim\limits_{x\to x_0^+}f(x)=A$.

**思考题** 设函数 $f(x)=\begin{cases}1, & x<0,\\ x, & x\geqslant 0,\end{cases}$ 讨论当 $x\to 0$ 时 $f(x)$ 的极限是否存在(见图 1-14).

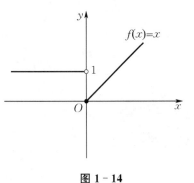

图 1-14

## 四、函数极限的性质

利用函数极限的定义,可得到函数的一些重要性质. 下面仅以 $x\to x_0$ 的极限形式为代表给出这些性质. 其他形式的极限的性质类似可得.

**性质 1（函数极限的唯一性）** 若 $\lim\limits_{x \to x_0} f(x)$ 存在，则其极限是唯一的.

**性质 2（函数极限的局部有界性）** 若 $\lim\limits_{x \to x_0} f(x) = A$，则存在常数 $M > 0$ 和 $\delta > 0$，使得当 $0 < |x - x_0| < \delta$ 时，有
$$|f(x)| \leqslant M.$$

**性质 3（函数极限的局部保号性）** 若 $\lim\limits_{x \to x_0} f(x) = A$，且 $A > 0$（或 $A < 0$），则存在常数 $\delta > 0$，使得当 $0 < |x - x_0| < \delta$ 时，恒有
$$f(x) > 0 \quad （\text{或 } f(x) < 0）.$$

**推论 3** 若 $\lim\limits_{x \to x_0} f(x) = A$，且在点 $x_0$ 的某个去心邻域内 $f(x) \geqslant 0$（或 $f(x) \leqslant 0$），则 $A \geqslant 0$（或 $A \leqslant 0$）.

### ■■■■ 小结 ■■■■

本节学习需注意以下几点：(1) 掌握极限的概念、极限的性质和极限的运算. 学生在学习过程中会较多地注意极限的运算而忽略了前两部分，从而影响对极限的全面掌握，因此理解和掌握极限相关的基本概念、定理和性质极为重要；(2) 理解函数的极限与其左、右极限的关系，了解函数极限的唯一性、局部有界性、局部保号性等性质；(3) 掌握分段函数左、右极限的计算.

### ■■■■ 应用导学 ■■■■

极限概念是微积分学的理论基础，是定义导数与积分概念的重要理论. 而微积分学是以极限方法作为基本研究方法的一门课程，理解和掌握好极限的概念、极限的性质是学习和掌握极限方法的关键.

**习题 1-2**

**1.** 观察下列数列的变化趋势，写出它们的极限：

(1) $\{x_n\} = \left\{ (-1)^n \dfrac{1}{n} \right\}$；　　　　　(2) $\{x_n\} = \left\{ 2 + \dfrac{1}{n^2} \right\}$；

(3) $\{x_n\} = \left\{ \dfrac{n-1}{n+1} \right\}$；　　　　　　(4) $\{x_n\} = \left\{ 1 - \dfrac{1}{10^n} \right\}$.

**2.** 判断下列数列的单调性与有界性，并讨论它们的极限是否存在：

(1) $-1, -\dfrac{3}{8}, -\dfrac{1}{11}, \cdots, \dfrac{2n-7}{3n+2}, \cdots$；　　(2) $-1, -3, -7, \cdots, 1 - 2^n, \cdots$；

(3) $\dfrac{1}{2}, -\dfrac{2}{3}, \dfrac{3}{4}, \cdots, (-1)^{n+1} \dfrac{n}{n+1}, \cdots$；　(4) $1, -2, 3, -4, \cdots, (-1)^{n-1} n, \cdots$.

**3.** 设函数 $f(x) = \begin{cases} x, & x \geq 0, \\ x+1, & x < 0, \end{cases}$ 求 $\lim\limits_{x \to 0} f(x)$.

**4.** 设函数 $f(x) = \begin{cases} 1-x, & x < 0, \\ x^2+1, & x \geq 0, \end{cases}$ 求 $\lim\limits_{x \to 0} f(x)$.

**5.** 讨论极限 $\lim\limits_{x \to 0} \dfrac{|x|}{x}$ 是否存在.

**6.** 设函数 $f(x) = \dfrac{1-2^{\frac{1}{x}}}{1+2^{\frac{1}{x}}}$,求 $\lim\limits_{x \to 0} f(x)$.

## 第三节　无穷大与无穷小

### 一、无穷大

设函数 $f(x)$ 当 $x \to x_0$(或 $x \to \infty$)时极限不存在,那么函数 $f(x)$ 会有各种不同的变化情况,其中最重要的一种是函数值的绝对值 $|f(x)|$ 无限增大的情况.

例如函数 $f(x) = \dfrac{1}{x}$,当 $x \to 0$ 时,$\left|\dfrac{1}{x}\right|$ 无限增大,这时我们称 $\dfrac{1}{x}$ 是当 $x \to 0$ 时的无穷大量.

**• 定义 1**　设函数 $f(x)$ 在点 $x_0$ 的某个去心邻域内有定义(或 $|x|$ 大于某个正数时有定义). 如果对于任意给定的正数 $M$(不论它多么大),总存在正数 $\delta$(或正数 $X$),使得对于适合不等式 $0 < |x-x_0| < \delta$(或 $|x| > X$)的一切 $x$,对应的函数值 $f(x)$ 总满足不等式
$$|f(x)| > M,$$
则称函数 $f(x)$ 为当 $x \to x_0$(或 $x \to \infty$)时的**无穷大量**,简称**无穷大**.

根据函数极限的定义,当 $x \to x_0$(或 $x \to \infty$)时为无穷大的函数 $f(x)$,其极限是不存在的. 但为了便于叙述函数的这一性态,我们也说"函数的极限是无穷大",并记作
$$\lim_{x \to x_0} f(x) = \infty \quad (\text{或} \lim_{x \to \infty} f(x) = \infty).$$

如果在无穷大的定义中,把 $|f(x)| > M$ 换成 $f(x) > M$(或 $f(x) < -M$),则记作
$$\lim_{\substack{x \to x_0 \\ (x \to \infty)}} f(x) = +\infty \quad (\text{或} \lim_{\substack{x \to x_0 \\ (x \to \infty)}} f(x) = -\infty).$$

必须注意,无穷大不是数,不可与很大的数(如一千万、一亿等)混为一谈.

### 二、无穷小

到目前为止,我们已经了解了数列与函数的极限,现在我们再来研究一类比较简单而又十分重要的函数 —— 无穷小.

**• 定义 2**　如果函数 $f(x)$ 当 $x \to x_0$(或 $x \to \infty$)时的极限为零,即
$$\lim_{x \to x_0} f(x) = 0 \quad (\text{或} \lim_{x \to \infty} f(x) = 0),$$

那么称函数 $f(x)$ 为当 $x \to x_0$(或 $x \to \infty$)时的**无穷小量**,简称无穷小.

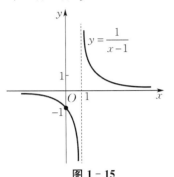

图 1-15

**例1** $\lim\limits_{x \to 1} \dfrac{1}{x-1} = \infty$,函数 $y = \dfrac{1}{x-1}$ 的图形如图 1-15 所示.

**例2** 因为 $\lim\limits_{x \to \infty} \dfrac{1}{x} = 0$,所以函数 $\dfrac{1}{x}$ 为当 $x \to \infty$ 时的无穷小.

必须注意,不能把无穷小与很小的数(如百万分之一)混为一谈,因为无穷小是这样的函数,在 $x \to x_0$(或 $x \to \infty$)的过程中,该函数的绝对值小于任意给定的正数 $\varepsilon$,而很小的数(如百万分之一)就不能小于任意给定的正数 $\varepsilon$. 例如,取 $\varepsilon$ 等于千万分之一,则百万分之一就不能小于这个给定的 $\varepsilon$. 但零是可以作为无穷小的唯一的常数,因为如果 $f(x) \equiv 0$,那么对于任意给定的 $\varepsilon > 0$,总有 $|f(x)| < \varepsilon$. 另外,一个函数称为无穷大或无穷小是针对其自变量的某个变化过程而言的. 例如,当 $x \to 0$ 时,$f(x) = \dfrac{1}{x}$ 是无穷大;而当 $x \to \infty$ 时,$f(x) = \dfrac{1}{x}$ 却是无穷小,因此一个无穷大或无穷小必须指明其自变量的变化过程.

无穷小是在当 $x \to x_0$(或 $x \to \infty$)时,具有特殊极限(数 0)的函数,它在函数极限理论讨论中起重要作用. 下面我们介绍一个重要定理,说明无穷小与函数极限的关系.

**定理 1** 如果函数 $f(x)$ 当 $x \to x_0$(或 $x \to \infty$)时有极限 $A$,那么
$$u(x) = f(x) - A$$
是当 $x \to x_0$(或 $x \to \infty$)时的无穷小;反之,如果 $u(x) = f(x) - A$ 是当 $x \to x_0$(或 $x \to \infty$)时的无穷小,那么函数 $f(x)$ 当 $x \to x_0$(或 $x \to \infty$)时有极限 $A$.

**定理 2** 在自变量的同一变化过程($x \to x_0$ 或 $x \to \infty$)中,极限存在的函数等于它的极限与一个无穷小之和;反之,如果函数可表示为常数与无穷小之和,那么这个常数就是该函数的极限.

## 三、无穷小的性质

**性质1** 有限个无穷小的代数和仍是无穷小.

**性质2** 有界函数与无穷小的乘积仍是无穷小.

**性质3** 常数与无穷小的乘积仍是无穷小.

**性质4** 有限个无穷小的乘积仍是无穷小.

**例3** 求 $\lim\limits_{x \to 0} x \sin \dfrac{1}{x}$.

**解** 因为 $\left| \sin \dfrac{1}{x} \right| \leqslant 1$,所以 $\sin \dfrac{1}{x}$ 是有界函数. 而当 $x \to 0$ 时,$x$ 是无穷小,根据性质2,乘积 $x \sin \dfrac{1}{x}$ 仍是无穷小,即 $\lim\limits_{x \to 0} x \sin \dfrac{1}{x} = 0$.

**注** 从以上的性质中容易知道,无穷小与有界函数、常数、有限个无穷小的乘积仍然是无

穷小. 但不能认为无穷小与任何量的乘积都是无穷小. 事实证明, 有时无穷小与无穷大的乘积就不是无穷小. 因此, 在遇到乘积中有无穷小时, 应特别注意所给条件.

## 四、无穷大与无穷小之间的关系

**定理 3** 在自变量的同一变化过程中, 如果 $f(x)$ 为无穷大, 则 $\dfrac{1}{f(x)}$ 为无穷小; 反之, 如果 $f(x)$ 为无穷小, 且 $f(x) \neq 0$, 则 $\dfrac{1}{f(x)}$ 为无穷大.

**例 4** 求 $\lim\limits_{x \to \infty} \dfrac{x^4}{x^3 + 5}$.

**解** 因为 $\lim\limits_{x \to \infty} \dfrac{x^3 + 5}{x^4} = \lim\limits_{x \to \infty} \left( \dfrac{1}{x} + \dfrac{5}{x^4} \right) = 0$, 所以根据无穷大与无穷小的关系, 有

$$\lim_{x \to \infty} \dfrac{x^4}{x^3 + 5} = \infty.$$

■■■ **小结** ■■■

本节学习需注意以下几点: (1) 了解无穷大与无穷小的定义和相关定理; (2) 掌握无穷大与无穷小的关系; (3) 了解和掌握无穷小的四个性质.

■■■ **应用导学** ■■■

无穷小的概念、无穷小与函数极限的关系在极限运算中扮演着重要角色, 特别是无穷大与无穷小的关系、无穷小的性质, 在以后的学习中有广泛的应用.

**习题 1-3**

**1.** 判断下列函数在给定的变化过程中是否为无穷小:

(1) $3^{-x} - 1 \ (x \to 0)$;

(2) $\dfrac{5x^2}{\sqrt{x^3 - 2x + 1}} \ (x \to \infty)$;

(3) $\dfrac{x^2}{x+1} \left( 2 + \sin \dfrac{1}{x} \right) \ (x \to 0)$.

**2.** 判断下列函数在给定的变化过程中是否为无穷大:

(1) $\dfrac{x^2}{\sqrt{x^3 + 1}} \ (x \to \infty)$;

(2) $\lg x \ (x \to 0^+)$;

(3) $\lg x \ (x \to +\infty)$;

(4) $e^{\frac{1}{x}} \ (x \to 0^-)$.

**3.** 求下列极限:

(1) $\lim\limits_{x \to 1} \dfrac{2x^2 - 2x}{(x-1)^2}$;

(2) $\lim\limits_{x \to \infty} \dfrac{\sin x}{x}$.

## 第四节　极限的运算法则

前面的主要内容是介绍极限的定义,而未曾讨论求函数极限的方法. 本节将介绍极限的四则运算法则和复合函数的极限运算法则,并利用这些法则,去计算一些函数的极限.

为了叙述方便,在下面的讨论中,极限记号 lim 下面不标明自变量的变化过程,它或是 $x \to x_0$,或是 $x \to \infty$. 特别地,在每个定理中,我们考虑的均是自变量 $x$ 在同一变化过程中.

**定理 1**　如果 $\lim f(x) = A, \lim g(x) = B$,那么

(1) $\lim[f(x) \pm g(x)] = A \pm B = \lim f(x) \pm \lim g(x)$;

(2) $\lim[f(x) \cdot g(x)] = A \cdot B = \lim f(x) \cdot \lim g(x)$.

**证**　(1) 因为 $\lim f(x) = A, \lim g(x) = B$,由本章第三节的定理 2 可知
$$f(x) = A + \alpha, \quad g(x) = B + \beta,$$
其中 $\alpha, \beta$ 是与 $x$ 有同一变化过程的无穷小. 于是
$$f(x) \pm g(x) = (A + \alpha) \pm (B + \beta) = (A \pm B) + (\alpha \pm \beta).$$
由无穷小的性质可知 $\alpha \pm \beta$ 仍是无穷小,再根据本章第三节的定理 2,得
$$\lim[f(x) \pm g(x)] = A \pm B.$$

定理 1 中(2)的证明请读者自行完成.

定理 1 中的(1),(2)可以推广到有限个函数的情形.

由定理 1 中的(2)还可得以下推论.

**推论 1**　如果 $\lim f(x)$ 存在,而 $C$ 为常数,则
$$\lim[Cf(x)] = C \lim f(x).$$
这就是说,求极限时,常数因子可以提到极限记号外面. 这是因为 $\lim C = C$.

**推论 2**　如果 $\lim f(x)$ 存在,而 $n$ 是正整数,则
$$\lim[f(x)]^n = [\lim f(x)]^n.$$
这是因为
$$\lim[f(x)]^n = \lim[f(x) \cdot f(x) \cdot \cdots \cdot f(x)]$$
$$= \lim f(x) \cdot \lim f(x) \cdot \cdots \cdot \lim f(x) = [\lim f(x)]^n.$$

**推论 3**　如果 $\lim f(x)$ 存在,且 $f(x) \geq 0$,而 $n$ 是正整数,则
$$\lim[f(x)]^{\frac{1}{n}} = [\lim f(x)]^{\frac{1}{n}}.$$
证明从略.

**定理 2**　如果 $\lim f(x) = A, \lim g(x) = B$,且 $B \neq 0$,则 $\lim \frac{f(x)}{g(x)}$ 存在,且
$$\lim \frac{f(x)}{g(x)} = \frac{A}{B} = \frac{\lim f(x)}{\lim g(x)}.$$
证明从略.

关于数列,也有类似的极限四则运算法则,读者可对应一一列出.

**定理 3**　如果 $\varphi(x) \geq \psi(x)$,而 $\lim \varphi(x) = a, \lim \psi(x) = b$,那么 $a \geq b$.

**证** 令 $f(x) = \varphi(x) - \psi(x)$,则 $f(x) \geqslant 0$. 于是由定理 1 有
$$\lim f(x) = \lim[\varphi(x) - \psi(x)] = \lim \varphi(x) - \lim \psi(x) = a - b.$$
由函数极限的局部保号性,有 $\lim f(x) \geqslant 0$,即 $a - b \geqslant 0$,故 $a \geqslant b$.

**例 1** 求 $\lim\limits_{x \to 2}(2x - 2)$.

**解** $\lim\limits_{x \to 2}(2x - 2) = \lim\limits_{x \to 2} 2x - \lim\limits_{x \to 2} 2 = 2 \cdot 2 - 2 = 2.$

**例 2** 求 $\lim\limits_{x \to 1} \dfrac{x^2 + 1}{x^2 - 5x + 5}$.

**解** 这里分母的极限不为零,故
$$\lim_{x \to 1} \frac{x^2 + 1}{x^2 - 5x + 5} = \frac{\lim\limits_{x \to 1}(x^2 + 1)}{\lim\limits_{x \to 1}(x^2 - 5x + 5)} = \frac{\lim\limits_{x \to 1} x^2 + \lim\limits_{x \to 1} 1}{\lim\limits_{x \to 1} x^2 - 5\lim\limits_{x \to 1} x + \lim\limits_{x \to 1} 5}$$
$$= \frac{1^2 + 1}{1^2 - 5 \cdot 1 + 5} = 2.$$

从上面两个例子可以看出,求有理整函数(多项式)或有理分式函数当 $x \to x_0$ 时的极限,只要将 $x_0$ 代入函数就行了. 但是,对于有理分式函数,要求代入后分母不等于零.

**例 3** 求 $\lim\limits_{x \to 1} \dfrac{2x - 1}{x^2 - 5x + 4}$.

**解** 因为分母的极限 $\lim\limits_{x \to 1}(x^2 - 5x + 4) = 1^2 - 5 \cdot 1 + 4 = 0$,所以不能应用商的极限运算法则. 但因
$$\lim_{x \to 1} \frac{x^2 - 5x + 4}{2x - 1} = \frac{1^2 - 5 \cdot 1 + 4}{2 \cdot 1 - 1} = 0,$$
故由无穷大与无穷小的关系,得
$$\lim_{x \to 1} \frac{2x - 1}{x^2 - 5x + 4} = \infty.$$

**例 4** 求 $\lim\limits_{x \to 1} \dfrac{x^2 - 1}{x^2 + 2x - 3}$.

**解** 当 $x \to 1$ 时,分子和分母的极限都是零 $\left(\dfrac{0}{0}\text{型}\right)$,可先约去零因子 $x - 1$ 再求极限:
$$\lim_{x \to 1} \frac{x^2 - 1}{x^2 + 2x - 3} = \lim_{x \to 1} \frac{(x+1)(x-1)}{(x+3)(x-1)} = \lim_{x \to 1} \frac{x+1}{x+3} = \frac{1}{2}. \text{(消去零因子法)}$$

**例 5** 求 $\lim\limits_{x \to \infty} \dfrac{2x^3 + 3x^2 + 5}{7x^3 + 4x^2 - 1}$.

**解** 当 $x \to \infty$ 时,分子和分母的极限都是无穷大 $\left(\dfrac{\infty}{\infty}\text{型}\right)$,可先用 $x^3$ 除分子和分母再求极限:
$$\lim_{x \to \infty} \frac{2x^3 + 3x^2 + 5}{7x^3 + 4x^2 - 1} = \lim_{x \to \infty} \frac{2 + \dfrac{3}{x} + \dfrac{5}{x^3}}{7 + \dfrac{4}{x} - \dfrac{1}{x^3}} = \frac{2}{7}. \text{(无穷小因子分出法)}$$

**例 6** 求 $\lim\limits_{x \to \infty} \dfrac{2x^4 - 3x^3 + 1}{6x^6 - x^4 + 3}$.

**解** 先用 $x^6$ 除分子和分母,然后求极限,得

$$\lim_{x\to\infty}\frac{2x^4-3x^3+1}{6x^6-x^4+3}=\lim_{x\to\infty}\frac{\dfrac{2}{x^2}-\dfrac{3}{x^3}+\dfrac{1}{x^6}}{6-\dfrac{1}{x^2}+\dfrac{3}{x^6}}=\frac{0}{6}=0.$$

**例 7** 求 $\lim\limits_{x\to\infty}\dfrac{6x^6-x^4+3}{2x^4-3x^3+1}$.

**解** 根据本章第三节的定理 3,由例 6 的结论得

$$\lim_{x\to\infty}\frac{6x^6-x^4+3}{2x^4-3x^3+1}=\infty.$$

**注** 当 $a_0\neq 0, b_0\neq 0$,$m$ 和 $n$ 为非负整数时,有

$$\lim_{x\to\infty}\frac{a_0 x^m+a_1 x^{m-1}+\cdots+a_m}{b_0 x^n+b_1 x^{n-1}+\cdots+b_n}=\begin{cases}\dfrac{a_0}{b_0}, & n=m,\\ 0, & n>m,\\ \infty, & n<m.\end{cases}$$

**例 8** 求 $\lim\limits_{x\to\infty}\dfrac{\sqrt[3]{8x^3+6x^2+5x+1}}{3x-2}$.

**解** 当 $x\to\infty$ 时,分子和分母均趋于 $\infty$,此类极限也不能直接用极限的运算法则,可把分子和分母同除以绝对值最大的项,再用极限的运算法则:

$$\lim_{x\to\infty}\frac{\sqrt[3]{8x^3+6x^2+5x+1}}{3x-2}=\lim_{x\to\infty}\frac{\sqrt[3]{8+\dfrac{6}{x}+\dfrac{5}{x^2}+\dfrac{1}{x^3}}}{3-\dfrac{2}{x}}=\frac{2}{3}.$$

**例 9** 求 $\lim\limits_{x\to+\infty}(\sqrt{x+1}-\sqrt{x})$.

**解** 当 $x\to+\infty$ 时,$\sqrt{x+1}$ 与 $\sqrt{x}$ 的极限均不存在,但不能认为它们的差的极限也不存在.事实上,经过变形后,可得

$$\lim_{x\to+\infty}(\sqrt{x+1}-\sqrt{x})=\lim_{x\to+\infty}\frac{1}{\sqrt{x+1}+\sqrt{x}}=0.$$

**定理 4(复合函数的极限运算法则)** 设函数 $u=\varphi(x)$ 当 $x\to x_0$ 时的极限存在且等于 $a$,即 $\lim\limits_{x\to x_0}\varphi(x)=a$,但在点 $x_0$ 的某个去心邻域内 $\varphi(x)\neq a$,又 $\lim\limits_{u\to a}f(u)=A$,则复合函数 $f[\varphi(x)]$ 当 $x\to x_0$ 时的极限也存在,且

$$\lim_{x\to x_0}f[\varphi(x)]=\lim_{u\to a}f(u)=A.$$

证明从略.

在定理 4 中,若把 $\lim\limits_{x\to x_0}\varphi(x)=a$ 换成 $\lim\limits_{x\to x_0}\varphi(x)=\infty$ 或 $\lim\limits_{x\to\infty}\varphi(x)=\infty$,而把 $\lim\limits_{u\to a}f(u)=A$ 换成 $\lim\limits_{u\to\infty}f(u)=A$,可得类似的定理.

定理 4 表示,如果函数 $f(u)$ 和 $\varphi(x)$ 满足该定理的条件,那么做代换 $u=\varphi(x)$ 可把求 $\lim\limits_{x\to x_0}f[\varphi(x)]$ 化为求 $\lim\limits_{u\to a}f(u)$,这里 $a=\lim\limits_{x\to x_0}\varphi(x)$.

**例 10** 求 $\lim\limits_{x\to 1}\left[\ln\dfrac{x^2-1}{2(x-1)}\right]$.

**解 方法 1** 令 $u = \dfrac{x^2-1}{2(x-1)}$,则当 $x \to 1$ 时,$u = \dfrac{x^2-1}{2(x-1)} = \dfrac{x+1}{2} \to 1$,故

原式 $= \lim\limits_{u \to 1} \ln u = 0$.

**方法 2** $\lim\limits_{x \to 1}\left[\ln\dfrac{x^2-1}{2(x-1)}\right] = \ln\left[\lim\limits_{x \to 1}\dfrac{x^2-1}{2(x-1)}\right] = \ln\left(\lim\limits_{x \to 1}\dfrac{x+1}{2}\right)$
$= \ln 1 = 0$.

### 小结

本节学习需注意以下几点:(1)掌握极限的四则运算法则和复合函数的极限运算法则;(2)掌握用极限的四则运算法则和复合函数的极限运算法则求函数的极限;(3)掌握用无穷小的性质求函数的极限.

### 应用导学

极限的运算法则是求函数极限的基本方法,在后续学习求函数极限的各种方法,特别是初等函数求极限方法上起着重要作用.因此,理解和掌握好极限的运算法则是会求函数极限的关键.

### 习题 1-4

**1.** 判断下列叙述是否正确:

(1) 数列有界必收敛;

(2) 如果 $\lim\limits_{x \to 0} f(x)$ 存在,则 $f(x)$ 必有界;

(3) 如果函数 $f(x)$ 在点 $x = x_0$ 处无定义,则 $\lim\limits_{x \to x_0} f(x)$ 不存在.

**2.** 判断下列各题的解法和结果是否正确:

(1) $\lim\limits_{x \to 3}\dfrac{x^2-3}{x-3} = \dfrac{\lim\limits_{x \to 3}(x^2-3)}{\lim\limits_{x \to 3}(x-3)} = \dfrac{6}{0} = \infty$;

(2) $\lim\limits_{x \to +\infty}(\sqrt{x+1} - \sqrt{x}) = \lim\limits_{x \to +\infty}\sqrt{x+1} - \lim\limits_{x \to +\infty}\sqrt{x} = \infty - \infty = 0$;

(3) $\lim\limits_{x \to 0} x^5 \sin\dfrac{1}{x} = \lim\limits_{x \to 0} x^5 \cdot \lim\limits_{x \to 0} \sin\dfrac{1}{x} = 0$.

**3.** 求下列极限:

(1) $\lim\limits_{x \to 2}\dfrac{x^2+4}{x-7}$;

(2) $\lim\limits_{x \to 1}\dfrac{x^2-1}{x^3-1}$;

(3) $\lim\limits_{x \to 0}\dfrac{\sqrt{2x+9}-3}{x}$;

(4) $\lim\limits_{x \to \infty}\dfrac{x^2+3}{4x^2-7}$;

(5) $\lim\limits_{x \to -1}\left(\dfrac{1}{x+1} - \dfrac{3}{x^3+1}\right)$;

(6) $\lim\limits_{x \to 1}\dfrac{2x-3}{x^2-5x+4}$;

(7) $\lim\limits_{x\to\infty}\dfrac{x-\sin x}{x+\sin x}$;

(8) $\lim\limits_{x\to 0}\mathrm{e}^{x\sin\frac{1}{x}}$.

# 第五节　极限存在准则与两个重要极限

在本节我们先介绍判定极限存在的两个准则,然后讨论两个重要极限

$$\lim_{x\to 0}\frac{\sin x}{x}=1 \quad \text{及} \quad \lim_{x\to\infty}\left(1+\frac{1}{x}\right)^x=\mathrm{e}.$$

## 一、极限存在准则

**准则 Ⅰ（夹逼准则）**　如果数列 $\{x_n\}$,$\{y_n\}$ 及 $\{z_n\}$ 满足下列条件：

(1) $y_n\leqslant x_n\leqslant z_n(n=1,2,3,\cdots)$;

(2) $\lim\limits_{n\to\infty}y_n=a$,$\lim\limits_{n\to\infty}z_n=a$,

那么数列 $\{x_n\}$ 的极限存在,且

$$\lim_{n\to\infty}x_n=a.$$

**注**　(1) 上述数列极限存在准则可以推广到函数的极限.

(2) 利用夹逼准则求极限,关键是构造出 $\{y_n\}$ 与 $\{z_n\}$,并且 $\{y_n\}$ 与 $\{z_n\}$ 的极限相同且容易求得.

**例1**　求 $\lim\limits_{n\to\infty}\left(\dfrac{1}{\sqrt{n^2+1}}+\dfrac{1}{\sqrt{n^2+2}}+\cdots+\dfrac{1}{\sqrt{n^2+n}}\right)$.

**解**　因为 $\dfrac{n}{\sqrt{n^2+n}}<\dfrac{1}{\sqrt{n^2+1}}+\dfrac{1}{\sqrt{n^2+2}}+\cdots+\dfrac{1}{\sqrt{n^2+n}}<\dfrac{n}{\sqrt{n^2+1}}$,又

$$\lim_{n\to\infty}\frac{n}{\sqrt{n^2+n}}=\lim_{n\to\infty}\frac{1}{\sqrt{1+\dfrac{1}{n}}}=1,\quad \lim_{n\to\infty}\frac{n}{\sqrt{n^2+1}}=\lim_{n\to\infty}\frac{1}{\sqrt{1+\dfrac{1}{n^2}}}=1,$$

所以由夹逼准则得

$$\lim_{n\to\infty}\left(\frac{1}{\sqrt{n^2+1}}+\frac{1}{\sqrt{n^2+2}}+\cdots+\frac{1}{\sqrt{n^2+n}}\right)=1.$$

**准则 Ⅱ**　单调有界数列必有极限.

证明从略.

根据收敛数列的性质,收敛数列一定有界,但有界的数列不一定收敛.而准则 Ⅱ 表明,如果数列不仅有界,并且是单调的,那么该数列的极限必定存在,即该数列一定收敛.

例如数列 $\left\{y_n=1-\dfrac{1}{n}\right\}$,显然 $\{y_n\}$ 是单调增加的,且 $y_n<1$,所以由准则 Ⅱ 可知,$\lim\limits_{n\to\infty}y_n$ 存在,且

$$\lim_{n\to\infty}\left(1-\frac{1}{n}\right)=1.$$

**例 2** 设有数列 $x_1=\sqrt{3}$, $x_2=\sqrt{3+x_1}$, $\cdots$, $x_n=\sqrt{3+x_{n-1}}$, $\cdots$, 求 $\lim_{n\to\infty}x_n$.

**解** 显然 $x_{n+1}>x_n$, 则 $\{x_n\}$ 是单调增加的.

下面利用数学归纳法证明 $\{x_n\}$ 有界.

因为 $x_1=\sqrt{3}<3$, 假定 $x_k<3$, 则
$$x_{k+1}=\sqrt{3+x_k}<\sqrt{3+3}<3,$$

所以 $\{x_n\}$ 是有界的, 从而 $\lim_{n\to\infty}x_n=A$ 存在.

由递推关系 $x_{n+1}=\sqrt{3+x_n}$, 得 $x_{n+1}^2=3+x_n$, 故
$$\lim_{n\to\infty}x_{n+1}^2=\lim_{n\to\infty}(3+x_n),$$
即
$$A^2=3+A,$$

解得 $A_1=\dfrac{1+\sqrt{13}}{2}$, $A_2=\dfrac{1-\sqrt{13}}{2}$ (舍去), 所以
$$\lim_{n\to\infty}x_n=\frac{1+\sqrt{13}}{2}.$$

## 二、两个重要极限

**1.** $\lim_{x\to 0}\dfrac{\sin x}{x}=1$

**注** (1) 当 $x\to 0$ 时, 函数 $\dfrac{\sin x}{x}$ 属于 $\dfrac{0}{0}$ 型.

(2) 利用公式 $\lim_{x\to 0}\dfrac{\sin x}{x}=1$ 求函数极限时需要注意函数极限变化过程中的条件和特征.

(3) 一般地, 当 $\varphi(x)\to 0$ 时, 有 $\lim_{\varphi(x)\to 0}\dfrac{\sin\varphi(x)}{\varphi(x)}=1$.

**例 3** 求 $\lim_{x\to 0}\dfrac{\tan x}{x}$.

**解** $\lim_{x\to 0}\dfrac{\tan x}{x}=\lim_{x\to 0}\dfrac{\sin x}{x\cos x}=\dfrac{\lim_{x\to 0}\dfrac{\sin x}{x}}{\lim_{x\to 0}\cos x}=1.$

**例 4** 求 $\lim_{x\to 0}\dfrac{1-\cos x}{\dfrac{1}{2}x^2}$.

**解** $\lim_{x\to 0}\dfrac{1-\cos x}{\dfrac{1}{2}x^2}=2\lim_{x\to 0}\dfrac{2\sin^2\dfrac{x}{2}}{x^2}=2\lim_{x\to 0}\dfrac{2\sin^2\dfrac{x}{2}}{4\left(\dfrac{x}{2}\right)^2}=\lim_{\frac{x}{2}\to 0}\left(\dfrac{\sin\dfrac{x}{2}}{\dfrac{x}{2}}\right)^2=1.$

**例 5** 求 $\lim_{x\to 0}\dfrac{\sin kx}{x}$ ($k$ 为非零常数).

**解** 令 $t=kx$, 则 $x\to 0$ 时, $t\to 0$, 于是有
$$\lim_{x\to 0}\frac{\sin kx}{x}=k\lim_{x\to 0}\frac{\sin kx}{kx}=k\lim_{t\to 0}\frac{\sin t}{t}=k.$$

**例6** 下列运算过程是否正确?
$$\lim_{x\to\pi}\frac{\tan x}{\sin x}=\lim_{x\to\pi}\left(\frac{\tan x}{x}\cdot\frac{x}{\sin x}\right)=\lim_{x\to\pi}\frac{\tan x}{x}\cdot\lim_{x\to\pi}\frac{x}{\sin x}=1.$$

**解** 这种运算是错误的. 当 $x\to 0$ 时, $\frac{\tan x}{x}\to 1$, $\frac{x}{\sin x}\to 1$, 但本题 $x\to\pi$, 所以不能应用上述方法进行计算. 正确的做法如下:

令 $x-\pi=t$, 则 $x=\pi+t$, 且当 $x\to\pi$ 时, $t\to 0$, 于是
$$\lim_{x\to\pi}\frac{\tan x}{\sin x}=\lim_{t\to 0}\frac{\tan(\pi+t)}{\sin(\pi+t)}=\lim_{t\to 0}\frac{\tan t}{-\sin t}=\lim_{t\to 0}\left(\frac{\tan t}{t}\cdot\frac{t}{-\sin t}\right)=-1.$$

**例7** 求 $\lim\limits_{x\to 0}\dfrac{\cos x-\cos 3x}{x^2}$.

**解** $\lim\limits_{x\to 0}\dfrac{\cos x-\cos 3x}{x^2}=\lim\limits_{x\to 0}\dfrac{2\sin 2x\sin x}{x^2}=\lim\limits_{x\to 0}\left(\dfrac{4\sin 2x}{2x}\cdot\dfrac{\sin x}{x}\right)=4.$

**2.** $\lim\limits_{x\to\infty}\left(1+\dfrac{1}{x}\right)^x=\mathrm{e}$

**注** (1) 函数 $\left(1+\dfrac{1}{x}\right)^x$ 属于幂指函数.

(2) 利用公式 $\lim\limits_{x\to\infty}\left(1+\dfrac{1}{x}\right)^x=\mathrm{e}$ 求函数极限时需要注意函数极限变化过程的条件和特征.

(3) 公式 $\lim\limits_{x\to\infty}\left(1+\dfrac{1}{x}\right)^x=\mathrm{e}$ 有等价公式 $\lim\limits_{x\to 0}(1+x)^{\frac{1}{x}}=\mathrm{e}$.

因为在 $(1+z)^{\frac{1}{z}}$ 中做代换 $x=\dfrac{1}{z}$, 得 $\left(1+\dfrac{1}{x}\right)^x$. 又 $z\to 0$ 时, $x\to\infty$, 因此由复合函数的极限运算法则得
$$\lim_{z\to 0}(1+z)^{\frac{1}{z}}=\lim_{x\to\infty}\left(1+\frac{1}{x}\right)^x=\mathrm{e}.$$

(4) 一般地, 当 $\varphi(x)\to\infty$ 时, 有 $\lim\limits_{\varphi(x)\to\infty}\left[1+\dfrac{1}{\varphi(x)}\right]^{\varphi(x)}=\mathrm{e}$. 同样, 当 $\varphi(x)\to 0$ 时, 有 $\lim\limits_{\varphi(x)\to 0}[1+\varphi(x)]^{\frac{1}{\varphi(x)}}=\mathrm{e}$.

**例8** 求 $\lim\limits_{n\to\infty}\left(1+\dfrac{1}{n}\right)^{n+3}$.

**解** $\lim\limits_{n\to\infty}\left(1+\dfrac{1}{n}\right)^{n+3}=\lim\limits_{n\to\infty}\left[\left(1+\dfrac{1}{n}\right)^n\cdot\left(1+\dfrac{1}{n}\right)^3\right]=\lim\limits_{n\to\infty}\left(1+\dfrac{1}{n}\right)^n\cdot\lim\limits_{n\to\infty}\left(1+\dfrac{1}{n}\right)^3$
$=\mathrm{e}\cdot 1=\mathrm{e}.$

**例9** 求 $\lim\limits_{x\to 0}(1-2x)^{\frac{1}{x}}$.

**解** $\lim\limits_{x\to 0}(1-2x)^{\frac{1}{x}}=\lim\limits_{x\to 0}\left[(1-2x)^{-\frac{1}{2x}}\right]^{-2}=\mathrm{e}^{-2}.$

**例10** 求 $\lim\limits_{x\to\infty}\left(1+\dfrac{k}{x}\right)^x$.

**解** $\lim\limits_{x\to\infty}\left(1+\dfrac{k}{x}\right)^x=\lim\limits_{x\to\infty}\left[\left(1+\dfrac{k}{x}\right)^{\frac{x}{k}}\right]^k=\left[\lim\limits_{x\to\infty}\left(1+\dfrac{k}{x}\right)^{\frac{x}{k}}\right]^k=\mathrm{e}^k.$

特别地, 当 $k=-1$ 时, 有

$$\lim_{x \to \infty} \left(1 - \frac{1}{x}\right)^x = e^{-1}.$$

**例 11** 求 $\lim\limits_{x \to \infty} \left(\dfrac{3+x}{2+x}\right)^{2x}$.

**解** 
$$\lim_{x \to \infty} \left(\frac{3+x}{2+x}\right)^{2x} = \lim_{x \to \infty} \left[\left(1 + \frac{1}{x+2}\right)^x\right]^2 = \lim_{x \to \infty} \left[\left(1 + \frac{1}{x+2}\right)^{x+2-2}\right]^2$$
$$= \lim_{x \to \infty} \left[\left(1 + \frac{1}{x+2}\right)^{x+2}\right]^2 \cdot \lim_{x \to \infty} \left(1 + \frac{1}{x+2}\right)^{-4} = e^2.$$

**例 12** 求 $\lim\limits_{x \to \infty} \left(\dfrac{x^2}{x^2 - 1}\right)^x$.

**解** 
$$\lim_{x \to \infty} \left(\frac{x^2}{x^2 - 1}\right)^x = \lim_{x \to \infty} \left(1 + \frac{1}{x^2 - 1}\right)^x = \lim_{x \to \infty} \left[\left(1 + \frac{1}{x^2 - 1}\right)^{x^2 - 1}\right]^{\frac{x}{x^2 - 1}}$$
$$= e^0 = 1.$$

另外,针对公式 $\lim\limits_{x \to \infty} \left(1 + \dfrac{1}{x}\right)^x = e$ 在实际问题中的应用,我们可从实际问题来了解这种数学模型的现实意义.

**3. 连续复利**

设初始本金为 $A_1$,年利率为 $r$,期数为 $t$.按单利计息时,则 $t$ 期本利和为
$$A = A_1(1 + rt).$$
按复利计息时,若每期结算一次,则 $t$ 期本利和为
$$A = A_1(1 + r)^t;$$
若每期结算 $m$ 次,则 $t$ 期本利和为
$$A_m = A_1 \left(1 + \frac{r}{m}\right)^{mt}.$$

当 $m \to \infty$ 时,称 $A_m$ 为**连续复利**.在现实世界中有许多事物是属于这种模型的,如物体的冷却、放射性物质的衰变、细胞的繁殖、树木的生长等.

连续复利的计算公式反映了现实世界中一些事物生长或消失的数量规律,因此,它是一个在数学理论和实际应用中都很有用的极限.为了使问题简化起见,令 $n = \dfrac{m}{r}$,则当 $m \to \infty$ 时,$n \to \infty$,可得
$$\lim_{m \to \infty} A_1 \left(1 + \frac{r}{m}\right)^{mt} = A_1 \lim_{n \to \infty} \left(1 + \frac{1}{n}\right)^{rnt} = A_1 \left[\lim_{n \to \infty} \left(1 + \frac{1}{n}\right)^n\right]^{rt} = A_1 e^{rt}.$$

**例 13** 现有初始本金 100 元,若银行年储蓄利率为 7%.问:

(1) 按单利计息,3 年末的本利和为多少?

(2) 按复利计息,3 年末的本利和为多少?

(3) 按复利计息,需多少年能使本利和超过初始本金的一倍?

**解** (1) 已知 $A_1 = 100$ 元,$r = 0.07$,由单利计算公式得
$$A_3 = A_1(1 + 3r) = 100 \times (1 + 3 \times 0.07) \text{ 元} = 121 \text{ 元},$$
即 3 年末的本利和为 121 元.

(2) 由复利计算公式得

$$A_3 = A_1(1+r)^3 = 100 \times (1+0.07)^3 \text{ 元} \approx 122.5 \text{ 元},$$

即 3 年末的本利和为 122.5 元.

(3) 设 $n$ 年后的本利和超过初始本金的一倍,即
$$A_n = A_1(1+r)^n > 2A_1.$$

由 $r = 0.07$,则 $(1.07)^n > 2$,得 $n\ln 1.07 > \ln 2$,解得
$$n > \frac{\ln 2}{\ln 1.07} \approx 10.2,$$

即需 11 年本利和可超过初始本金的一倍.

**例 14** 小孩出生之后,父母拿出 $P$ 元作为初始投资,希望到孩子 20 岁生日时增长到 100 000 元,如果投资按 8% 连续复利,计算初始投资应该是多少?

**解** 由题意可得
$$100\,000 = P\mathrm{e}^{0.08 \times 20},$$

由此得到
$$P = 100\,000\mathrm{e}^{-1.6} \approx 20\,189.65.$$

于是,父母现在必须存储 20 189.65 元,到孩子 20 岁生日时才能增长到 100 000 元.

经济学家把 20 189.65 元称为按 8% 连续复利计算 20 年后到期的 100 000 元的**现值**,计算现值的过程称为**贴现**. 这个问题的另外一种表达是按 8% 连续复利计算,现在必须投资多少元才能在 20 年后结余 100 000 元,答案是 20 189.65 元. 计算现值可以理解成从未来值返回到现值的指数衰退.

一般地,$t$ 年后金额 $S$ 的现值 $P$,可以通过解下列关于 $P$ 的方程得到:
$$S = P\mathrm{e}^{rt}, \quad P = \frac{S}{\mathrm{e}^{rt}} = S\mathrm{e}^{-rt}.$$

### ■■■■ 小结 ■■■■

本节学习需注意以下几点:(1) 了解极限存在的两个准则,掌握运用极限存在准则求极限的方法;(2) 注意理解两个重要极限公式的极限变化过程的条件和特征及幂指函数的特征;(3) 通过一定的练习掌握两个重要极限公式的特点和运用它们求极限的方法.

### ■■■■ 应用导学 ■■■■

极限存在准则与两个重要极限公式是求函数极限的重要方法,特别是两个重要极限公式在极限运算中扮演着重要的角色.

### 习题 1-5

**1.** 已知 $\lim\limits_{x \to 0}\left(\dfrac{\sin ax}{x} + b\right) = 4$,$\lim\limits_{x \to 0}(1+bx)^{\frac{1}{x}} = \mathrm{e}^3$,那么 $a = $ _____,$b = $ _____.

**2.** 选择题：

(1) 数列有界是数列收敛的(　　)；

A. 必要条件　　　B. 充分条件　　　C. 充要条件　　　D. 无关条件

(2) 下列结论中正确的是(　　).

A. $\lim\limits_{x\to\infty}\dfrac{1}{x}\sin x = 1$ 　　　　　　　B. $\lim\limits_{x\to 0}\dfrac{1}{x}\sin x = 1$

C. $\lim\limits_{x\to 0}x\sin\dfrac{1}{x} = 1$ 　　　　　　　D. $\lim\limits_{x\to\infty}\dfrac{1}{x}\sin\dfrac{1}{x} = 1$

**3.** 计算下列极限：

(1) $\lim\limits_{x\to 0}\dfrac{\sin 2x}{\sin 5x}$；

(2) $\lim\limits_{n\to\infty}3^n\sin\dfrac{x}{3^n}$；

(3) $\lim\limits_{x\to 0}\dfrac{\sin x + 2x}{2\tan x + 3x}$；

(4) $\lim\limits_{x\to 0}\dfrac{\tan x - \sin x}{x}$；

(5) $\lim\limits_{t\to\infty}\left(\dfrac{t}{1+t}\right)^t$；

(6) $\lim\limits_{x\to\infty}\left(\dfrac{x+1}{x-1}\right)^x$；

(7) $\lim\limits_{x\to\infty}t\left(1+\dfrac{1}{x}\right)^{2tx}$；

(8) $\lim\limits_{x\to\infty}\left(\dfrac{x^2+1}{x^2}\right)^{x^2+1}$；

(9) $\lim\limits_{x\to 0}(1+6x)^{\frac{1}{2x}}$；

(10) $\lim\limits_{x\to 0}\dfrac{\sin(x+a)-\sin a}{x}$；

(11) $\lim\limits_{x\to 0}\dfrac{\sin(-3x)}{\tan 5x}$；

(12) $\lim\limits_{x\to\infty}\dfrac{\sqrt{x^2+1}}{x+1}$；

(13) $\lim\limits_{x\to +\infty}\left(\dfrac{ax+b}{ax+c}\right)^x$ $(a\neq 0, b\neq c)$；

(14) $\lim\limits_{x\to 0}(1-3x)^{\frac{1}{x}}$.

**4.** 将 2 000 元存入银行，按年利率 6% 进行连续复利计算．问：20 年后的本利和为多少？

**5.** 小孩出生之后，父母拿出 $P$ 元作为初始投资，希望到孩子 20 岁生日时增长到 500 000 元，如果投资按 10% 连续复利，计算初始投资应该是多少？

# 第六节　无穷小的比较

## 一、无穷小比较的概念

我们已经知道，两个无穷小的和、差及乘积仍是无穷小．但是，关于两个无穷小的商，却会出现不同的情况．例如，当 $x\to 0$ 时，$x,3x,x^2$ 都是无穷小，而

$$\lim_{x\to 0}\dfrac{3x}{x} = 3,\quad \lim_{x\to 0}\dfrac{3x}{x^2} = \infty,\quad \lim_{x\to 0}\dfrac{x^2}{x} = 0.$$

两个无穷小的商的极限的各种不同情况，反映了不同的无穷小趋于零的快慢程度．就上面几个例子来说，在 $x\to 0$ 的过程中，$x^2\to 0$ 比 $3x\to 0$ 快些，反之 $3x\to 0$ 比 $x^2\to 0$ 慢些，而 $x\to 0$ 与 $3x\to 0$ 快慢差不多．

**定义 1**  设 $\alpha$ 及 $\beta$ 都是在同一个自变量的变化过程中的无穷小,且 $\alpha \neq 0$,而 $\lim \dfrac{\beta}{\alpha}$ 也是在该变化过程中的极限.

(1) 如果 $\lim \dfrac{\beta}{\alpha} = 0$,则称 $\beta$ 是比 $\alpha$ **高阶的无穷小**,记作 $\beta = o(\alpha)$;

(2) 如果 $\lim \dfrac{\beta}{\alpha} = \infty$,则称 $\beta$ 是比 $\alpha$ **低阶的无穷小**;

(3) 如果 $\lim \dfrac{\beta}{\alpha} = c \neq 0$,则称 $\beta$ 与 $\alpha$ 是**同阶的无穷小**;

(4) 如果 $\lim \dfrac{\beta}{\alpha} = 1$,则称 $\beta$ 与 $\alpha$ 是**等价无穷小**,记作 $\alpha \sim \beta$.

**注**  等价无穷小是同阶的无穷小的特殊情形,即 $c=1$ 的情形.

下面举一些例子:

因为 $\lim\limits_{x \to 0} \dfrac{x^2}{x} = 0$,所以当 $x \to 0$ 时,$x^2$ 是比 $x$ 高阶的无穷小,即 $x^2 = o(x)(x \to 0)$.

因为 $\lim\limits_{x \to \infty} \dfrac{\frac{1}{x}}{\frac{1}{x^2}} = \infty$,所以当 $x \to \infty$ 时,$\dfrac{1}{x}$ 是比 $\dfrac{1}{x^2}$ 低阶的无穷小.

因为 $\lim\limits_{x \to 3} \dfrac{x^2-9}{x-3} = 6$,所以当 $x \to 3$ 时,$x^2 - 9$ 与 $x - 3$ 是同阶的无穷小.

因为 $\lim\limits_{x \to 0} \dfrac{\sqrt{x+1}-1}{\frac{1}{2}x} = 1$,所以当 $x \to 0$ 时,$\sqrt{x+1}-1$ 与 $\dfrac{1}{2}x$ 是等价无穷小,即

$$\sqrt{x+1} - 1 \sim \dfrac{1}{2}x.$$

## 二、常用的等价无穷小

当 $x \to 0$ 时,常用的等价无穷小有

$\sin x \sim x,$ $\qquad \tan x \sim x,$ $\qquad \arcsin x \sim x,$

$\arctan x \sim x,$ $\qquad 1 - \cos x \sim \dfrac{1}{2}x^2,$ $\qquad \ln(1+x) \sim x,$

$e^x - 1 \sim x,$ $\qquad a^x - 1 \sim x \ln a \; (a > 0 \text{ 且 } a \neq 1),$

$(1+x)^\alpha - 1 \sim \alpha x \; (\alpha \neq 0 \text{ 是常数}).$

## 三、等价无穷小的两个重要结论

**定理 1(等价无穷小替换定理)**  设 $\alpha, \alpha', \beta, \beta'$ 是同一变化过程中的无穷小,且 $\alpha \sim \alpha'$, $\beta \sim \beta'$, $\lim \dfrac{\beta'}{\alpha'}$ 存在,则

$$\lim \dfrac{\beta}{\alpha} = \lim \dfrac{\beta'}{\alpha'}.$$

**定理 2** $\beta$ 与 $\alpha$ 是等价无穷小的充要条件是
$$\beta = \alpha + o(\alpha).$$

**例 1** 当 $x \to 1$ 时,将下列各量与无穷小 $x-1$ 进行比较:

(1) $x^3 - 3x + 2$;　　　　(2) $(x-1)\sin\dfrac{1}{x-1}$.

**解** (1) 因为 $\lim\limits_{x\to 1}(x^3-3x+2)=0$,所以 $x\to 1$ 时,$x^3-3x+2$ 是无穷小. 又因为
$$\lim_{x\to 1}\frac{x^3-3x+2}{x-1}=\lim_{x\to 1}\frac{(x-1)^2(x+2)}{(x-1)}=0,$$
所以 $x^3-3x+2$ 是比 $x-1$ 高阶的无穷小.

(2) 由 $\lim\limits_{x\to 1}(x-1)\sin\dfrac{1}{x-1}=0$,可知当 $x\to 1$ 时,$(x-1)\sin\dfrac{1}{x-1}$ 是无穷小,但是
$$\lim_{x\to 1}\frac{(x-1)\sin\dfrac{1}{x-1}}{x-1}=\lim_{x\to 1}\sin\frac{1}{x-1}\text{ 不存在,因此}(x-1)\sin\frac{1}{x-1}\text{ 与 }x-1\text{ 不能比较}.$$

**例 2** 求 $\lim\limits_{x\to 0}\dfrac{\tan 2x}{\sin 5x}$.

**解** 当 $x\to 0$ 时,$\tan 2x \sim 2x$,$\sin 5x \sim 5x$,故
$$\lim_{x\to 0}\frac{\tan 2x}{\sin 5x}=\lim_{x\to 0}\frac{2x}{5x}=\frac{2}{5}.$$

**例 3** 求 $\lim\limits_{x\to 0}\dfrac{\tan x - \sin x}{\sin^3 2x}$.

**错解** 当 $x\to 0$ 时,$\tan x\sim x$,$\sin x\sim x$,$\sin 2x\sim 2x$,所以
$$\lim_{x\to 0}\frac{\tan x-\sin x}{\sin^3 2x}=\lim_{x\to 0}\frac{x-x}{(2x)^3}=0.$$

**正解** 当 $x\to 0$ 时,$\sin 2x\sim 2x$,$\tan x-\sin x=\tan x(1-\cos x)\sim\dfrac{1}{2}x^3$,故
$$\lim_{x\to 0}\frac{\tan x-\sin x}{\sin^3 2x}=\lim_{x\to 0}\frac{\dfrac{1}{2}x^3}{(2x)^3}=\frac{1}{16}.$$

**例 4** 求 $\lim\limits_{x\to 0}\dfrac{(1+x^2)^{\frac{1}{3}}-1}{\cos x-1}$.

**解** 当 $x\to 0$ 时,$(1+x^2)^{\frac{1}{3}}-1\sim\dfrac{1}{3}x^2$,$\cos x-1\sim -\dfrac{1}{2}x^2$,故
$$\lim_{x\to 0}\frac{(1+x^2)^{\frac{1}{3}}-1}{\cos x-1}=\lim_{x\to 0}\frac{\dfrac{1}{3}x^2}{-\dfrac{1}{2}x^2}=-\frac{2}{3}.$$

**例 5** 求 $\lim\limits_{x\to 0}\dfrac{\sqrt{1+\tan x}-\sqrt{1-\tan x}}{\sqrt{1+2x}-1}$.

**解** 当 $x\to 0$ 时,$\sqrt{1+2x}-1\sim x$,$\tan x\sim x$,故

$$\lim_{x\to 0}\frac{\sqrt{1+\tan x}-\sqrt{1-\tan x}}{\sqrt{1+2x}-1} = \lim_{x\to 0}\frac{2\tan x}{x(\sqrt{1+\tan x}+\sqrt{1-\tan x})}$$
$$= \lim_{x\to 0}\frac{2}{\sqrt{1+\tan x}+\sqrt{1-\tan x}} = 1.$$

**例 6** 求 $\lim\limits_{x\to 0}\dfrac{\sqrt{2}-\sqrt{1+\cos x}}{\sin^2 x}$.

**解** 原式 $= \lim\limits_{x\to 0}\dfrac{\sqrt{2}-\sqrt{2\cos^2\frac{x}{2}}}{\sin^2 x} = \sqrt{2}\lim\limits_{x\to 0}\dfrac{1-\cos\frac{x}{2}}{\sin^2 x} = \sqrt{2}\lim\limits_{x\to 0}\dfrac{\frac{1}{2}\left(\frac{x}{2}\right)^2}{x^2} = \dfrac{\sqrt{2}}{8}.$

**例 7** 求 $\lim\limits_{x\to 0}\dfrac{\ln(1+x+x^2)+\ln(1-x+x^2)}{\sec x-\cos x}$.

**解** 先用对数性质化简分子,得
$$\text{原式} = \lim_{x\to 0}\frac{\ln(1+x^2+x^4)}{\sec x-\cos x}.$$

因为当 $x\to 0$ 时,有
$$\ln(1+x^2+x^4)\sim x^2+x^4, \quad \sec x-\cos x = \frac{1-\cos^2 x}{\cos x} = \frac{\sin^2 x}{\cos x}\sim x^2,$$

所以
$$\text{原式} = \lim_{x\to 0}\frac{x^2+x^4}{x^2} = 1.$$

**例 8** 求 $\lim\limits_{x\to 0}\dfrac{\tan 5x-\cos x+1}{\sin 3x}$.

**解** 因为当 $x\to 0$ 时,$\tan 5x = 5x+o(x)$,$\sin 3x = 3x+o(x)$,$1-\cos x = \dfrac{x^2}{2}+o(x^2)$,

所以
$$\text{原式} = \lim_{x\to 0}\frac{5x+o(x)+\frac{x^2}{2}+o(x^2)}{3x+o(x)} = \lim_{x\to 0}\frac{5+\frac{o(x)}{x}+\frac{x}{2}+\frac{o(x^2)}{x}}{3+\frac{o(x)}{x}} = \frac{5}{3}.$$

### ▪▪▪▪ 小结 ▪▪▪▪

本节学习需注意以下几点:(1)掌握有关无穷小的阶及等价无穷小的概念,会判断无穷小之间的阶的各种关系;(2)理解和熟练掌握常见的等价无穷小;(3)通过一定的练习掌握运用定理1(等价无穷小替换定理)求极限的方法.

### ▪▪▪▪ 应用导学 ▪▪▪▪

无穷小的比较在极限运算中扮演重要的角色,特别是等价无穷小的替换在极限的计算中特别有用.等价无穷小在后续的学习中都有广泛的应用.

### 习题 1-6

**1.** 当 $x \to 1$ 时，无穷小 $1-x$ 与 $\frac{1}{2}(1-x^2)$ 是否同阶？是否等价？

**2.** 任何两个无穷小都可以比较吗？

**3.** 求下列极限：

(1) $\lim\limits_{x \to 0} \dfrac{\sqrt{2+x^2}-\sqrt{2}}{3x}$；

(2) $\lim\limits_{x \to 0} \dfrac{\log_a(1+x)}{x}$；

(3) $\lim\limits_{x \to 0} \dfrac{2^x-1}{x}$；

(4) $\lim\limits_{x \to 0} \dfrac{\sqrt{1+x\sin x}-1}{x\arctan x}$；

(5) $\lim\limits_{x \to 0} \dfrac{\ln(1+3x\sin x)}{\tan x^2}$；

(6) $\lim\limits_{x \to 1} \dfrac{\sqrt{5x-4}-\sqrt{x}}{x-1}$；

(7) $\lim\limits_{x \to 0} \dfrac{x^2}{1-\sqrt{1+x^2}}$；

(8) $\lim\limits_{x \to +\infty}(\sqrt{x^2+x}-\sqrt{x^2-x})$；

(9) $\lim\limits_{x \to a} \dfrac{\cos^2 x - \cos^2 a}{x-a}$；

(10) $\lim\limits_{x \to 0} \dfrac{\ln(1+2x)}{\sin 3x}$；

(11) $\lim\limits_{x \to 0} \dfrac{\sqrt{1+2x}-1}{\arcsin 3x}$；

(12) $\lim\limits_{x \to \infty}\left(\dfrac{2x^2+3}{2x^2-3}\right)^{x^2}$.

## 第七节 函数的连续性与间断点

### 一、函数的连续性

自然界中有许多现象，如气温的变化、河水的流动、植物的生长等，都是连续变化的. 这种现象反映在数学上，就是函数的连续性. 例如，在观察气温的变化过程中，当观察的时间变化很微小时，气温的变化也很微小，这种特点就是连续性. 下面我们先引入增量的概念，然后来描述连续性，并引出函数的连续性的定义.

设变量 $u$ 从它的一个初值 $u_1$ 变到终值 $u_2$，称终值与初值的差 $u_2-u_1$ 为变量 $u$ 的**增量**或**改变量**，记作 $\Delta u$，即

$$\Delta u = u_2 - u_1.$$

增量 $\Delta u$ 可以是正的，也可以是负的. 当 $\Delta u$ 为正时，变量 $u$ 从 $u_1$ 变到 $u_2$ 是增大的；当 $\Delta u$ 为负时，变量 $u$ 从 $u_1$ 变到 $u_2$ 是减小的.

应该注意到记号 $\Delta u$ 并不表示某个量 $\Delta$ 与变量 $u$ 的乘积，而是一个不可分割的整体记号. 现在假定函数 $y=f(x)$ 在点 $x_0$ 的某个邻域内是有定义的. 当自变量 $x$ 在这个邻域内从 $x_0$ 变到 $x_0+\Delta x$ 时，函数 $y$ 相应地从 $f(x_0)$ 变到 $f(x_0+\Delta x)$，因此函数 $y$ 的对应增量为

$$\Delta y = f(x_0+\Delta x) - f(x_0).$$

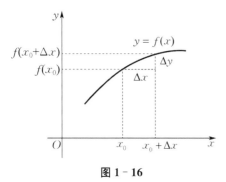

图 1-16

增量 $\Delta y$ 的几何解释如图 1-16 所示.

假如保持 $x_0$ 不变而让自变量的增量 $\Delta x$ 变动,一般说来,函数 $y$ 的增量 $\Delta y$ 也要随着变动. 如果当 $\Delta x$ 趋于零时,函数 $y$ 的对应增量 $\Delta y$ 也趋于零,即

$$\lim_{\Delta x \to 0} \Delta y = 0 \qquad (1-7-1)$$

或

$$\lim_{\Delta x \to 0} [f(x_0 + \Delta x) - f(x_0)] = 0,$$

则称函数 $y = f(x)$ 在点 $x_0$ 处是连续的. 为此有下述定义.

**· 定义 1** 设函数 $y = f(x)$ 在点 $x_0$ 的某个邻域内有定义. 如果当自变量在点 $x_0$ 处的增量 $\Delta x = x - x_0$ 趋于零时,对应的函数的增量 $\Delta y = f(x_0 + \Delta x) - f(x_0)$ 也趋于零,则称函数 $y = f(x)$ 在点 $x_0$ 处**连续**.

为了应用方便起见,下面把函数 $y = f(x)$ 在点 $x_0$ 处连续的定义用不同的方式来叙述.

设 $x = x_0 + \Delta x$,则 $\Delta x \to 0$ 时, $x \to x_0$. 又由于

$$\Delta y = f(x_0 + \Delta x) - f(x_0) = f(x) - f(x_0),$$

即

$$f(x) = f(x_0) + \Delta y,$$

可见 $\Delta y \to 0$ 时, $f(x) \to f(x_0)$, 因此 (1-7-1) 式也可以写成

$$\lim_{x \to x_0} f(x) = f(x_0).$$

所以,函数 $y = f(x)$ 在点 $x_0$ 处连续的定义又可叙述如下.

**· 定义 2** 设函数 $y = f(x)$ 在点 $x_0$ 的某个邻域内有定义. 如果函数 $f(x)$ 当 $x \to x_0$ 时的极限存在,且等于它在点 $x_0$ 处的函数值 $f(x_0)$, 即

$$\lim_{x \to x_0} f(x) = f(x_0),$$

则称函数 $y = f(x)$ 在点 $x_0$ 处连续.

由函数 $y = f(x)$ 在点 $x_0$ 处左、右极限的定义,相应地给出 $f(x)$ 在点 $x_0$ 处的左、右连续的概念.

**· 定义 3** 如果 $\lim\limits_{x \to x_0^-} f(x) = f(x_0)$, 则称函数 $y = f(x)$ 在点 $x_0$ 处**左连续**; 如果 $\lim\limits_{x \to x_0^+} f(x) = f(x_0)$, 则称函数 $y = f(x)$ 在点 $x_0$ 处**右连续**.

**○ 定理 1** 函数在某点处连续的充要条件是函数在该点处左连续且右连续,即

$$\lim_{x \to x_0^-} f(x) = \lim_{x \to x_0^+} f(x) = f(x_0) \Leftrightarrow \lim_{x \to x_0} f(x) = f(x_0).$$

在区间上每一点都连续的函数,称为该区间上的**连续函数**,或称函数在该区间上连续. 如果区间包括端点,那么函数在右端点处连续是指左连续,在左端点处连续是指右连续. 连续函数的图形是一条连续而不间断的曲线.

**例 1** 讨论函数

$$f(x) = \begin{cases} 1+\dfrac{x}{2}, & x<0, \\ 0, & x=0, \\ 1+x^2, & 0<x\leqslant 1, \\ 3-x, & x>1, \end{cases}$$

在点 $x=0$ 和 $x=1$ 处的连续性.

**解** 在点 $x=0$ 处,有

$$\lim_{x\to 0^-} f(x) = \lim_{x\to 0^-}\left(1+\dfrac{x}{2}\right)=1, \quad \lim_{x\to 0^+} f(x) = \lim_{x\to 0^+}(1+x^2)=1.$$

因为 $\lim\limits_{x\to 0^-} f(x) = \lim\limits_{x\to 0^+} f(x) = 1$,所以 $\lim\limits_{x\to 0} f(x) = 1$,但是 $f(0)=0$, $\lim\limits_{x\to 0} f(x) \neq f(0)$,故 $f(x)$ 在点 $x=0$ 处不连续.

在点 $x=1$ 处,有

$$\lim_{x\to 1^-} f(x) = \lim_{x\to 1^-}(1+x^2)=2, \quad \lim_{x\to 1^+} f(x) = \lim_{x\to 1^+}(3-x)=2.$$

因为 $\lim\limits_{x\to 1^-} f(x) = \lim\limits_{x\to 1^+} f(x) = 2$,所以 $\lim\limits_{x\to 1} f(x) = 2$. 又因为 $f(1)=2$, $\lim\limits_{x\to 1} f(x) = f(1)$,故 $f(x)$ 在点 $x=1$ 处连续.

**例 2** 已知函数 $f(x) = \begin{cases} x^2+1, & x<0, \\ 2x-b, & x\geqslant 0 \end{cases}$ 在点 $x=0$ 处连续,求 $b$ 的值.

**解** 因为 $f(0)=-b$,且

$$\lim_{x\to 0^-} f(x) = \lim_{x\to 0^-}(x^2+1)=1, \quad \lim_{x\to 0^+} f(x) = \lim_{x\to 0^+}(2x-b)=-b,$$

由定理 1 可知,若 $f(x)$ 在点 $x=0$ 处连续,则 $\lim\limits_{x\to 0^-} f(x) = \lim\limits_{x\to 0^+} f(x) = f(0)$,即 $b=-1$.

## 二、函数的间断点

设函数 $y=f(x)$ 在点 $x_0$ 的某个去心邻域内有定义. 如果函数 $f(x)$ 有下列三种情形之一:

(1) 在点 $x=x_0$ 处没有定义;

(2) 在点 $x=x_0$ 处有定义,但 $\lim\limits_{x\to x_0} f(x)$ 不存在;

(3) 在点 $x=x_0$ 处有定义,且 $\lim\limits_{x\to x_0} f(x)$ 存在,但 $\lim\limits_{x\to x_0} f(x) \neq f(x_0)$,

则称函数 $f(x)$ 在点 $x_0$ 处**不连续**,而称 $x_0$ 为函数 $f(x)$ 的**不连续点**或**间断点**.

在微积分学中,通常把间断点分成两类:如果 $x_0$ 是函数 $f(x)$ 的间断点,但在点 $x_0$ 处的左、右极限都存在,那么称 $x_0$ 为函数的**第一类间断点**. 第一类间断点又分为可去间断点和跳跃间断点,其中左、右极限相等的间断点称为**可去间断点**,左、右极限不相等的间断点称为**跳跃间断点**. 不是第一类间断点的间断点称为**第二类间断点**. 例如,**无穷间断点**和**振荡间断点**都是第二类间断点.

下面举例来说明函数间断点的几种常见类型.

**例 3** 讨论函数 $y=\dfrac{x^2-1}{x-1}$ 在点 $x=1$ 处的连续性(见图 1-17).

**解** 因为函数 $y = \dfrac{x^2-1}{x-1}$ 在点 $x=1$ 处没有定义,所以函数在点 $x=1$ 处不连续,$x=1$ 是函数的间断点. 但 $\lim\limits_{x\to 1}\dfrac{x^2-1}{x-1} = \lim\limits_{x\to 1}(x+1) = 2$, 如果补充定义: 令 $x=1$ 时, $y=2$, 则该函数在点 $x=1$ 处连续, 所以称 $x=1$ 是函数的可去间断点.

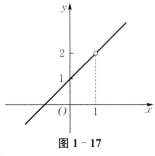

图 1-17

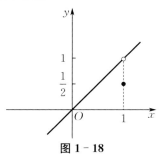

图 1-18

**例 4** 讨论函数

$$y = f(x) = \begin{cases} x, & x \neq 1, \\ \dfrac{1}{2}, & x = 1 \end{cases}$$

在点 $x=1$ 处的连续性(见图 1-18).

**解** 因为 $\lim\limits_{x\to 1} f(x) = \lim\limits_{x\to 1} x = 1$, 但 $f(1) = \dfrac{1}{2}$, 可知 $\lim\limits_{x\to 1} f(x) \neq f(1)$, 所以该函数在点 $x=1$ 处不连续, $x=1$ 是函数 $f(x)$ 的间断点. 但如果改变函数 $f(x)$ 在点 $x=1$ 处的定义: 令 $f(1) = 1$, 则 $f(x)$ 在点 $x=1$ 处连续, $x=1$ 也称为函数的可去间断点.

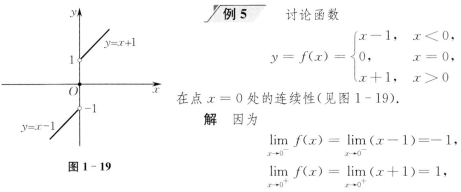

图 1-19

**例 5** 讨论函数

$$y = f(x) = \begin{cases} x-1, & x < 0, \\ 0, & x = 0, \\ x+1, & x > 0 \end{cases}$$

在点 $x=0$ 处的连续性(见图 1-19).

**解** 因为
$$\lim_{x\to 0^-} f(x) = \lim_{x\to 0^-}(x-1) = -1,$$
$$\lim_{x\to 0^+} f(x) = \lim_{x\to 0^+}(x+1) = 1,$$

可知左极限与右极限虽都存在,但不相等, 即 $\lim\limits_{x\to 0} f(x)$ 不存在, 所以 $f(x)$ 在点 $x=0$ 处不连续, $x=0$ 是函数 $f(x)$ 的间断点. 又因 $y=f(x)$ 的图形在点 $x=0$ 处产生跳跃现象, 故称 $x=0$ 是函数 $f(x)$ 的跳跃间断点.

**例 6** 讨论函数 $f(x) = \begin{cases} 2\sqrt{x}, & 0 \leqslant x < 1, \\ 1, & x = 1, \\ 1+x, & x > 1 \end{cases}$ 在点 $x=1$ 处的连续性.

**解** 由 $f(1) = 1$, $\lim\limits_{x\to 1^-} f(x) = 2$, $\lim\limits_{x\to 1^+} f(x) = 2$, 可知 $\lim\limits_{x\to 1} f(x) = 2 \neq f(1)$, 所以函数 $f(x)$ 在点 $x=1$ 处不连续, $x=1$ 为 $f(x)$ 的可去间断点.

**注** 若修改定义 $f(1)=2$,则函数 $f(x)=\begin{cases} 2\sqrt{x}, & 0\leqslant x<1, \\ 1+x, & x\geqslant 1 \end{cases}$ 在点 $x=1$ 处连续.

**例 7** 函数 $y=\tan x$ 在点 $x=\dfrac{\pi}{2}$ 处没有定义,所以 $x=\dfrac{\pi}{2}$ 是函数 $y=\tan x$ 的间断点.又因为 $\lim\limits_{x\to\frac{\pi}{2}}\tan x=\infty$,所以称 $x=\dfrac{\pi}{2}$ 为函数 $y=\tan x$ 的无穷间断点(见图 1-20).

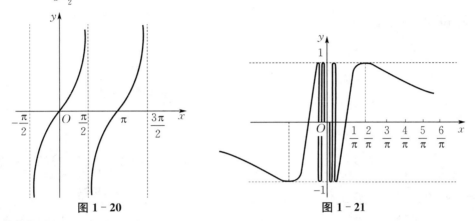

图 1-20　　　　　　　　图 1-21

**例 8** 函数 $y=\sin\dfrac{1}{x}$ 在点 $x=0$ 处没有定义,所以 $x=0$ 是函数 $y=\sin\dfrac{1}{x}$ 的间断点.因为当 $x\to 0$ 时,函数值在 $-1$ 与 $1$ 之间来回振荡无限多次(见图 1-21),所以称 $x=0$ 为函数 $y=\sin\dfrac{1}{x}$ 的振荡间断点.

**例 9** 讨论函数 $f(x)=\begin{cases} \dfrac{1}{x}, & x>0, \\ x, & x\leqslant 0 \end{cases}$ 在点 $x=0$ 处的连续性.

**解** 因为 $\lim\limits_{x\to 0^-}f(x)=0$,$\lim\limits_{x\to 0^+}f(x)=+\infty$,所以 $x=0$ 为函数 $f(x)$ 的第二类间断点(无穷间断点).

### 三、初等函数的连续性

在函数连续性的研究中,初等函数的连续性是需要专门讨论的一个问题.由初等函数的定义可知,要了解初等函数的连续性,首先需要讨论基本初等函数的连续性、复合函数的连续性及函数的和、差、积、商的连续性等问题.

针对以上提出的问题,我们给出下列定理.

**定理 2** 设函数 $f(x),g(x)$ 都是在点 $x_0$ 处连续的函数,则它们的和、差、积、商(分母在点 $x_0$ 处的函数极限不为零)也在点 $x_0$ 处连续.

**定理 3** 如果函数 $y=f(x)$ 在区间 $I_x$ 上单调增加(或单调减少)且连续,那么它的反函数 $x=\varphi(y)$ 也在对应的区间 $I_y=\{y\mid y=f(x),x\in I_x\}$ 上单调增加(或单调减少)且连续.

**定理 4** 设函数 $u=\varphi(x)$ 当 $x\to x_0$ 时的极限存在且等于 $a$,即

$$\lim_{x \to x_0} \varphi(x) = a,$$

而函数 $y = f(u)$ 在点 $u = a$ 处连续,那么复合函数 $y = f[\varphi(x)]$ 当 $x \to x_0$ 时的极限也存在且等于 $f(a)$,即

$$\lim_{x \to x_0} f[\varphi(x)] = f(a). \tag{1-7-2}$$

把定理 4 中的 $x \to x_0$ 换成 $x \to \infty$,可得类似的定理.

**例 10** 求 $\lim\limits_{x \to 2} \sqrt{\dfrac{x-2}{x^2-4}}$.

**解** $y = \sqrt{\dfrac{x-2}{x^2-4}}$ 可看作由 $y = \sqrt{u}$ 与 $u = \dfrac{x-2}{x^2-4}$ 复合而成.因为 $\lim\limits_{x \to 2} \dfrac{x-2}{x^2-4} = \dfrac{1}{4}$,而函数 $y = \sqrt{u}$ 在点 $u = \dfrac{1}{4}$ 处连续,所以

$$\lim_{x \to 2} \sqrt{\dfrac{x-2}{x^2-4}} = \sqrt{\lim_{x \to 2} \dfrac{x-2}{x^2-4}} = \sqrt{\dfrac{1}{4}} = \dfrac{1}{2}.$$

**定理 5** 设函数 $u = \varphi(x)$ 在点 $x = x_0$ 处连续,且 $\varphi(x_0) = u_0$,而函数 $y = f(u)$ 在点 $u = u_0$ 处连续,那么复合函数 $y = f[\varphi(x)]$ 在点 $x = x_0$ 处也是连续的.

**证** 只要在定理 4 中令 $a = u_0 = \varphi(x_0)$,可得 $\varphi(x)$ 在点 $x_0$ 处连续.于是,由(1-7-2)式得

$$\lim_{x \to x_0} f[\varphi(x)] = f(u_0) = f[\varphi(x_0)].$$

**定理 6** 基本初等函数在其定义域内是连续的.

**定理 7** 一切初等函数在其定义区间内都是连续的.

**注** (1)定义区间是指包含在定义域内的区间.定理 7 的结论非常重要,因为微积分的研究对象主要是连续或分段连续的函数,而一般应用中所遇到的函数基本上是初等函数,其连续性的条件总是满足的,从而使微积分具有广阔的应用前景.

(2) 根据函数 $f(x)$ 在点 $x_0$ 处连续的定义,如果已知 $f(x)$ 在点 $x_0$ 处连续,那么求 $f(x)$ 当 $x \to x_0$ 的极限时,只要求 $f(x)$ 在点 $x_0$ 处的函数值就行了.因此,上述关于初等函数连续性的结论提供了一个求极限的方法:如果 $f(x)$ 是初等函数,且 $x_0$ 是 $f(x)$ 的定义区间内的点,则 $\lim\limits_{x \to x_0} f(x) = f(x_0)$.

**例 11** 讨论函数 $y = \sin \dfrac{1}{x}$ 的连续性.

**解** 函数 $y = \sin \dfrac{1}{x}$ 是初等函数,其定义域为 $(-\infty, 0) \cup (0, +\infty)$.根据定理 7,函数 $y = \sin \dfrac{1}{x}$ 在定义区间 $(-\infty, 0)$ 和 $(0, +\infty)$ 上是连续的.

**例 12** 求 $\lim\limits_{x \to 2} \dfrac{e^x}{2x+1}$.

**解** 因为 $f(x) = \dfrac{e^x}{2x+1}$ 是初等函数,且 $x = 2$ 是其定义区间内的点,所以 $f(x) = \dfrac{e^x}{2x+1}$ 在点 $x = 2$ 处连续,于是

$$\lim_{x\to 2}\frac{e^x}{2x+1}=\frac{e^2}{2\cdot 2+1}=\frac{e^2}{5}.$$

**例 13**  求 $\lim\limits_{x\to 0}(x+2e^x)^{\frac{1}{x-1}}$.

**解**  因为 $y=(x+2e^x)^{\frac{1}{x-1}}$ 是初等函数，且 $x=0$ 是其定义区间内的点，所以 $y=(x+2e^x)^{\frac{1}{x-1}}$ 在点 $x=0$ 处连续，得

$$\lim_{x\to 0}(x+2e^x)^{\frac{1}{x-1}}=(0+2\cdot e^0)^{-1}=\frac{1}{2}.$$

■■■■ 小结 ■■■■

本节学习需注意以下几点：(1) 理解连续性的几何意义，掌握函数的连续性与间断点的概念，掌握判别函数在某一点处连续的方法，会求函数的间断点，会判别函数间断点的类型，会判别函数在区间上的连续性，会判别分段函数的连续性；(2) 了解连续函数的和、差、积、商的连续性，反函数、复合函数及初等函数的连续性，会用函数的连续性求函数的极限.

■■■■ 应用导学 ■■■■

微积分学是以连续函数作为主要研究对象的一门课程，理解和掌握好函数的连续性的相关知识对学习微积分学极为重要. 另外，利用函数的连续性求函数的极限是最为简便的方法.

**习题 1-7**

**1.** 求下列函数的间断点，并判别其类型：

(1) $f(x)=\dfrac{x^2-1}{x^2-3x+2}$；　　　　　(2) $f(x)=\dfrac{x-a}{|x-a|}$.

**2.** 讨论函数

$$f(x)=\begin{cases}e^{\frac{1}{x}}, & x<0,\\ 0, & x=0,\\ x\arctan\dfrac{1}{x}, & x>0\end{cases}$$

在点 $x=0$ 处是否连续，并求其连续区间.

**3.** 要使函数

$$f(x)=\begin{cases}a+x^2, & x>1,\\ 2, & x=1,\\ b-x, & x<1\end{cases}$$

连续,常数 $a,b$ 应各取何值?

**4.** $k$ 取何值时,函数 $f(x) = \begin{cases} \dfrac{\cos x - \cos 2x}{x^2}, & x \neq 0 \\ k, & x = 0 \end{cases}$ 在点 $x = 0$ 处连续?

**5.** 求下列极限:

(1) $\lim\limits_{x \to 0} \dfrac{\ln(1+x^2)}{\sin(1+x^2)}$;

(2) $\lim\limits_{x \to 0} \left[ \dfrac{\lg(100+x)}{a^x + \arcsin x} \right]^{\frac{1}{2}}$;

(3) $\lim\limits_{x \to 0} \sqrt{1 + 2x - x^2}$;

(4) $\lim\limits_{x \to 1} \arctan \sqrt{\dfrac{x^2+1}{x+1}}$;

(5) $\lim\limits_{x \to \frac{\pi}{2}} \dfrac{\cos x - 2}{x + \frac{\pi}{2}}$;

(6) $\lim\limits_{x \to \infty} \left[ x \ln\left(1 + \dfrac{1}{x}\right) \right]$.

# 第八节　闭区间上连续函数的性质

## 一、最大值和最小值定理与有界性定理

**1. 最大值和最小值的定义**

**定义 1**　对于在区间 $I$ 上有定义的函数 $f(x)$,如果存在 $x_0 \in I$,使得
$$f(x) \leqslant f(x_0) \quad (\text{或 } f(x) \geqslant f(x_0)),$$
则称 $f(x_0)$ 是函数 $f(x)$ 在区间 $I$ 上的**最大值**(或**最小值**).

**例 1**　函数 $f(x) = 1 + \sin x$ 在 $[0, 2\pi]$ 上有最大值 2 和最小值 0.

**例 2**　函数 $f(x) = \mathrm{sgn}\, x$ 在 $(-\infty, +\infty)$ 上有最大值 1 和最小值 $-1$,且在 $(0, +\infty)$ 上的最大值和最小值都是 1(最大值和最小值可以相等).

但函数 $f(x) = x$ 在开区间 $(a, b)$ 内既无最大值又无最小值,下列定理给出了最大值和最小值存在的充分条件.

**2. 最大值和最小值定理与有界性定理**

**定理 1(最大值和最小值定理)**　在闭区间上连续的函数在该区间上一定有最大值和最小值.

这就是说,如果函数 $f(x)$ 在闭区间 $[a, b]$ 上连续,那么至少存在一点 $\xi_1 \in [a, b]$,使得 $f(\xi_1)$ 是 $f(x)$ 在 $[a, b]$ 上的最大值;又至少存在一点 $\xi_2 \in [a, b]$,使得 $f(\xi_2)$ 是 $f(x)$ 在 $[a, b]$ 上的最小值(见图 1 - 22).

证明从略.

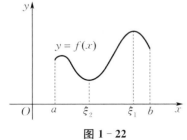

图 1 - 22

**注**　如果函数在开区间内连续或在闭区间上有间断点,

那么函数在该区间上就不一定有最大值或最小值. 例如, 前面提到的函数 $y=x$ 在开区间 $(a,b)$ 内是连续的, 但在开区间 $(a,b)$ 内既无最大值又无最小值. 又如, 函数

$$f(x)=\begin{cases}-x+1, & 0\leqslant x<1,\\ 1, & x=1,\\ -x+3, & 1<x\leqslant 2\end{cases}$$

在闭区间 $[0,2]$ 上有间断点 $x=1$, 函数 $f(x)$ 在 $[0,2]$ 上既无最大值又无最小值 (见图 1-23).

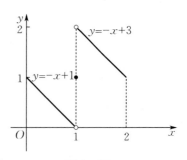

图 1-23

- **定理 2 (有界性定理)** 在闭区间上连续的函数一定在该区间上有界.

**证** 设函数 $f(x)$ 在闭区间 $[a,b]$ 上连续. 由定理 1 可知, $f(x)$ 在闭区间 $[a,b]$ 上有最大值 $M$ 及最小值 $m$, 则对于任一 $x\in[a,b]$, 都满足 $m\leqslant f(x)\leqslant M$. 这表明 $f(x)$ 在 $[a,b]$ 上有上界 $M$ 和下界 $m$, 因此函数 $f(x)$ 在 $[a,b]$ 上有界.

## 二、零点定理与介值定理

### 1. 零点与零点定理

- **定义 2** 如果存在点 $x_0$, 使得 $f(x_0)=0$, 则称 $x_0$ 为函数 $f(x)$ 的零点.

- **定理 3 (零点定理)** 设函数 $f(x)$ 在闭区间 $[a,b]$ 上连续, 且 $f(a)$ 与 $f(b)$ 异号, 即

$$f(a)\cdot f(b)<0,$$

那么函数 $f(x)$ 在开区间 $(a,b)$ 内至少有一个零点, 即至少有一点 $\xi(a<\xi<b)$, 使得

$$f(\xi)=0.$$

定理 3 的几何意义: 如果连续曲线弧 $y=f(x)$ 的两个端点位于 $x$ 轴的不同侧, 那么这段曲线弧与 $x$ 轴至少有一个交点 (见图 1-24).

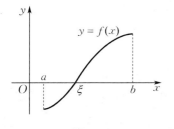

图 1-24

由定理 3 可推得较一般性的介值定理.

### 2. 介值定理

- **定理 4 (介值定理)** 设函数 $f(x)$ 在闭区间 $[a,b]$ 上连续, 且在该区间的端点处取不同的函数值

$$f(a)=A \quad \text{及} \quad f(b)=B,$$

那么对于 $A$ 与 $B$ 之间的任意一个数 $C$, 在开区间 $(a,b)$ 内至少有一点 $\xi$, 使得

$$f(\xi)=C \quad (a<\xi<b).$$

**证** 设函数 $\varphi(x)=f(x)-C$, 则 $\varphi(x)$ 在闭区间 $[a,b]$ 上连续, 且 $\varphi(a)=A-C$ 与 $\varphi(b)=B-C$ 异号. 根据零点定理, 在开区间 $(a,b)$ 内至少有一点 $\xi$, 使得

$$\varphi(\xi)=0 \quad (a<\xi<b),$$

又 $\varphi(\xi)=f(\xi)-C$, 因此可得

$$f(\xi)=C \quad (a<\xi<b).$$

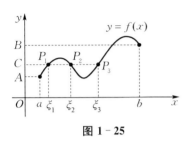

图 1-25

定理4的几何意义:连续曲线弧 $y=f(x)$ 与水平直线 $y=C$ 至少相交于一点(见图1-25).

**推论1** 在闭区间上连续的函数必取得介于其最大值 $M$ 与最小值 $m$ 之间的任何值.

设 $m=f(x_1),M=f(x_2)$,且 $m\neq M$,在闭区间 $[x_1,x_2]$(或$[x_2,x_1]$)上应用介值定理,即得上述推论.

**例3** 证明:方程 $x^3-4x^2+1=0$ 在 $(0,1)$ 内至少有一个实根.

**证** 函数 $f(x)=x^3-4x^2+1$ 在 $[0,1]$ 上连续,又
$$f(0)=1>0,\quad f(1)=-2<0,$$
根据零点定理,在 $(0,1)$ 内至少有一点 $\xi$,使得 $f(\xi)=0$,即
$$\xi^3-4\xi^2+1=0\quad(0<\xi<1).$$
该等式说明方程 $x^3-4x^2+1=0$ 在区间 $(0,1)$ 内至少有一个实根 $\xi$.

**例4** 设函数 $f(x)$ 在区间 $[a,b]$ 上连续,且
$$f(a)<a,\quad f(b)>b.$$
证明:至少有一点 $\xi\in(a,b)$,使得 $f(\xi)=\xi$.

**证** 设函数 $\varphi(x)=f(x)-x$,则 $\varphi(x)$ 在 $[a,b]$ 上连续.而
$$\varphi(a)=f(a)-a<0,\quad \varphi(b)=f(b)-b>0,$$
由零点定理,在 $(a,b)$ 内至少有一点 $\xi$,使得 $\varphi(\xi)=0$,即 $f(\xi)=\xi$.

**例5** 证明:方程
$$\frac{1}{x-1}+\frac{1}{x-2}+\frac{1}{x-3}=0$$
有分别属于 $(1,2)$ 与 $(2,3)$ 的两个实根.

**证** 当 $x\neq 1,2,3$ 时,用 $(x-1)(x-2)(x-3)$ 乘方程两端,得
$$(x-2)(x-3)+(x-1)(x-3)+(x-1)(x-2)=0.$$
设函数 $f(x)=(x-2)(x-3)+(x-1)(x-3)+(x-1)(x-2)$,则
$$f(1)=(-1)\cdot(-2)=2>0,\quad f(2)=1\cdot(-1)=-1<0,$$
$$f(3)=2\cdot 1=2>0.$$
由零点定理可知,$f(x)$ 在 $(1,2)$ 与 $(2,3)$ 内至少各有一个零点,即原方程在 $(1,2)$ 与 $(2,3)$ 内至少各有一个实根.

### 小结

本节学习需注意以下几点:(1)了解闭区间上连续函数的性质,掌握闭区间上连续函数的最大值和最小值定理、有界性定理、零点定理及介值定理;(2)通过学习零点定理和介值定理在函数值的估计和根的估计上的应用,了解定理的条件和结论,并通过一定的练习学会运用它们.

## 应用导学

闭区间上连续函数的性质:最大值和最小值定理、有界性定理、零点定理及介值定理在微积分学习中扮演了重要的角色,在以后的学习中有广泛的应用.

**习题 1—8**

1. 证明:方程 $x^3-3x=1$ 在 $(1,2)$ 内至少存在一个实根.
2. 证明:曲线 $y=x^4-3x^2+7x-10$ 在直线 $x=1$ 与 $x=2$ 之间至少与 $x$ 轴有一个交点.

## 知识网络图

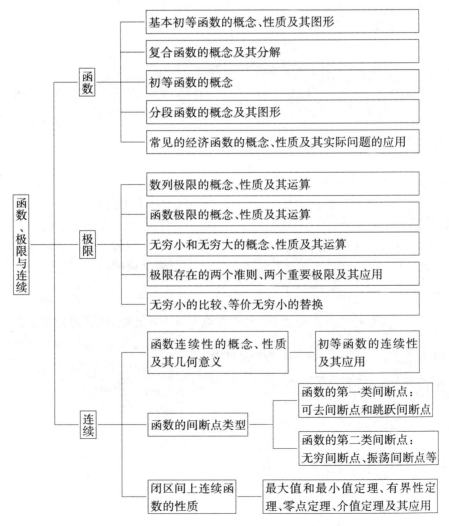

# 总习题一（A类）

1. 选择题：

(1) 设函数 $f(x)=(x-2)\sqrt{\dfrac{1+x}{1-x}}$，则它的定义域为（　　）；

  A. $[-1,1]$    B. $(-1,1]$    C. $(-1,1)$    D. $[-1,1)$

(2) 若函数 $f(x)$ 在点 $x_0$ 处的极限存在，则（　　）；

  A. $f(x_0)$ 必存在且等于极限值

  B. $f(x_0)$ 存在但不一定等于极限值

  C. $f(x)$ 在点 $x_0$ 处的函数值可以不存在

  D. 如果 $f(x_0)$ 存在，则必等于极限值

(3) 函数 $f(x)$ 在某点处极限存在是函数在该点处连续的（　　）；

  A. 必要条件        B. 充分条件

  C. 充要条件        D. 既非充分条件又非必要条件

(4) $\lim\limits_{x\to\infty} x\sin\dfrac{1}{2}=$（　　）；

  A. 2    B. $\dfrac{1}{2}$    C. 1    D. 无穷大

(5) 设函数 $f(x)=\begin{cases} 4-2x, & x<1, \\ 0, & x=1, \\ 3x-6, & x>1, \end{cases}$ 则 $f(x)$ 在点 $x=1$ 处（　　）．

  A. 左、右极限均不存在      B. 极限存在

  C. 左、右极限均存在但不相等    D. 左、右极限有一个存在，一个不存在

2. 填空题：

(1) 设函数 $f(x-1)$ 的定义域为 $(0,1)$，则 $f(x)$ 的定义域为_____；

(2) 函数 $y=\arctan^2(x^2+x-1)$ 是由_____复合而成的；

(3) 若 $\lim\limits_{x\to 0}(1+ax)^{\frac{2}{x}}=e^3$，则 $a=$_____；

(4) 设函数 $f(x)=\dfrac{x^3-1}{x-1}$，若要使 $f(x)$ 在点 $x=1$ 处连续，则必须补充定义_____；

(5) 设函数 $f(x)=\dfrac{2^x+3^x-2}{x}$，则 $\lim\limits_{x\to 0}f(x)=$_____．

3. 求 $\lim\limits_{x\to 0}\dfrac{(1-\cos x)\arcsin x}{x^3}$．

4. 求 $\lim\limits_{x\to\infty}\dfrac{3x^2+5}{5x+3}\sin\dfrac{2}{x}$．

5. 设 $\lim\limits_{x\to\infty}\dfrac{x^{1992}}{x^n-(x-1)^n}=a\neq 0$，求 $n,a$．

6. 设 $\lim\limits_{x\to\infty}\left(\dfrac{x^2}{x+1}-ax-b\right)=0$，求 $a,b$．

7. 设 $m,n$ 为正整数，且 $m<n$，求 $\lim\limits_{x\to 0}\dfrac{\sin(x^n)}{(\sin x)^m}$.

8. 求 $\lim\limits_{x\to 0}(1+x)^{-\frac{1}{x}}+\lim\limits_{x\to\infty}x\sin\dfrac{1}{x}$.

9. 设函数 $f(x)=\begin{cases}\dfrac{a}{x^2}(1-\cos x), & x<0,\\ x^2+bx+1, & x\geq 0\end{cases}$ 在 $(-\infty,+\infty)$ 上连续，求 $a,b$.

10. 已知函数 $f(x)=\begin{cases}\dfrac{\sin x}{|x|}, & x\neq 0,\\ 1, & x=0,\end{cases}$ 讨论 $f(x)$ 在点 $x=0$ 处的连续性，并求其连续区间.

11. 求下列函数的间断点，并指出其类型：

(1) $y=\dfrac{x^2-1}{x^2+3x-4}$;

(2) $y=\begin{cases}\dfrac{\sin x}{x}, & x\neq 0,\\ 2, & x=0.\end{cases}$

12. 求 $\lim\limits_{n\to\infty}\left(\dfrac{1}{n^2}+\dfrac{2}{n^2}+\cdots+\dfrac{n-1}{n^2}+\dfrac{n}{n^2}\right)$.

13. 证明：$\lim\limits_{n\to\infty}\left(\dfrac{1}{\sqrt{n^2+1}}+\dfrac{1}{\sqrt{n^2+2}}+\cdots+\dfrac{1}{\sqrt{n^2+n}}\right)=1$.

14. 证明：方程 $\sin x-x+1=0$ 在 $[0,\pi]$ 上有实根.

15. 某工厂生产某种产品的年产量为 $x$ 台，每台售价 500 元. 当年产量超过 800 台时，超过部分只能按 9 折出售，这样可多售出 200 台；如果再多生产，那么本年就销售不出去了. 试写出本年的收入函数.

16. 已知某种商品的成本函数与收入函数分别是
$$C=12+3x+x^2,\quad R=11x.$$
试求该种商品的盈亏平衡点，并说明盈亏情况.

17. 某电器厂生产一种新产品，在定价时不仅是根据生产成本而定，还要请各销售单位来出价，即他们愿意以什么价格来购买. 根据调查得出需求函数为 $Q=-900p+45\,000$. 该厂生产该种产品的固定成本是 270 000 元，而单位产品的变动成本为 10 元. 为获得最大利润，出厂价格应定为多少？并求这时的最大利润和销售量.

18. 有一笔年利率为 6.5% 的投资，16 年后得到了 1 200 元，问初始投资为多少？

## 总习题一（B类）

1. 选择题：

(1) 函数 $f(x)=\dfrac{|x|\sin(x-2)}{x(x-1)(x-2)^2}$ 在区间（　　）内有界；

    A. $(-1,0)$      B. $(0,1)$      C. $(1,2)$      D. $(2,3)$

(2) 设 $\lim\limits_{n\to\infty}a_n=a\neq 0$，则当 $n$ 充分大时，下列结论中正确的是（　　）；

    A. $|a_n|>\dfrac{|a|}{2}$      B. $|a_n|<\dfrac{|a|}{2}$      C. $a_n>a-\dfrac{1}{n}$      D. $a_n<a+\dfrac{1}{n}$

(3) 设有数列 $\{x_n\}$，下列命题中不正确的是（　　）；

A. 若 $\lim\limits_{n\to\infty} x_n = a$,则 $\lim\limits_{n\to\infty} x_{2n} = \lim\limits_{n\to\infty} x_{2n+1} = a$

B. 若 $\lim\limits_{n\to\infty} x_{2n} = \lim\limits_{n\to\infty} x_{2n+1} = a$,则 $\lim\limits_{n\to\infty} x_n = a$

C. 若 $\lim\limits_{n\to\infty} x_n = a$,则 $\lim\limits_{n\to\infty} x_{3n} = \lim\limits_{n\to\infty} x_{3n+1} = a$

D. 若 $\lim\limits_{n\to\infty} x_{3n} = \lim\limits_{n\to\infty} x_{3n+1} = a$,则 $\lim\limits_{n\to\infty} x_n = a$

(4) 当 $x \to 0^+$ 时,与 $\sqrt{x}$ 等价的无穷小是( );

 A. $1 - e^{\sqrt{x}}$    B. $\ln(1+\sqrt{x})$    C. $\sqrt{1+\sqrt{x}} - 1$    D. $1 - \cos\sqrt{x}$

(5) 已知当 $x \to 0$ 时,函数 $f(x) = 3\sin x - \sin 3x$ 与 $cx^k$ 是等价无穷小,则( );

 A. $k=1, c=4$      B. $k=1, c=-4$

 C. $k=3, c=4$      D. $k=3, c=-4$

(6) 当 $x \to 0$ 时,用 $o(x)$ 表示比 $x$ 高阶的无穷小,则下列式子中错误的是( );

 A. $x \cdot o(x^2) = o(x^3)$      B. $o(x) \cdot o(x^2) = o(x^3)$

 C. $o(x^2) + o(x^2) = o(x^2)$      D. $o(x) + o(x^2) = o(x^2)$

(7) 设函数 $f(x)$ 在区间 $(-\infty, +\infty)$ 上有定义,且极限 $\lim\limits_{x\to\infty} f(x) = a$,函数 $g(x) = \begin{cases} f\left(\dfrac{1}{x}\right), & x \neq 0, \\ 0, & x = 0, \end{cases}$ 则( );

 A. $x=0$ 必是 $g(x)$ 的第一类间断点

 B. $x=0$ 必是 $g(x)$ 的第二类间断点

 C. $g(x)$ 在点 $x=0$ 处必连续

 D. $g(x)$ 在点 $x=0$ 处的连续性与 $a$ 的取值有关

(8) 函数 $f(x) = \dfrac{x-x^3}{\sin \pi x}$ 的可去间断点的个数为( );

 A. 1     B. 2     C. 3     D. 无穷多个

(9) 函数 $f(x) = \dfrac{|x|^x - 1}{x(x+1)\ln|x|}$ 的可去间断点的个数为( ).

 A. 0     B. 1     C. 2     D. 3

2. 填空题:

(1) 极限 $\lim\limits_{x\to\infty} x\sin\dfrac{2x}{x^2+1} = $ _____;

(2) $\lim\limits_{n\to\infty} \left(\dfrac{n+1}{n}\right)^{(-1)^n} = $ _____;

(3) $\lim\limits_{x\to\infty} \dfrac{x^3+x^2+1}{2^x+x^3}(\sin x + \cos x) = $ _____;

(4) 设函数 $f(x) = \begin{cases} x^2+1, & |x| \leqslant c, \\ \dfrac{2}{|x|}, & |x| > c \end{cases}$ 在 $(-\infty, +\infty)$ 上连续,则 $c = $ _____.

3. 设函数
$$f(x) = \dfrac{1}{\pi x} + \dfrac{1}{\sin \pi x} - \dfrac{1}{\pi(1-x)}, \quad x \in \left[\dfrac{1}{2}, 1\right),$$

试补充定义 $f(1)$ 使得 $f(x)$ 在 $\left[\dfrac{1}{2}, 1\right]$ 上连续.

# 第二章 导数与微分

**本章导学**

微分学是微积分的重要组成部分,它的基本概念是导数与微分.本章中,我们将主要讨论导数和微分的概念以及它们的计算方法.至于导数的应用,将在第三章讨论.通过本章的学习要达到:(1) 理解导数的概念和它的几何意义,理解函数的可导性与连续性的关系;(2) 熟练掌握基本初等函数的导数公式、四则运算求导法则和复合函数的求导法则;(3) 掌握反函数、隐函数及幂指函数的求导方法,会求曲线的切线方程;(4) 理解微分的概念,熟练掌握微分的计算及其在近似计算中的运用.

**问题背景**

在研究实际问题时,我们不仅需要了解变量之间相互依存的函数关系,讨论变量的变化趋势,而且常常需要研究函数的变化相对于自变量变化的快慢程度,即所谓函数的变化率问题.例如物体运动的速度、城市人口增长的速度、劳动生产率等.为了说明这些问题,本章将介绍微积分的重要组成内容——微分学,主要讨论导数和微分的概念及它们的计算方法.

## 第一节 导数的概念

### 一、引例

在介绍导数的概念之前,我们首先看三个具体的例子.

**引例 1** **变速直线运动的速度** 设一物体做变速直线运动,所经过的路程 $s$ 为时间 $t$ 的函数 $s = s(t)$.下面求该物体在 $t_0$ 时刻的瞬时速度 $v_0 = v(t_0)$.

首先,如果物体做匀速直线运动,则它在每个时刻的速度都是相同的,这样通过公式

$$\text{瞬时速度 } v_0 = \text{平均速度 } \bar{v} = \frac{\text{路程}}{\text{时间}}$$

便可求出物体在 $t_0$ 时刻的瞬时速度 $v_0$.

如果物体做变速直线运动,则它在不同时刻的速度是不同的. 这时应用上述公式求出的是物体在某个时间段内的平均速度. 那么这种非匀速直线运动在 $t_0$ 时刻的瞬时速度该如何理解及计算呢? 我们通常分以下三步来解决:

(1) **求增量**:给 $t_0$ 一个时间间隔 $\Delta t$,时间由 $t_0$ 变到 $t_0 + \Delta t$ 时,路程的增量为
$$\Delta s = s(t_0 + \Delta t) - s(t_0).$$

(2) **求增量比**:当时间间隔 $\Delta t$ 很小时,可以认为物体在该时间段内近似地做匀速直线运动. 因此,$\Delta t$ 内的平均速度为
$$\overline{v} = \frac{\Delta s}{\Delta t} = \frac{s(t_0 + \Delta t) - s(t_0)}{\Delta t},$$
它可作为 $v_0$ 的近似值.

(3) **取极限**:当 $\Delta t$ 越来越小时,相应的平均速度也越来越接近于 $t_0$ 时刻的瞬时速度 $v_0$. 于是,我们将 $\Delta t \to 0$ 时,平均速度的极限称为物体在 $t_0$ 时刻的瞬时速度,即
$$v_0 = \lim_{\Delta t \to 0} \overline{v} = \lim_{\Delta t \to 0} \frac{\Delta s}{\Delta t} = \lim_{\Delta t \to 0} \frac{s(t_0 + \Delta t) - s(t_0)}{\Delta t}.$$

**引例 2** **平面曲线的切线** 在中学已经知道,圆的切线可定义为与圆相交且只有一个交点的直线. 但是对于其他曲线,用与曲线相交且只有一个交点的直线作为切线的定义就不一定合适了. 例如,对抛物线 $y = x^2$,在原点处两条坐标轴都符合上述定义,但实际上仅 $x$ 轴为该抛物线在原点处的切线. 那么,如何给出一般曲线上切线的定义呢?

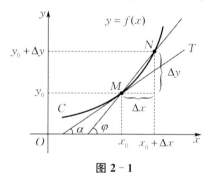

图 2-1

在中学我们已经知道,经过曲线 $y = f(x)$ 上两点 $M(x_0, y_0)$ 和 $N(x_0 + \Delta x, y_0 + \Delta y)$ 的直线为该曲线的一条割线. 如果当动点 $N$ 沿曲线无限趋近于点 $M$ 时,割线 $MN$ 无限接近于某条直线 $MT$,则称直线 $MT$ 为曲线 $y = f(x)$ 在点 $M$ 处的切线(见图 2-1).

利用平面解析几何知识,我们可求得曲线的割线 $MN$ 的斜率为
$$k_{割} = \frac{\Delta y}{\Delta x}.$$

那么如何求曲线在点 $M$ 处的切线 $MT$ 的斜率呢? 根据切线的定义不难看出,我们可分以下三步来解决:

(1) **求增量**:给 $x_0$ 一个增量 $\Delta x$,自变量由 $x_0$ 变到 $x_0 + \Delta x$ 时,函数 $y = f(x)$ 的增量为
$$\Delta y = f(x_0 + \Delta x) - f(x_0).$$

(2) **求增量比**:曲线上的点由 $M(x_0, y_0)$ 变到点 $N(x_0 + \Delta x, y_0 + \Delta y)$ 时,相应的割线 $MN$ 的斜率为
$$k_{割} = \frac{\Delta y}{\Delta x} = \frac{f(x_0 + \Delta x) - f(x_0)}{\Delta x}.$$

(3) **取极限**:当 $\Delta x \to 0$ 时,动点 $N$ 沿曲线无限趋近于点 $M$,割线 $MN$ 无限接近于切线 $MT$,因此割线的斜率的极限便为曲线在点 $M$ 处切线的斜率,即

$$k_{切} = \lim_{\Delta x \to 0} k_{割} = \lim_{\Delta x \to 0} \frac{\Delta y}{\Delta x} = \lim_{\Delta x \to 0} \frac{f(x_0 + \Delta x) - f(x_0)}{\Delta x}.$$

**引例3** **产品成本的变化率** 设某种产品的成本函数为 $C = C(q)$,其中 $q$ 为产量. 下面讨论产量为 $q_0$ 时,成本的变化情况. 当产量由 $q_0$ 变到 $q_0 + \Delta q$ 时,成本相应的增量为

$$\Delta C = C(q_0 + \Delta q) - C(q_0),$$

成本的平均增量为

$$\frac{\Delta C}{\Delta q} = \frac{C(q_0 + \Delta q) - C(q_0)}{\Delta q}.$$

当 $\Delta q \to 0$ 时,如果极限

$$\lim_{\Delta q \to 0} \frac{\Delta C}{\Delta q} = \lim_{\Delta q \to 0} \frac{C(q_0 + \Delta q) - C(q_0)}{\Delta q}$$

存在,则称此极限值为产量为 $q_0$ 时成本的变化率,又称为**边际成本**(在第三章第六节将详细介绍).

以上三个例子来自不同的领域,有着完全不同的实际意义. 但是从数学的角度来看,它们的本质是相同的,即都是求函数增量与自变量增量之比,在自变量增量趋于零时的极限. 由此撇开这些量的具体意义,讨论它们在数量关系上的共性,我们得到函数导数的概念.

## 二、导数的定义

**定义1** 设函数 $y = f(x)$ 在点 $x_0$ 的某个邻域内有定义. 当自变量 $x$ 在点 $x_0$ 处取得增量 $\Delta x$(点 $x_0 + \Delta x$ 仍在该邻域内)时,相应地函数有增量

$$\Delta y = f(x_0 + \Delta x) - f(x_0).$$

如果当 $\Delta x \to 0$ 时,$\frac{\Delta y}{\Delta x}$ 的极限存在,即

$$\lim_{\Delta x \to 0} \frac{\Delta y}{\Delta x} = \lim_{\Delta x \to 0} \frac{f(x_0 + \Delta x) - f(x_0)}{\Delta x} \tag{2-1-1}$$

存在,则称此极限值为函数 $y = f(x)$ 在点 $x_0$ 处的**导数**,并称函数 $y = f(x)$ 在点 $x_0$ 处**可导**,记作

$$f'(x_0), \quad y'\Big|_{x=x_0}, \quad \frac{\mathrm{d}y}{\mathrm{d}x}\Big|_{x=x_0} \quad \text{或} \quad \frac{\mathrm{d}f(x)}{\mathrm{d}x}\Big|_{x=x_0}.$$

如果极限(2-1-1)不存在,则称函数 $y = f(x)$ 在点 $x_0$ 处**不可导**,并称 $x_0$ 为 $f(x)$ 的**不可导点**.

**注** (1)函数增量与自变量增量的比值 $\frac{\Delta y}{\Delta x}$ 是函数 $y = f(x)$ 在自变量由 $x_0$ 变到 $x_0 + \Delta x$ 时的平均变化率,而导数 $f'(x_0)$ 是函数 $y = f(x)$ 在点 $x_0$ 处的瞬时变化率,它反映了函数随自变量变化而变化的快慢程度.

(2)导数的定义还可以采取其他不同的表述形式. 例如,设 $\Delta x = h$,则

$$f'(x_0) = \lim_{h \to 0} \frac{f(x_0 + h) - f(x_0)}{h}. \tag{2-1-2}$$

又如,设 $x = x_0 + \Delta x$,则 $\Delta x \to 0$ 时,$x \to x_0$,于是

$$f'(x_0) = \lim_{x \to x_0} \frac{f(x) - f(x_0)}{x - x_0}. \quad (2-1-3)$$

(3) 如果不可导的原因是当 $\Delta x \to 0$ 时,比值 $\frac{\Delta y}{\Delta x} \to \infty$,则为了表述方便,我们往往也称函数 $y = f(x)$ 在点 $x_0$ 处的**导数为无穷大**.

利用导数的概念,引例 1 中瞬时速度可叙述为:做变速直线运动的物体在 $t_0$ 时刻的瞬时速度 $v_0$ 是路程函数 $s = s(t)$ 在 $t_0$ 时刻的导数,即

$$v_0 = s'(t_0) = \frac{ds}{dt}\bigg|_{t=t_0}.$$

引例 2 中切线斜率可叙述为:曲线 $y = f(x)$ 在点 $M(x_0, f(x_0))$ 处的切线斜率是曲线所对应的函数 $y = f(x)$ 在点 $x_0$ 处的导数,即

$$k_{切} = f'(x_0) = \frac{dy}{dx}\bigg|_{x=x_0}.$$

根据导数的定义求函数 $y = f(x)$ 的导数,一般可采用以下三个步骤:

(1) 求增量:$\Delta y = f(x_0 + \Delta x) - f(x_0)$;

(2) 求增量比:$\frac{\Delta y}{\Delta x} = \frac{f(x_0 + \Delta x) - f(x_0)}{\Delta x}$;

(3) 取极限:$f'(x_0) = \lim\limits_{\Delta x \to 0} \frac{\Delta y}{\Delta x} = \lim\limits_{\Delta x \to 0} \frac{f(x_0 + \Delta x) - f(x_0)}{\Delta x}$.

**例 1** 求函数 $y = f(x) = x^2$ 在点 $x = 2$ 处的导数.

**解** 当自变量由 2 变到 $2 + \Delta x$ 时,函数的增量为

$$\Delta y = f(2 + \Delta x) - f(2) = (2 + \Delta x)^2 - 2^2 = 4\Delta x + (\Delta x)^2.$$

于是,增量的比值为

$$\frac{\Delta y}{\Delta x} = \frac{4\Delta x + (\Delta x)^2}{\Delta x} = 4 + \Delta x,$$

则

$$f'(2) = \lim_{\Delta x \to 0} \frac{\Delta y}{\Delta x} = \lim_{\Delta x \to 0} (4 + \Delta x) = 4.$$

**定义 2** 如果函数 $y = f(x)$ 在区间 $(a, b)$ 内的每一点处都可导,则称函数 $f(x)$ 在区间 $(a, b)$ 内**可导**. 这时,对区间 $(a, b)$ 内每一点 $x$,都有一个导数值 $f'(x)$ 与之对应,这构成 $x$ 的函数,称为 $f(x)$ 的**导函数**,简称**导数**,记作

$$y', \quad f'(x), \quad \frac{dy}{dx} \quad 或 \quad \frac{df(x)}{dx}.$$

在 (2-1-1) 式中,将 $x_0$ 换成 $x$,即得计算导函数的公式

$$f'(x) = \lim_{\Delta x \to 0} \frac{\Delta y}{\Delta x} = \lim_{\Delta x \to 0} \frac{f(x + \Delta x) - f(x)}{\Delta x}. \quad (2-1-4)$$

**注** (1) 在 (2-1-4) 式中,虽然 $x$ 可以取区间内的任何数值,但在极限计算过程中,$x$ 是常数,而 $\Delta x$ 是变量.

(2) 函数 $y = f(x)$ 在点 $x_0$ 处的导数 $f'(x_0)$,就是其导函数 $f'(x)$ 在点 $x = x_0$ 处的函数值,即 $f'(x_0) = f'(x)\big|_{x=x_0}$.

下面我们根据导数的定义来求一些基本初等函数的导数.

**例 2** 求函数 $y = f(x) = C$($C$ 为常数) 的导数.

**解** 当自变量由 $x$ 变到 $x + \Delta x$ 时,函数的增量为
$$\Delta y = f(x + \Delta x) - f(x) = C - C = 0.$$
于是
$$f'(x) = (C)' = \lim_{\Delta x \to 0} \frac{\Delta y}{\Delta x} = \lim_{\Delta x \to 0} \frac{0}{\Delta x} = 0.$$

由此可知,**常数的导数等于零**.

为了讨论幂函数的导数,我们先看几个具体的例子.

**例 3** 设函数 $y = f(x) = x^3$,求 $f'(x)$.

**解** 当自变量由 $x$ 变到 $x + \Delta x$ 时,函数的增量为
$$\Delta y = f(x + \Delta x) - f(x) = (x + \Delta x)^3 - x^3 = 3x^2 \Delta x + 3x(\Delta x)^2 + (\Delta x)^3.$$
于是
$$\frac{\Delta y}{\Delta x} = \frac{3x^2 \Delta x + 3x(\Delta x)^2 + (\Delta x)^3}{\Delta x} = 3x^2 + 3x \Delta x + (\Delta x)^2,$$
则
$$f'(x) = \lim_{\Delta x \to 0} \frac{\Delta y}{\Delta x} = \lim_{\Delta x \to 0} [3x^2 + 3x \Delta x + (\Delta x)^2] = 3x^2.$$

**例 4** 求函数 $y = \frac{1}{x}$ 的导数.

**解** 任取 $x \neq 0$,当自变量由 $x$ 变到 $x + \Delta x$ 时,得
$$\Delta y = \frac{1}{x + \Delta x} - \frac{1}{x} = \frac{-\Delta x}{x(x + \Delta x)}, \quad \frac{\Delta y}{\Delta x} = -\frac{1}{x(x + \Delta x)}.$$
因此
$$y' = \lim_{\Delta x \to 0} \frac{\Delta y}{\Delta x} = \lim_{\Delta x \to 0} \left[ -\frac{1}{x(x + \Delta x)} \right] = -\frac{1}{x^2},$$
即
$$\left( \frac{1}{x} \right)' = -\frac{1}{x^2}.$$

**例 5** 求函数 $y = \sqrt{x}$ 的导数.

**解** 任取 $x > 0$,当自变量由 $x$ 变到 $x + \Delta x$ 时,得
$$\Delta y = \sqrt{x + \Delta x} - \sqrt{x}, \quad \frac{\Delta y}{\Delta x} = \frac{\sqrt{x + \Delta x} - \sqrt{x}}{\Delta x} = \frac{1}{\sqrt{x + \Delta x} + \sqrt{x}}.$$
因此
$$y' = \lim_{\Delta x \to 0} \frac{\Delta y}{\Delta x} = \lim_{\Delta x \to 0} \frac{1}{\sqrt{x + \Delta x} + \sqrt{x}} = \frac{1}{2\sqrt{x}},$$
即
$$(\sqrt{x})' = \frac{1}{2\sqrt{x}}.$$

由例 3 ~ 例 5,我们可归纳得到幂函数 $y = x^\alpha$ ($\alpha \in \mathbf{R}$) 的导数公式为
$$(x^\alpha)' = \alpha x^{\alpha - 1}.$$

这一结论的严格证明将在本章第二节中给出.

**例 6** 求函数 $y = \sin x$ 的导数.

**解** 任取 $x \in \mathbf{R}$,当自变量由 $x$ 变到 $x + \Delta x$ 时,得

$$\Delta y = \sin(x + \Delta x) - \sin x = 2\cos\left(x + \frac{\Delta x}{2}\right)\sin\frac{\Delta x}{2},$$

$$\frac{\Delta y}{\Delta x} = \frac{2\cos\left(x + \frac{\Delta x}{2}\right)\sin\frac{\Delta x}{2}}{\Delta x} = \cos\left(x + \frac{\Delta x}{2}\right)\frac{\sin\frac{\Delta x}{2}}{\frac{\Delta x}{2}}.$$

因此

$$y' = \lim_{\Delta x \to 0} \frac{\Delta y}{\Delta x} = \lim_{\Delta x \to 0} \cos\left(x + \frac{\Delta x}{2}\right)\frac{\sin\frac{\Delta x}{2}}{\frac{\Delta x}{2}}$$

$$= \lim_{\Delta x \to 0} \cos\left(x + \frac{\Delta x}{2}\right) \cdot \lim_{\Delta x \to 0} \frac{\sin\frac{\Delta x}{2}}{\frac{\Delta x}{2}} = \cos x,$$

即

$$(\sin x)' = \cos x.$$

**注** 同理可证

$$(\cos x)' = -\sin x \quad (\text{作为练习}).$$

**例 7** 求函数 $y = \log_a x (a > 0 \text{ 且 } a \neq 1)$ 的导数.

**解** 任取 $x > 0$,当自变量由 $x$ 变到 $x + \Delta x$ 时,得

$$\Delta y = \log_a(x + \Delta x) - \log_a x = \log_a\left(1 + \frac{\Delta x}{x}\right),$$

$$\frac{\Delta y}{\Delta x} = \frac{1}{\Delta x}\log_a\left(1 + \frac{\Delta x}{x}\right) = \log_a\left(1 + \frac{\Delta x}{x}\right)^{\frac{1}{\Delta x}}.$$

因为

$$\lim_{\Delta x \to 0}\left(1 + \frac{\Delta x}{x}\right)^{\frac{1}{\Delta x}} = \left[\lim_{\Delta x \to 0}\left(1 + \frac{\Delta x}{x}\right)^{\frac{x}{\Delta x}}\right]^{\frac{1}{x}} = e^{\frac{1}{x}},$$

所以

$$y' = \lim_{\Delta x \to 0} \frac{\Delta y}{\Delta x} = \log_a e^{\frac{1}{x}} = \frac{1}{x}\log_a e = \frac{1}{x \ln a},$$

即

$$(\log_a x)' = \frac{1}{x \ln a}.$$

**注** 特别地,当 $a = e$ 时,

$$(\ln x)' = \frac{1}{x}.$$

## 三、导数的几何意义

根据引例 2 的讨论及导数的定义可知,如果函数 $y = f(x)$ 在点 $x_0$ 处可导,则其导数

$f'(x_0)$ 在几何上表示曲线 $y = f(x)$ 在点 $M(x_0, f(x_0))$ 处的切线的斜率,即
$$k = \tan \alpha = f'(x_0),$$
其中 $\alpha$ 表示切线 $MT$ 与 $x$ 轴正向的夹角(见图 2-2).

根据导数的几何意义及直线的点斜式方程,可知曲线 $y = f(x)$ 在点 $M(x_0, f(x_0))$ 处的**切线方程**为
$$y - f(x_0) = f'(x_0)(x - x_0).$$

过点 $M(x_0, f(x_0))$ 且与切线垂直的直线称为曲线 $y = f(x)$ 在点 $M(x_0, f(x_0))$ 处的**法线**. 如果 $f'(x_0) \neq 0$,则法线的斜率为 $-\dfrac{1}{f'(x_0)}$,从而**法线方程**为
$$y - f(x_0) = -\frac{1}{f'(x_0)}(x - x_0).$$

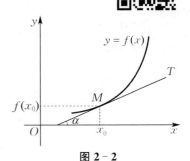

图 2-2

**注** (1) 如果 $f(x)$ 在点 $x_0$ 处不可导(但不为无穷大),则曲线 $y = f(x)$ 在点 $M(x_0, f(x_0))$ 处无切线.

(2) 如果 $f'(x_0) = 0$,则切线方程为 $y = f(x_0)$,即切线平行于 $x$ 轴;相应地,法线方程为 $x = x_0$,即法线平行于 $y$ 轴.

(3) 如果 $f'(x_0)$ 为无穷大,则切线方程为 $x = x_0$,即切线平行于 $y$ 轴;相应地,法线方程为 $y = f(x_0)$,即法线平行于 $x$ 轴.

**例 8** 求曲线 $y = \dfrac{1}{x}$ 在点 $\left(\dfrac{1}{2}, 2\right)$ 处的切线方程和法线方程.

**解** 由于 $y' = \left(\dfrac{1}{x}\right)' = -\dfrac{1}{x^2}$,根据导数的几何意义可知,所求切线的斜率为
$$k_{切} = y' \Big|_{x=\frac{1}{2}} = -\frac{1}{x^2} \Big|_{x=\frac{1}{2}} = -4,$$
对应的法线斜率为 $k_{法} = \dfrac{1}{4}$. 因此,所求切线方程为
$$y - 2 = -4\left(x - \frac{1}{2}\right), \quad 即 \quad 4x + y - 4 = 0,$$
所求法线方程为
$$y - 2 = \frac{1}{4}\left(x - \frac{1}{2}\right), \quad 即 \quad 2x - 8y + 15 = 0.$$

### 四、左、右导数

根据函数 $y = f(x)$ 在点 $x_0$ 处的导数的定义,导数
$$f'(x_0) = \lim_{\Delta x \to 0} \frac{f(x_0 + \Delta x) - f(x_0)}{\Delta x}$$
是一个极限. 如果左、右极限
$$\lim_{\Delta x \to 0^-} \frac{f(x_0 + \Delta x) - f(x_0)}{\Delta x} \quad 及 \quad \lim_{\Delta x \to 0^+} \frac{f(x_0 + \Delta x) - f(x_0)}{\Delta x}$$

存在,则这两个极限值分别称为函数 $y=f(x)$ 在点 $x_0$ 处的**左导数**和**右导数**,记作 $f'_-(x_0)$ 及 $f'_+(x_0)$,即

$$f'_-(x_0) = \lim_{\Delta x \to 0^-} \frac{f(x_0+\Delta x)-f(x_0)}{\Delta x},$$

$$f'_+(x_0) = \lim_{\Delta x \to 0^+} \frac{f(x_0+\Delta x)-f(x_0)}{\Delta x}.$$

由于极限存在的充要条件是左、右极限都存在且相等,因此函数在一点处的左、右导数与该点处的导数之间有如下关系.

**定理 1** 函数 $y=f(x)$ 在点 $x_0$ 处可导的充要条件是左导数 $f'_-(x_0)$ 和右导数 $f'_+(x_0)$ 都存在且相等.

注 (1) 定理 1 通常用于判断分段函数在分段点处的可导性.

(2) 如果函数 $f(x)$ 在开区间 $(a,b)$ 内可导,且 $f'_+(a)$ 及 $f'_-(b)$ 都存在,则称 $f(x)$ 在闭区间 $[a,b]$ 上可导.

## 五、函数的连续性与可导性的关系

连续与可导是函数的两个基本性质,那么函数的连续性与可导性有什么联系呢?下面的定理回答了这个问题.

**定理 2** 如果函数 $y=f(x)$ 在点 $x_0$ 处可导,则它在点 $x_0$ 处连续.

证 因为函数 $y=f(x)$ 在点 $x_0$ 处可导,根据导数的定义,有

$$\lim_{\Delta x \to 0} \frac{\Delta y}{\Delta x} = f'(x_0),$$

因此

$$\lim_{\Delta x \to 0}\Delta y = \lim_{\Delta x \to 0}\left(\frac{\Delta y}{\Delta x} \cdot \Delta x\right) = \lim_{\Delta x \to 0}\frac{\Delta y}{\Delta x} \cdot \lim_{\Delta x \to 0}\Delta x = f'(x_0) \cdot 0 = 0.$$

也就是说,函数 $y=f(x)$ 在点 $x_0$ 处连续.

一般来说,定理 2 的逆命题不一定成立,即函数在某点处连续却不一定在该点处可导.举例说明如下:

**例 9** 讨论函数

$$f(x) = |x| = \begin{cases} x, & x \geqslant 0, \\ -x, & x < 0 \end{cases}$$

在点 $x=0$ 处的连续性与可导性.

解 不难得到函数 $f(x)=|x|$ 在点 $x=0$ 处是连续的.事实上,

$$\lim_{x \to 0^-} f(x) = \lim_{x \to 0^-}(-x) = 0, \quad \lim_{x \to 0^+} f(x) = \lim_{x \to 0^+} x = 0,$$

因此 $\lim_{x \to 0^-} f(x) = \lim_{x \to 0^+} f(x) = 0 = f(0)$,从而 $f(x)=|x|$ 在点 $x=0$ 处连续.

又由

$$f'_-(0) = \lim_{x \to 0^-} \frac{f(x)-f(0)}{x-0} = \lim_{x \to 0^-} \frac{|x|}{x} = \lim_{x \to 0^-} \frac{-x}{x} = -1,$$

$$f'_+(0) = \lim_{x \to 0^+} \frac{f(x)-f(0)}{x-0} = \lim_{x \to 0^+} \frac{|x|}{x} = \lim_{x \to 0^+} \frac{x}{x} = 1,$$

可知 $f'_-(0) \neq f'_+(0)$，因此 $f(x) = |x|$ 在点 $x = 0$ 处不可导.

■■■ 小结 ■■■

本节学习需注意以下几点：(1) 理解导数的概念，熟悉导数的定义表达式；(2) 会用导数的几何意义求切线的斜率，熟悉可导与连续的关系. 需要注意的是研究分段函数在分段点处的可导性问题时一定要用导数的定义求，而对于基本初等函数和初等函数，从下一节起将应用求导公式和求导法则.

■■■ 应用导学 ■■■

导数可归结为求函数的变化率问题. 导数在几何学、物理学、经济学等领域都有应用.

**习题 2-1**

1. 设函数 $f(x) = \sqrt{x+1}$，按导数的定义求 $f'(0)$.

2. 设函数 $y = f(x)$. 若 $f'(x_0)$ 存在，且有 $\lim\limits_{\Delta x \to 0} \dfrac{f(x_0 - \Delta x) - f(x_0)}{\Delta x} = A$，求 $A$ 的值.

3. 设曲线 $y = \sin x$.
(1) 求曲线上点 $(\pi, 0)$ 处的切线方程和法线方程；
(2) 问：在 $(0, \pi)$ 内，曲线上哪一点处的切线与直线 $x - 2y + 1 = 0$ 平行？

4. 设某物体的运动方程为 $s = t^2$，$t$ 为时间（单位：s），$s$ 为路程（单位：m），求该物体在 $t = 3\,\text{s}$ 时的速度.

5. 设函数 $f(x) = \begin{cases} x^2 + 1, & 0 \leqslant x < 1, \\ 3x - 1, & x \geqslant 1, \end{cases}$ 讨论 $f(x)$ 在点 $x = 1$ 处的连续性和可导性.

6. 讨论函数 $f(x) = \begin{cases} x^2 + 2, & 1 < x \leqslant 2, \\ x, & x > 2 \end{cases}$ 在点 $x = 2$ 处的连续性和可导性.

7. 设函数 $f(x) = \begin{cases} x^2, & x \leqslant 1, \\ ax + b, & x > 1 \end{cases}$ 在点 $x = 1$ 处连续且可导，求 $a, b$ 的值.

## 第二节　导数的四则运算法则与导数的基本公式

对于比较复杂的函数，直接用定义来求它们的导数往往比较困难. 为了解决这个问题，我们将介绍导数的四则运算法则和导数的基本公式（六种基本初等函数的导数公式），希望借助于这些法则和公式，能比较方便地求出一般的初等函数的导数.

## 一、导数的四则运算法则

### 1. 代数和的导数

设 $u = u(x), v = v(x)$ 均是 $x$ 的可导函数,则 $f(x) = u(x) + v(x)$ 也是 $x$ 的可导函数,且
$$[u(x) + v(x)]' = u'(x) + v'(x).$$

**证**
$$\lim_{\Delta x \to 0} \frac{f(x + \Delta x) - f(x)}{\Delta x} = \lim_{\Delta x \to 0} \frac{[u(x + \Delta x) + v(x + \Delta x)] - [u(x) + v(x)]}{\Delta x}$$
$$= \lim_{\Delta x \to 0} \frac{u(x + \Delta x) - u(x)}{\Delta x} + \lim_{\Delta x \to 0} \frac{v(x + \Delta x) - v(x)}{\Delta x}$$
$$= u'(x) + v'(x),$$

即函数 $f(x) = u(x) + v(x)$ 在点 $x$ 处可导,且
$$f'(x) = [u(x) + v(x)]' = u'(x) + v'(x).$$

类似地,可得
$$[u(x) - v(x)]' = u'(x) - v'(x).$$

这表明,两个可导函数的代数和的导数等于这两个函数的导数的代数和,可简单表示为
$$(u \pm v)' = u' \pm v'.$$

这个公式可以推广到有限多个函数的代数和的情形,即
$$(u_1 \pm u_2 \pm \cdots \pm u_n)' = u_1' \pm u_2' \pm \cdots \pm u_n'.$$

**例 1** 设函数 $f(x) = x^2 + 5$,求 $f'(x)$.

**解** $f'(x) = (x^2 + 5)' = (x^2)' + 5' = 2x.$

### 2. 乘积的导数

设 $u = u(x), v = v(x)$ 均是 $x$ 的可导函数,则 $f(x) = u(x)v(x)$ 也是 $x$ 的可导函数,且
$$[u(x)v(x)]' = u'(x)v(x) + u(x)v'(x).$$

**证**
$$\lim_{\Delta x \to 0} \frac{f(x + \Delta x) - f(x)}{\Delta x} = \lim_{\Delta x \to 0} \frac{u(x + \Delta x)v(x + \Delta x) - u(x)v(x)}{\Delta x}$$
$$= \lim_{\Delta x \to 0} \frac{u(x + \Delta x)v(x + \Delta x) - u(x)v(x + \Delta x) + u(x)v(x + \Delta x) - u(x)v(x)}{\Delta x}$$
$$= \lim_{\Delta x \to 0} \frac{u(x + \Delta x) - u(x)}{\Delta x} v(x + \Delta x) + \lim_{\Delta x \to 0} u(x) \frac{v(x + \Delta x) - v(x)}{\Delta x}$$
$$= u'(x)v(x) + u(x)v'(x),$$

即函数 $f(x) = u(x)v(x)$ 在点 $x$ 处可导,且
$$f'(x) = [u(x)v(x)]' = u'(x)v(x) + u(x)v'(x).$$

特别地,当 $u = C$($C$ 为常数)时,有
$$(Cv)' = Cv'.$$

乘积的导数公式可以推广到有限多个函数乘积的情形,即
$$(u_1 u_2 \cdots u_n)' = u_1' u_2 \cdots u_n + u_1 u_2' \cdots u_n + \cdots + u_1 u_2 \cdots u_n'.$$

**例 2** 求函数 $y = x^3 \sin x$ 的导数.

**解** $y' = (x^3)'\sin x + x^3(\sin x)' = 3x^2\sin x + x^3\cos x = x^2(3\sin x + x\cos x).$

**3. 商的导数**

设 $u = u(x), v = v(x)$ 均是 $x$ 的可导函数，且 $v(x) \neq 0$，则 $f(x) = \dfrac{u(x)}{v(x)}$ 也是 $x$ 的可导函数，且

$$\left[\frac{u(x)}{v(x)}\right]' = \frac{u'(x)v(x) - u(x)v'(x)}{v^2(x)}.$$

特别地，当 $u = C$（$C$ 为常数）时，有

$$\left(\frac{C}{v}\right)' = -C\frac{v'}{v^2}.$$

**例 3** 设函数 $y = \dfrac{x}{1-\sin x}$，求 $y'$.

**解** $y' = \left(\dfrac{x}{1-\sin x}\right)' = \dfrac{x'(1-\sin x) - x(1-\sin x)'}{(1-\sin x)^2}$

$= \dfrac{1-\sin x - x(-\cos x)}{(1-\sin x)^2} = \dfrac{1-\sin x + x\cos x}{(1-\sin x)^2}.$

## 二、基本初等函数的导数公式

**1. 常数函数的导数**

由本章第一节例 2 得：常数的导数等于零，即 $(C)' = 0$（$C$ 为任意常数）.

**2. 幂函数的导数**

设 $y = x^\alpha$（$\alpha$ 为任意实数）.

(1) 当 $\alpha$ 为正整数时，令 $\alpha = n$，此时 $y = x^n$（$n$ 为正整数）. 由二项式定理可得

$$\Delta y = (x+\Delta x)^n - x^n = \left[x^n + nx^{n-1}\Delta x + \frac{n(n-1)}{2!}x^{n-2}(\Delta x)^2 + \cdots + (\Delta x)^n\right] - x^n$$

$$= nx^{n-1}\Delta x + \frac{n(n-1)}{2!}x^{n-2}(\Delta x)^2 + \cdots + (\Delta x)^n,$$

则

$$\frac{\Delta y}{\Delta x} = nx^{n-1} + \frac{n(n-1)}{2!}x^{n-2}\Delta x + \cdots + (\Delta x)^{n-1},$$

$$y' = \lim_{\Delta x \to 0}\frac{\Delta y}{\Delta x} = \lim_{\Delta x \to 0}\left[nx^{n-1} + \frac{n(n-1)}{2!}x^{n-2}\Delta x + \cdots + (\Delta x)^{n-1}\right] = nx^{n-1},$$

即

$$(x^n)' = nx^{n-1}.$$

特别地，当 $n = 1$ 时，有 $x' = 1$.

(2) 当 $\alpha$ 为负整数时，令 $\alpha = m$，此时 $y = x^m = x^{-n}$（$n$ 为正整数）. 由商的求导法则可得

$$y' = (x^m)' = (x^{-n})' = \left(\frac{1}{x^n}\right)' = -\frac{(x^n)'}{x^{2n}} = -n\frac{x^{n-1}}{x^{2n}} = -nx^{-n-1} = mx^{m-1},$$

即

$$(x^m)' = mx^{m-1}.$$

特别地，当 $m = -1$ 时，有

$$y' = \left(\frac{1}{x}\right)' = -\frac{1}{x^2}.$$

(3) 当 $\alpha$ 为任意实数时,仍有

$$(x^\alpha)' = \alpha x^{\alpha-1}.$$

这就是幂函数的导数公式.利用此公式,我们可以很方便地求出幂函数的导数.例如,

$$(\sqrt{x})' = \frac{1}{2\sqrt{x}}, \quad (x^{-\frac{3}{2}})' = -\frac{3}{2}x^{-\frac{3}{2}-1} = -\frac{3}{2}x^{-\frac{5}{2}}.$$

### 3. 指数函数的导数

设 $y = a^x (a>0$ 且 $a \neq 1)$,则

$$\Delta y = a^{x+\Delta x} - a^x = a^x(a^{\Delta x} - 1), \quad \frac{\Delta y}{\Delta x} = a^x \frac{a^{\Delta x}-1}{\Delta x}.$$

令 $a^{\Delta x} - 1 = t$,则 $\Delta x = \log_a(1+t)$,当 $\Delta x \to 0$ 时,$t \to 0$. 于是

$$y' = \lim_{\Delta x \to 0} \frac{\Delta y}{\Delta x} = a^x \lim_{\Delta x \to 0} \frac{a^{\Delta x}-1}{\Delta x} = a^x \lim_{t \to 0} \frac{t}{\log_a(1+t)} = a^x \frac{1}{\lim_{t\to 0}\log_a(1+t)^{\frac{1}{t}}}.$$

由对数函数的连续性及 $\lim_{t\to 0}(1+t)^{\frac{1}{t}} = \mathrm{e}$,得

$$y' = \lim_{\Delta x \to 0}\frac{\Delta y}{\Delta x} = a^x \frac{1}{\lim_{t\to 0}\log_a(1+t)^{\frac{1}{t}}} = \frac{a^x}{\log_a \mathrm{e}} = a^x \ln a,$$

即

$$(a^x)' = a^x \ln a.$$

特别地,当 $a = \mathrm{e}$ 时,有

$$(\mathrm{e}^x)' = \mathrm{e}^x.$$

### 4. 对数函数的导数

本章第一节例7已得到:对数函数 $y = \log_a x (a>0$ 且 $a \neq 1)$ 的导数为

$$(\log_a x)' = \frac{1}{x \ln a}.$$

特别地,当 $a = \mathrm{e}$ 时,有

$$(\ln x)' = \frac{1}{x}.$$

**例 4** 设函数 $y = \frac{1}{4}x^3 + \log_2 x - 3\mathrm{e}^x + 7$,求 $y'$.

**解** $y' = \left(\frac{1}{4}x^3\right)' + (\log_2 x)' - (3\mathrm{e}^x)' + (7)' = \frac{3}{4}x^2 + \frac{1}{x \ln 2} - 3\mathrm{e}^x.$

**例 5** 设函数 $y = 2^x \ln x - \frac{1}{x}$,求 $y'$.

**解** $y' = (2^x \ln x)' - \left(\frac{1}{x}\right)' = (2^x)' \ln x + 2^x (\ln x)' - \left(-\frac{1}{x^2}\right)$

$= 2^x \ln 2 \cdot \ln x + 2^x \cdot \frac{1}{x} + \frac{1}{x^2} = 2^x \left(\ln 2 \cdot \ln x + \frac{1}{x}\right) + \frac{1}{x^2}.$

### 5. 三角函数的导数

(1) 正弦函数 $y = \sin x$ 的导数.

本章第一节已证明
$$(\sin x)' = \cos x.$$

（2）余弦函数 $y = \cos x$ 的导数.

与求正弦函数的导数的方法类似，可得
$$(\cos x)' = -\sin x.$$

（3）正切函数 $y = \tan x$ 的导数.
$$y' = (\tan x)' = \left(\frac{\sin x}{\cos x}\right)' = \frac{(\sin x)' \cos x - \sin x (\cos x)'}{\cos^2 x}$$
$$= \frac{\cos x \cdot \cos x + \sin x \cdot \sin x}{\cos^2 x} = \frac{1}{\cos^2 x} = \sec^2 x,$$

即
$$(\tan x)' = \frac{1}{\cos^2 x} = \sec^2 x.$$

（4）余切函数 $y = \cot x$ 的导数.
$$y' = (\cot x)' = \left(\frac{1}{\tan x}\right)' = -\frac{(\tan x)'}{\tan^2 x}$$
$$= -\frac{1}{\tan^2 x} \cdot \frac{1}{\cos^2 x} = -\frac{1}{\sin^2 x} = -\csc^2 x,$$

即
$$(\cot x)' = -\frac{1}{\sin^2 x} = -\csc^2 x.$$

**例 6** 设函数 $y = 3e^x \cos x + \sin x$，求 $y'$.

**解** $y' = (3e^x)' \cos x + 3e^x (\cos x)' + (\sin x)' = 3e^x \cos x - 3e^x \sin x + \cos x$
$= 3e^x (\cos x - \sin x) + \cos x.$

**例 7** 设函数 $y = \tan x - 3\cot x$，求 $y'$.

**解** $y' = (\tan x)' - (3\cot x)' = \sec^2 x + 3\csc^2 x.$

**例 8** 设函数 $y = \sec x$，求 $y'$.

**解** $y' = (\sec x)' = \left(\frac{1}{\cos x}\right)' = \frac{-(\cos x)'}{\cos^2 x} = \frac{\sin x}{\cos^2 x} = \sec x \tan x.$

用类似的方法可求得
$$(\csc x)' = -\csc x \cot x.$$

**6. 反三角函数的导数**

为了方便求出反三角函数的导数，我们先介绍反函数的导数公式.

**定理 1** 若函数 $x = \varphi(y)$ 在某区间内单调可导，且 $\varphi'(y) \neq 0$，则它的反函数 $y = f(x)$ 在对应的区间内也单调可导，且

$$f'(x) = \frac{1}{\varphi'(y)}. \tag{2-2-1}$$

**证** 因为 $x = \varphi(y)$ 单调可导，所以其反函数 $y = f(x)$ 在相应区间内单调且连续. 设反函数 $y = f(x)$ 在点 $x$ 处有增量 $\Delta x (\Delta x \neq 0)$，则由 $y = f(x)$ 的单调性可知 $\Delta y = f(x + \Delta x) - f(x) \neq 0$，所以

$$\frac{\Delta y}{\Delta x} = \frac{1}{\frac{\Delta x}{\Delta y}}.$$

又因为 $y = f(x)$ 在相应点处连续,所以当 $\Delta x \to 0$ 时,$\Delta y \to 0$. 因此

$$f'(x) = \lim_{\Delta x \to 0} \frac{\Delta y}{\Delta x} = \lim_{\Delta y \to 0} \frac{1}{\frac{\Delta x}{\Delta y}} = \frac{1}{\lim_{\Delta y \to 0} \frac{\Delta x}{\Delta y}} = \frac{1}{\varphi'(y)}.$$

此定理可简单地表述为反函数的导数等于直接函数导数的倒数. 导数公式(2-2-1)反映了一个函数与其反函数的导数间的关系,利用这个关系来讨论具有互为反函数关系的函数的可导性及其导数会非常有用和方便. 例如,指数函数和对数函数互为反函数,如果我们利用指数函数的导数公式及(2-2-1)式,则可得到求对数函数的导数公式的另一简单方法,读者可自行证明.

下面我们利用反函数的导数公式(2-2-1)推导出反三角函数的导数.

(1) 反正弦函数 $y = \arcsin x$ 的导数.

函数 $y = \arcsin x (-1 < x < 1)$ 是函数 $x = \sin y \left(-\frac{\pi}{2} < y < \frac{\pi}{2}\right)$ 的反函数,$x = \sin y$ 在 $\left(-\frac{\pi}{2}, \frac{\pi}{2}\right)$ 内单调可导,且导数不为 0,所以 $y = \arcsin x$ 在对应区间 $(-1,1)$ 内可导,由导数公式(2-2-1),得

$$y' = (\arcsin x)' = \frac{1}{(\sin y)'} = \frac{1}{\cos y}.$$

而 $\cos y = \sqrt{1 - \sin^2 y} = \sqrt{1 - x^2}$,故

$$(\arcsin x)' = \frac{1}{\sqrt{1 - x^2}}.$$

类似地,可求得其余三个反三角函数的导数.

(2) 反余弦函数 $y = \arccos x$ 的导数为

$$(\arccos x)' = -\frac{1}{\sqrt{1 - x^2}}.$$

(3) 反正切函数 $y = \arctan x$ 的导数为

$$(\arctan x)' = \frac{1}{1 + x^2}.$$

(4) 反余切函数 $y = \text{arccot}\, x$ 的导数为

$$(\text{arccot}\, x)' = -\frac{1}{1 + x^2}.$$

**例9** 设函数 $y = 2\arcsin x - \arccos x$,求 $y'$.

**解** $y' = (2\arcsin x)' - (\arccos x)' = \frac{2}{\sqrt{1-x^2}} - \frac{-1}{\sqrt{1-x^2}} = \frac{3}{\sqrt{1-x^2}}.$

■■■■ 小结 ■■■■

本节学习需注意以下几点:(1)掌握导数的四则运算法则及基本初等函数的导数公式;(2)会用导数的四则运算法则及基本初等函数的导数公式求一些初等函数的导数.

■■■■ 应用导学 ■■■■

初等函数是高等数学的主要研究对象,而导数的四则运算法则和基本初等函数的导数公式对初等函数的求导问题有着重要的作用.

**习题 2-2**

**1.** 求下列函数的导数:

(1) $y = 3x^2 - 2e^x + 4x - 1$;　　(2) $y = 5^x - \dfrac{1}{x} + 2\ln x$;

(3) $y = e^x \cdot x^2 \cdot \ln x$;　　(4) $y = \dfrac{\ln x}{1 - \ln x}$.

**2.** 求下列函数的导数:

(1) $y = x\sin x - \cos x$;　　(2) $y = x\cot x + \csc x$;

(3) $y = \arcsin x + 2\arccos x$;　　(4) $y = \dfrac{\operatorname{arccot} x}{1 + x^2}$.

**3.** 求下列函数在指定点处的导数:

(1) $y = \sin x - \cos x$,求 $y'\big|_{x=\frac{\pi}{4}}$;　　(2) $y = \dfrac{2}{3-x} + \dfrac{x^2}{2}$,求 $y'\big|_{x=1}$;

(3) $y = \dfrac{1}{3}x^3 + 3^x + \ln 2$,求 $y'\big|_{x=0}$.

# 第三节　初等函数的求导问题

对于一个由基本初等函数经有限次四则运算构成的函数,我们利用导数的四则运算法则和基本初等函数的导数公式已经可以比较方便地求出其导数,但是对于一般的初等函数来说,导数计算问题仍未得到彻底解决.因为初等函数是由基本初等函数经过有限次的四则运算和有限次的函数复合构成并可用一个式子表示的函数,因此,我们还必须考虑复合函数的可导性和导数计算方法,这样才能最终解决一般的初等函数的求导问题.

## 一、复合函数的求导问题

**定理 1** 设函数 $u = \varphi(x)$ 在点 $x$ 处可导,函数 $y = f(u)$ 在点 $u = \varphi(x)$ 处可导,则复合函数 $y = f[\varphi(x)]$ 在点 $x$ 处可导,且其导数为

$$y' = f'(u) \cdot \varphi'(x), \qquad (2-3-1)$$

也可记作

$$\frac{\mathrm{d}y}{\mathrm{d}x} = \frac{\mathrm{d}y}{\mathrm{d}u} \cdot \frac{\mathrm{d}u}{\mathrm{d}x} \quad \text{或} \quad y' = y'_u \cdot u'_x.$$

**证** 当自变量在点 $x$ 处有增量 $\Delta x$ 时,相应地,中间变量 $u = \varphi(x)$ 有增量

$$\Delta u = \varphi(x + \Delta x) - \varphi(x),$$

函数 $y = f(u)$ 有增量

$$\Delta y = f(u + \Delta u) - f(u).$$

由于 $f'(u)$ 存在,即

$$\lim_{\Delta u \to 0} \frac{\Delta y}{\Delta u} = f'(u),$$

根据函数极限与无穷小的关系,得

$$\frac{\Delta y}{\Delta u} = f'(u) + \alpha,$$

其中 $\alpha \to 0 (\Delta u \to 0)$,故

$$\Delta y = f'(u) \cdot \Delta u + \alpha \cdot \Delta u. \qquad (2-3-2)$$

$(2-3-2)$ 式是在 $\Delta u \neq 0$ 的条件下得出的,且 $\alpha$ 也是在该条件下定义的. 若 $\Delta u = 0$,显然有 $\Delta y = f(u + \Delta u) - f(u) = 0$. 所以,无论 $\Delta u$ 是否等于 $0$,$(2-3-2)$ 式在 $u$ 的某个邻域内均成立. 而且,当 $\Delta u = 0$ 时,$\alpha$ 无论取何值 $(2-3-2)$ 式也是成立的.

$(2-3-2)$ 式两边同时除以 $\Delta x (\Delta x \neq 0)$,得

$$\frac{\Delta y}{\Delta x} = f'(u) \cdot \frac{\Delta u}{\Delta x} + \alpha \cdot \frac{\Delta u}{\Delta x},$$

从而

$$y' = \lim_{\Delta x \to 0} \frac{\Delta y}{\Delta x} = \lim_{\Delta x \to 0} \left[ f'(u) \cdot \frac{\Delta u}{\Delta x} + \alpha \cdot \frac{\Delta u}{\Delta x} \right]$$

$$= f'(u) \lim_{\Delta x \to 0} \frac{\Delta u}{\Delta x} + \lim_{\Delta x \to 0} \alpha \cdot \lim_{\Delta x \to 0} \frac{\Delta u}{\Delta x} = f'(u) \cdot \varphi'(x),$$

即

$$\{f[\varphi(x)]\}' = f'(u) \cdot \varphi'(x).$$

$(2-3-1)$ 式表明,复合函数的导数等于复合函数对中间变量的导数乘以中间变量对自变量的导数.

重复应用 $(2-3-1)$ 式,可将此公式推广到有限多次复合的情况. 例如,设函数 $y = f(u)$,$u = \varphi(v)$,$v = \psi(x)$,则复合函数 $y = f\{\varphi[\psi(x)]\}$ 对 $x$ 的导数为

$$y' = f'(u) \cdot \varphi'(v) \cdot \psi'(x),$$

也可记作

$$\frac{\mathrm{d}y}{\mathrm{d}x} = \frac{\mathrm{d}y}{\mathrm{d}u} \cdot \frac{\mathrm{d}u}{\mathrm{d}v} \cdot \frac{\mathrm{d}v}{\mathrm{d}x} \quad \text{或} \quad y' = y'_u \cdot u'_v \cdot v'_x.$$

当然，这里假定上式右端所出现的导数在相应点处都存在．

**例 1** 设函数 $y = \ln \cos x$，求 $y'$．

**解** 设 $y = \ln u, u = \cos x$，则

$$y' = y'_u \cdot u'_x = (\ln u)'_u \cdot (\cos x)'_x = \frac{1}{u} \cdot (-\sin x)$$

$$= -\frac{\sin x}{\cos x} = -\tan x.$$

**例 2** 设函数 $y = e^{\sin 3x}$，求 $y'$．

**解** 设 $y = e^u, u = \sin v, v = 3x$，则

$$y' = y'_u \cdot u'_v \cdot v'_x = (e^u)'_u \cdot (\sin v)'_v \cdot (3x)'_x$$

$$= e^u \cdot \cos v \cdot 3 = 3e^{\sin 3x} \cos 3x.$$

求复合函数的导数，关键在于要将函数的复合过程分析清楚．首先将函数的复合过程进行分解，找出每一个中间变量与下一个中间变量（或函数的自变量）的简单函数关系，而这些简单函数的导数又容易求得，那么应用复合函数的求导法则就可求出所给函数的导数了．

对复合函数的分解比较熟练之后，计算时不必写出中间变量，而采用比较简单的方式来表达求导过程．

**例 3** 设函数 $y = \tan^2 \sqrt{x}$，求 $y'$．

**解** $y' = (\tan^2 \sqrt{x})' = 2\tan \sqrt{x} \cdot (\tan \sqrt{x})' = 2\tan \sqrt{x} \cdot \sec^2 \sqrt{x} \cdot (\sqrt{x})'$

$$= 2\tan \sqrt{x} \cdot \sec^2 \sqrt{x} \cdot \frac{1}{2\sqrt{x}} = \frac{1}{\sqrt{x}} \tan \sqrt{x} \sec^2 \sqrt{x}.$$

更熟练之后，可直接写成

$$y' = (\tan^2 \sqrt{x})' = 2\tan \sqrt{x} \cdot \sec^2 \sqrt{x} \cdot \frac{1}{2\sqrt{x}} = \frac{1}{\sqrt{x}} \tan \sqrt{x} \sec^2 \sqrt{x}.$$

**例 4** 设函数 $y = f\left(\arcsin \frac{1}{x}\right)$，求 $y'$．

**解** $y' = \left[ f\left(\arcsin \frac{1}{x}\right) \right]' = f'\left(\arcsin \frac{1}{x}\right) \cdot \frac{1}{\sqrt{1 - \left(\frac{1}{x}\right)^2}} \cdot \left(-\frac{1}{x^2}\right)$

$$= -\frac{f'\left(\arcsin \frac{1}{x}\right)}{|x| \sqrt{x^2 - 1}}.$$

## 二、初等函数的求导问题

利用六种基本初等函数的导数公式和导数的四则运算法则，就可以比较方便地求出初等函数的导数了．为便于查阅，我们把这些导数公式和求导法则归纳如下．

**1. 基本初等函数的导数公式**

(1) $(C)' = 0$（$C$ 为常数）；

(2) $(x^\alpha)' = \alpha x^{\alpha-1}$，特别地，

$$x' = 1, \quad \left(\frac{1}{x}\right)' = -\frac{1}{x^2}, \quad (\sqrt{x})' = \frac{1}{2\sqrt{x}};$$

(3) $(a^x)' = a^x \ln a$ $(a > 0$ 且 $a \neq 1)$,特别地,$(e^x)' = e^x$;

(4) $(\log_a x)' = \dfrac{1}{x \ln a}$ $(a > 0$ 且 $a \neq 1)$,特别地,$(\ln x)' = \dfrac{1}{x}$;

(5) $(\sin x)' = \cos x$;

(6) $(\cos x)' = -\sin x$;

(7) $(\tan x)' = \dfrac{1}{\cos^2 x} = \sec^2 x$;

(8) $(\cot x)' = -\dfrac{1}{\sin^2 x} = -\csc^2 x$;

(9) $(\sec x)' = \sec x \tan x$;

(10) $(\csc x)' = -\csc x \cot x$;

(11) $(\arcsin x)' = \dfrac{1}{\sqrt{1-x^2}}$;

(12) $(\arccos x)' = -\dfrac{1}{\sqrt{1-x^2}}$;

(13) $(\arctan x)' = \dfrac{1}{1+x^2}$;

(14) $(\text{arccot } x)' = -\dfrac{1}{1+x^2}$.

**2. 导数的四则运算法则**

设 $u = u(x), v = v(x)$ 均为 $x$ 的可导函数,则

(1) $(u \pm v)' = u' \pm v'$;

(2) $(uv)' = u'v + uv'$,特别地,$(Cu)' = Cu'$ ($C$ 为常数);

(3) $\left(\dfrac{u}{v}\right)' = \dfrac{u'v - uv'}{v^2}$ $(v \neq 0)$.

**3. 复合函数的求导法则**

设函数 $y = f(u), u = \varphi(x)$,且 $f(u)$ 及 $\varphi(x)$ 都可导,则复合函数 $y = f[\varphi(x)]$ 的导数为

$$\frac{dy}{dx} = \frac{dy}{du} \cdot \frac{du}{dx}, \quad y' = f'(u) \cdot \varphi'(x) \quad \text{或} \quad y' = y'_u \cdot u'_x.$$

**例 5** 设函数 $y = \ln(x + \sqrt{x^2 + a^2})$,求 $y'$.

**解** $y' = [\ln(x + \sqrt{x^2 + a^2})]' = \dfrac{1}{x + \sqrt{x^2 + a^2}}(x + \sqrt{x^2 + a^2})'$

$= \dfrac{1}{x + \sqrt{x^2 + a^2}} \left[1 + \dfrac{(x^2 + a^2)'}{2\sqrt{x^2 + a^2}}\right] = \dfrac{1}{x + \sqrt{x^2 + a^2}} \left(1 + \dfrac{2x}{2\sqrt{x^2 + a^2}}\right)$

$= \dfrac{1}{\sqrt{x^2 + a^2}}.$

**例 6**　设函数 $y = \arctan 3x + \dfrac{x}{2}\sqrt{1-x^2}$，求 $y'$.

**解**　$y' = (\arctan 3x)' + \left(\dfrac{x}{2}\sqrt{1-x^2}\right)'$

$= \dfrac{1}{1+(3x)^2}(3x)' + \dfrac{1}{2}\left[(x)'\sqrt{1-x^2} + x(\sqrt{1-x^2})'\right]$

$= \dfrac{3}{1+9x^2} + \dfrac{1}{2}\left[\sqrt{1-x^2} + x\dfrac{(1-x^2)'}{2\sqrt{1-x^2}}\right]$

$= \dfrac{3}{1+9x^2} + \dfrac{1}{2}\left(\sqrt{1-x^2} - \dfrac{x^2}{\sqrt{1-x^2}}\right)$

$= \dfrac{3}{1+9x^2} + \dfrac{1-2x^2}{2\sqrt{1-x^2}}.$

**例 7**　设函数 $y = \dfrac{e^{\frac{1}{x}}}{(1+x)^2}$，求 $y'$.

**解**　$y' = \dfrac{(e^{\frac{1}{x}})'(1+x)^2 - e^{\frac{1}{x}}\left[(1+x)^2\right]'}{(1+x)^4} = \dfrac{e^{\frac{1}{x}}\left(-\dfrac{1}{x^2}\right)(1+x)^2 - e^{\frac{1}{x}} \cdot 2(1+x)}{(1+x)^4}$

$= \dfrac{-\dfrac{e^{\frac{1}{x}}}{x^2}(1+x)^2 - 2e^{\frac{1}{x}}(1+x)}{(1+x)^4} = \dfrac{-e^{\frac{1}{x}}(1+x+2x^2)}{x^2(1+x)^3}.$

■■■■ **小结** ■■■■

　　本节学习需注意以下几点：(1) 在求复合函数的导数时，特别要分清函数的复合层次，在由外向里逐层求导时，注意不要遗漏和重复求导；(2) 掌握初等函数的求导计算.

■■■■ **应用导学** ■■■■

　　导数的计算在求函数极限和函数极值(见第三章第三节)等方面都有着重要的应用.

**习题 2-3**

**1.** 求下列函数的导数：

(1) $y = \cos^3 \dfrac{x}{2}$；

(2) $y = \ln \tan \dfrac{x}{2}$；

(3) $y = e^{\sin x^2}$；

(4) $y = \sqrt{\ln(x^2+1)}$.

**2.** 求下列函数的导数：

(1) $y = (3x+5)^5(4-2x)^3$；

(2) $y = \sin^n x \cdot \cos nx$；

(3) $y = x^2 e^{-2x} \sin 3x$；

(4) $y = \dfrac{\arccos x}{\sqrt{1-x^2}}$；

(5) $y = x\sqrt{1-x^2} + \arcsin\sqrt{x}$.

**3.** 设函数 $y = f(e^x)e^{f(x)}$，求 $y'$.

## 第四节　隐函数的导数　由参数方程所确定的函数的导数

### 一、隐函数的导数

前面研究的函数都是用自变量 $x$ 的解析式 $y = f(x)$ 给出的，这种函数表达方式的特点是：等号一端是因变量的符号，而另一端是只含有自变量的式子；当自变量取定义域内任一值时，由该式子能唯一确定与之对应的函数值.这样的函数叫作**显函数**.例如，$y = \sin 3x$，$y = e^{-x}\sqrt{x^2-a^2}$ 等.

但有时候，两个变量 $x,y$ 之间的对应法则也可以用一个二元方程 $F(x,y) = 0$ 的形式表示.当 $x$ 取某区间内的任一值时，有满足该二元方程的唯一的 $y$ 值与之对应，由该二元方程所确定的函数叫作 $x$ 的**隐函数**.例如，$x - y^2 + 3 = 0$，$y = x + \ln y$ 等.

对于隐函数的求导问题，我们当然可以这样考虑：首先将隐函数化为显函数，然后再求导.但注意到，并不是每一个隐函数都可以化为显函数，另外，有时候一个隐函数虽可化为显函数，但过程烦琐，或表示成显函数的形式不够简单，这些都给使用显函数的求导方法带来不便.因此，我们需研究如何直接从方程 $F(x,y) = 0$ 中求出由它所确定的隐函数的导数.

下面举例说明隐函数的求导方法.

**例1**　求由方程 $x + y - \dfrac{1}{2}\cos y - 1 = 0$ 所确定的隐函数 $y$ 的导数 $\dfrac{dy}{dx}$.

**解**　方程两边分别对自变量 $x$ 求导，得
$$1 + \frac{dy}{dx} - \frac{1}{2}(-\sin y)\cdot\frac{dy}{dx} = 0,$$
解得
$$\frac{dy}{dx} = -\frac{1}{1+\dfrac{1}{2}\sin y} = -\frac{2}{2+\sin y}.$$

**例2**　求由方程 $y\sin x - \cos(x-y) = 0$ 所确定的隐函数 $y$ 的导数 $\dfrac{dy}{dx}$.

**解**　方程两边同时对自变量 $x$ 求导，得
$$\sin x\cdot\frac{dy}{dx} + y\cos x + \sin(x-y)\cdot\left(1 - \frac{dy}{dx}\right) = 0,$$
整理得
$$[\sin(x-y) - \sin x]\frac{dy}{dx} = \sin(x-y) + y\cos x,$$
解得

$$\frac{dy}{dx} = \frac{\sin(x-y) + y\cos x}{\sin(x-y) - \sin x}.$$

对隐函数进行求导时,要注意认识清楚自变量和因变量,因为在求导过程中,因变量在方程 $F(x,y)=0$ 中起着复合函数中间变量的作用,因此在对含有因变量的项求导时,要注意应用复合函数的求导法则.

**例 3** 设方程 $x - x^5 + 3y + y^3 = 0$,求 $y'\big|_{\substack{x=1\\y=0}}$.

**解** 方程两边同时对 $x$ 求导,得
$$1 - 5x^4 + 3y' + 3y^2 \cdot y' = 0,$$
于是
$$y' = \frac{5x^4 - 1}{3 + 3y^2}, \quad y'\big|_{\substack{x=1\\y=0}} = \frac{5-1}{3} = \frac{4}{3}.$$

**例 4** 求椭圆 $\dfrac{x^2}{25} + \dfrac{y^2}{9} = 1$ 在点 $\left(\sqrt{5}, \dfrac{6\sqrt{5}}{5}\right)$ 处的切线方程.

**解** 椭圆方程两边同时对 $x$ 求导,得
$$\frac{2x}{25} + \frac{2y}{9}y' = 0,$$
于是
$$y' = -\frac{9x}{25y}.$$

所求切线的斜率为
$$k = y'\big|_{\substack{x=\sqrt{5}\\y=\frac{6\sqrt{5}}{5}}} = -\frac{9 \times \sqrt{5}}{25 \times \frac{6\sqrt{5}}{5}} = -\frac{3}{10},$$

则所求的切线方程为
$$y - \frac{6\sqrt{5}}{5} = -\frac{3}{10}(x - \sqrt{5}),$$
即
$$3x + 10y - 15\sqrt{5} = 0.$$

## 二、对数求导法

有些函数虽是显函数,但直接求导不太方便,这时若先对函数 $y = f(x)$ 两边取对数,利用对数的性质将函数化为隐函数的形式,然后再求导,往往可使计算简化,这种方法称为**对数求导法**.

下面举例说明这种方法的应用.

**例 5** 求函数 $y = \sqrt{\dfrac{(x-1)^2(x-2)}{(x-3)(x-4)}}$ 的导数.

**解** 函数的定义域为 $[2,3) \cup (4, +\infty)$. 函数两边取对数(假定 $x > 4$),得
$$\ln y = \frac{1}{2}[2\ln(x-1) + \ln(x-2) - \ln(x-3) - \ln(x-4)].$$

上式两边同时对 $x$ 求导,得

$$\frac{1}{y}y' = \frac{1}{2}\left(\frac{2}{x-1} + \frac{1}{x-2} - \frac{1}{x-3} - \frac{1}{x-4}\right),$$

于是

$$y' = \frac{y}{2}\left(\frac{2}{x-1} + \frac{1}{x-2} - \frac{1}{x-3} - \frac{1}{x-4}\right)$$

$$= \frac{1}{2}\sqrt{\frac{(x-1)^2(x-2)}{(x-3)(x-4)}}\left(\frac{2}{x-1} + \frac{1}{x-2} - \frac{1}{x-3} - \frac{1}{x-4}\right).$$

当 $2 < x < 3$ 时,用同样的方法可得与上面相同的结果.

**例 6** 设函数 $y = x^{\sin x}(x > 0)$,求 $y'$.

**解** 函数两边取对数,得

$$\ln y = \sin x \cdot \ln x.$$

上式两边同时对 $x$ 求导,得

$$\frac{1}{y}y' = \cos x \cdot \ln x + \sin x \cdot \frac{1}{x},$$

于是

$$y' = y\left(\cos x \cdot \ln x + \sin x \cdot \frac{1}{x}\right) = x^{\sin x}\left(\cos x \cdot \ln x + \frac{\sin x}{x}\right).$$

## 三、由参数方程所表示的函数的导数

设参数方程

$$\begin{cases} x = \varphi(t), \\ y = \psi(t) \end{cases} (t \text{ 为参变量}) \tag{2-4-1}$$

确定 $y$ 与 $x$ 的函数关系,下面我们来研究如何计算 $y$ 对 $x$ 的导数.

如果 $x = \varphi(t)$ 具有单调连续反函数 $t = \varphi^{-1}(x)$,且此反函数能与函数 $y = \psi(t)$ 构成复合函数,那么由参数方程(2-4-1)所确定的函数可以看作由函数 $y = \psi(t), t = \varphi^{-1}(x)$ 复合而成的函数

$$y = \psi[\varphi^{-1}(x)].$$

因此,若函数 $x = \varphi(t), y = \psi(t)$ 都可导,且 $\varphi'(t) \neq 0$,则根据复合函数的求导法则和反函数的导数公式,便得

$$\frac{dy}{dx} = \frac{dy}{dt} \cdot \frac{dt}{dx} = \frac{dy}{dt} \cdot \frac{1}{\frac{dx}{dt}} = \frac{\psi'(t)}{\varphi'(t)},$$

即

$$\frac{dy}{dx} = \frac{\psi'(t)}{\varphi'(t)}. \tag{2-4-2}$$

这就是由参数方程(2-4-1)所确定的 $y$ 与 $x$ 的函数的求导公式.

**例 7** 已知摆线的参数方程为 $\begin{cases} x = a(t - \sin t), \\ y = a(1 - \cos t) \end{cases}$ ($a$ 为常数),求 $\frac{dy}{dx}$.

**解** $\dfrac{dy}{dx} = \dfrac{[a(1-\cos t)]'}{[a(t-\sin t)]'} = \dfrac{a\sin t}{a(1-\cos t)} = \dfrac{\sin t}{1-\cos t}.$

**例 8** 已知椭圆的参数方程为 $\begin{cases} x = a\cos\theta, \\ y = b\sin\theta \end{cases}$ ($a,b$ 为常数),求 $\dfrac{dy}{dx}$.

**解** $\dfrac{dy}{dx} = \dfrac{(b\sin\theta)'}{(a\cos\theta)'} = \dfrac{b\cos\theta}{-a\sin\theta} = -\dfrac{b}{a}\cot\theta.$

■■■■ 小结 ■■■■

本节学习应注意以下几点:(1) 求隐函数的导数时,首先将方程两边同时对自变量求导,遇到含有因变量的项时,需要把因变量当作中间变量来看,然后按照复合函数的求导法则求导,最后解出所要求的函数的导数;(2) 对数求导法适用于对多个函数相乘、除或函数的乘方、开方等的求导,只需要先对函数两边取对数,然后在等式两边同时对自变量求导,最后解出所求导数;(3) 参数方程的求导公式是复合函数的求导公式与反函数的求导公式的结合.

■■■■ 应用导学 ■■■■

隐函数的导数与多元函数(见下册第七章)的偏导数计算有关.许多有实际意义的曲线都是由参数方程形式给出,所以参数方程求导在几何学中应用广泛.

**习题 2-4**

**1.** 求由下列方程所确定的隐函数 $y$ 的导数 $\dfrac{dy}{dx}$:

(1) $x^2 + y^2 - xy = 1$;  (2) $y = 1 - xe^y$;

(3) $\arctan\dfrac{y}{x} = \ln\sqrt{x^2 + y^2}$;  (4) $xe^y + ye^x = 0$.

**2.** 设方程 $e^{x+y} - xy = 1$,求 $\dfrac{dy}{dx}\bigg|_{\substack{x=0 \\ y=0}}$.

**3.** 用对数求导法,求下列函数的导数:

(1) $y = \dfrac{(1-x)^5\sqrt{x+2}}{(2x+1)^4}$;  (2) $y = (\cos x)^{\ln x}$.

**4.** 求由下列参数方程所确定的函数的导数 $\dfrac{dy}{dx}$:

(1) $\begin{cases} x = 3e^t, \\ y = e^{-t}; \end{cases}$  (2) $\begin{cases} x = \ln(1+t^2), \\ y = t - \arctan t. \end{cases}$

# 第五节 高阶导数

一个函数 $y=f(x)$ 的导数 $f'(x)$ 仍然是 $x$ 的函数,如果 $f'(x)$ 也可导的话,则它的导数 $[f'(x)]'$ 叫作函数 $y=f(x)$ 的**二阶导数**,记作

$$f''(x), \quad y'', \quad \frac{d^2 y}{dx^2} \quad \text{或} \quad \frac{d^2 f(x)}{dx^2}.$$

类似地,若 $f''(x)$ 也可导,则称其导数 $[f''(x)]'$ 为函数 $y=f(x)$ 的**三阶导数**,记作

$$f'''(x), \quad y''', \quad \frac{d^3 y}{dx^3} \quad \text{或} \quad \frac{d^3 f(x)}{dx^3}.$$

一般地,若函数 $y=f(x)$ 的 $n-1$ 阶导数也可导,则称其导数为函数 $y=f(x)$ 的 $n$ **阶导数**,记作

$$f^{(n)}(x), \quad y^{(n)}, \quad \frac{d^n y}{dx^n} \quad \text{或} \quad \frac{d^n f(x)}{dx^n}.$$

二阶和二阶以上的导数统称为**高阶导数**,$f'(x)$ 叫作**一阶导数**.

高阶导数在实际问题中也经常用到. 本章开始时曾讲过物体做变速直线运动的瞬时速度问题,如果物体的运动方程为 $s=s(t)$,则物体在 $t$ 时刻的瞬时速度为 $v=s'(t)$,而其加速度 $a=v'=s''(t)$ 就是路程 $s(t)$ 对时间 $t$ 的二阶导数.

由高阶导数的定义知道

$$f^{(n)}(x) = [f^{(n-1)}(x)]', \quad n=2,3,\cdots,$$

即求高阶导数就是对一个函数多次接连地求导数. 因此,可用前面介绍过的求导方法来计算高阶导数.

**例 1** 设函数 $y=3x^5$,求 $y'', y'''\big|_{x=2}$.

**解** $y'=15x^4, \quad y''=60x^3,$

$y'''=180x^2, \quad y'''\big|_{x=2} = 180 \times 2^2 = 720.$

**例 2** 设函数 $y=(1+x^2)\arctan x$,求 $y''$.

**解** $y' = 2x\arctan x + (1+x^2) \cdot \dfrac{1}{1+x^2} = 2x\arctan x + 1,$

$y'' = (2x\arctan x + 1)' = 2\arctan x + \dfrac{2x}{1+x^2}.$

**例 3** 设函数 $y=\sin x$,求 $y^{(n)}$.

**解** $y' = (\sin x)' = \cos x = \sin\left(x+\dfrac{\pi}{2}\right),$

$y'' = \left[\sin\left(x+\dfrac{\pi}{2}\right)\right]' = \cos\left(x+\dfrac{\pi}{2}\right) = \sin\left(x+2\cdot\dfrac{\pi}{2}\right),$

$y''' = \left[\sin\left(x+2\cdot\dfrac{\pi}{2}\right)\right]' = \cos\left(x+2\cdot\dfrac{\pi}{2}\right) = \sin\left(x+3\cdot\dfrac{\pi}{2}\right).$

一般地，可得
$$y^{(n)} = \sin\left(x + n \cdot \frac{\pi}{2}\right),$$
即
$$(\sin x)^{(n)} = \sin\left(x + n \cdot \frac{\pi}{2}\right).$$
类似地，可求得
$$(\cos x)^{(n)} = \cos\left(x + n \cdot \frac{\pi}{2}\right).$$

**例 4** 求由方程 $x - y + \frac{1}{2}\sin y = 0$ 所确定的隐函数 $y$ 的二阶导数 $\frac{d^2 y}{dx^2}$.

**解** 应用隐函数的求导方法，方程两边同时对 $x$ 求导，得
$$1 - y' + \frac{1}{2}\cos y \cdot y' = 0,$$
于是
$$y' = \frac{2}{2 - \cos y}.$$
上式两边再同时对 $x$ 求导，得
$$y'' = \frac{-2\sin y \cdot y'}{(2 - \cos y)^2} = \frac{-4\sin y}{(2 - \cos y)^3},$$
即
$$\frac{d^2 y}{dx^2} = \frac{-4\sin y}{(2 - \cos y)^3}.$$

**例 5** 求由参数方程 $\begin{cases} x = \frac{1}{2}t^2, \\ y = 1 - t \end{cases}$ 所确定的函数 $y$ 的二阶导数 $\frac{d^2 y}{dx^2}$.

**解** 用由参数方程所确定的函数的求导公式(2-4-2)，得
$$\frac{dy}{dx} = \frac{\frac{dy}{dt}}{\frac{dx}{dt}} = \frac{(1-t)'}{\left(\frac{1}{2}t^2\right)'} = -\frac{1}{t},$$
于是
$$\frac{d^2 y}{dx^2} = \frac{d\left(-\frac{1}{t}\right)}{dx} = \frac{d\left(-\frac{1}{t}\right)}{dt} \cdot \frac{dt}{dx} = \frac{d}{dt}\left(-\frac{1}{t}\right) \cdot \frac{1}{\frac{dx}{dt}} = \frac{1}{t^2} \cdot \frac{1}{t} = \frac{1}{t^3}.$$

下面给出几个初等函数的 $n$ 阶导数的结果，读者可自行证明.

(1) $(e^x)^{(n)} = e^x$;

(2) $(x^\alpha)^{(n)} = \alpha(\alpha-1)(\alpha-2)\cdots(\alpha-n+1)x^{\alpha-n}$ ($\alpha$ 为任意常数)，当 $\alpha = n$ 时，
$$(x^n)^{(n)} = n!, \quad (x^n)^{(n+1)} = 0;$$

(3) $[\ln(1+x)]^{(n)} = (-1)^{n-1}\frac{(n-1)!}{(1+x)^n}$;

(4) $(a^x)^{(n)} = (\ln a)^n a^x$.

### 小结

本节学习需注意:求函数的高阶导数时,除直接逐阶求出指定的高阶导数外,还可以利用已知的高阶导数公式,通过导数的四则运算法则等方法,间接求出其高阶导数.

### 应用导学

对于高阶导数,除了掌握其计算方法之外,还需要了解高阶导数的经济意义、物理意义.

**习题 2-5**

**1.** 求下列函数的二阶导数 $\dfrac{d^2 y}{dx^2}$:

(1) $y = 3x^2 + \ln x - e^x + 1$;　　(2) $y = e^{-x}\cos x$;

(3) $y = (1+x^2)\arctan x$;　　(4) $y = \ln(x + \sqrt{1+x^2})$.

**2.** 求下列函数的 $n$ 阶导数的一般表达式:

(1) $y = xe^x$;　　(2) $y = x\ln x$.

**3.** 求由下列方程所确定的隐函数 $y$ 的二阶导数 $\dfrac{d^2 y}{dx^2}$:

(1) $x^2 + y^2 = a^2$;　　(2) $x - y + \sin y = 0$.

## 第六节　函数的微分

### 一、微分的定义

我们知道,函数 $y = f(x)$ 的导数 $f'(x)$ 就是函数的增量 $\Delta y$ 与自变量的增量 $\Delta x$ 之比在 $\Delta x \to 0$ 时的极限,即

$$f'(x) = \lim_{\Delta x \to 0}\frac{f(x+\Delta x)-f(x)}{\Delta x}.$$

它表示函数在某点 $x$ 处的变化率,描述了函数在该点变化的快慢程度. 因此,在对导数的讨论中,我们关心的是增量之比 $\dfrac{\Delta y}{\Delta x}$ 的极限,而不是增量本身.

然而,在许多情况下,我们往往需要考虑这样一个问题:在某点 $x$ 处,当自变量取得一个

微小增量时,考察和估算函数增量 $\Delta y$ 的大小. 从原则上讲,计算函数的增量,就是将自变量的两个值代入函数,然后相减求其差. 但一般 $\Delta y$ 比较复杂,因此希望将 $\Delta y$ 简化. 另外,当自变量只有微小的改变,需要的只是 $\Delta y$ 的估计值时,便希望有一种简便的估算法.

下面我们分析一个具体问题.

**引例 1** 一块正方形铁板(见图 2-3),受热后边长伸长了 $\Delta x$,问铁板面积增加了多少?

已知正方形面积公式为 $s(x)=x^2$,其中 $x$ 为边长. 当铁板受热后,铁板面积增量为
$$\Delta s = (x+\Delta x)^2 - x^2 = 2x\Delta x + (\Delta x)^2.$$

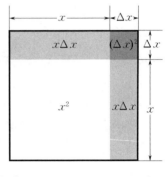

图 2-3

由上式可以看出, $\Delta s$ 可表示为两部分的和:第一部分 $2x\Delta x$ 是 $\Delta x$ 的线性函数(图中浅色阴影的两个矩形面积之和);而第二部分 $(\Delta x)^2$ (图中深色阴影的小正方形的面积),当 $\Delta x \to 0$ 时,它是比 $\Delta x$ 高阶的无穷小,即 $(\Delta x)^2 = o(\Delta x)$. 因此,当 $|\Delta x|$ 很小时,我们用第一部分 $2x\Delta x$ 近似地表示 $\Delta s$,忽略掉的 $\Delta s - 2x\Delta x$ 只是一个比 $\Delta x$ 高阶的无穷小. 所以,如果边长改变很微小,即 $\Delta x$ 很小时,铁板面积的增量可以近似地表示为
$$\Delta s \approx 2x\Delta x.$$
由于 $2x = (x^2)' = s'(x)$,因此上式又可表示为
$$\Delta s \approx s'(x)\Delta x.$$
而显然 $s'(x)$ 与 $\Delta x$ 无关,对于取定的一个 $x$ 值, $s'(x)$ 是一个常数,即 $\Delta s$ 可用 $\Delta x$ 的一个线性函数来近似表示.

由以上引例的分析,我们可以得到:一般地,如果函数 $y=f(x)$ 的增量 $\Delta y$ 可表示为
$$\Delta y = A\Delta x + o(\Delta x), \tag{2-6-1}$$
其中 $A$ 是只与 $x$ 有关,而不依赖于 $\Delta x$, $A\Delta x$ 是 $\Delta x$ 的线性函数, $\Delta y$ 与 $A\Delta x$ 之差 $\Delta y - A\Delta x = o(\Delta x)$,当 $\Delta x \to 0$ 时,是比 $\Delta x$ 高阶的无穷小. 那么,当 $A \neq 0$ 且 $|\Delta x|$ 很小时,我们就可以近似地用 $A\Delta x$ 来代替 $\Delta y$.

现在的问题是,当自变量 $x$ 有一个微小的增量 $\Delta x$ 时,在什么条件下,函数 $y=f(x)$ 相应的增量 $\Delta y$ 可以表示为(2-6-1)式中类似的两部分之和?

事实上,若函数 $y=f(x)$ 可导,则有
$$f'(x) = \lim_{\Delta x \to 0} \frac{\Delta y}{\Delta x}.$$
这样,由函数极限和无穷小的关系,得
$$\frac{\Delta y}{\Delta x} = f'(x) + \alpha,$$
$$\Delta y = f'(x)\Delta x + \alpha \cdot \Delta x, \tag{2-6-2}$$
其中 $\alpha \to 0 (\Delta x \to 0)$. 显然(2-6-2)式中的第一部分 $f'(x)\Delta x$ 是 $\Delta x$ 的线性函数,而第二部分 $\alpha \cdot \Delta x$,当 $\Delta x \to 0$ 时,是比 $\Delta x$ 高阶的无穷小,可记作 $o(\Delta x)$. 因此,(2-6-2)式可写为

$\Delta y = f'(x)\Delta x + o(\Delta x)$. 如果 $f'(x) \neq 0$,当 $|\Delta x|$ 很小时,$f'(x)\Delta x$ 就是 $\Delta y$ 的**主要部分**. 函数增量 $\Delta y$ 的这一主要部分就叫作函数的微分.

• **定义1**　设函数 $y = f(x)$ 在点 $x$ 处可导,则 $f'(x)\Delta x$ 叫作函数 $y = f(x)$ 在点 $x$ 处的**微分**,记作 $\mathrm{d}y$,即

$$\mathrm{d}y = f'(x)\Delta x. \qquad (2\text{-}6\text{-}3)$$

若 $y = x$,则有 $\mathrm{d}y = \mathrm{d}x = x' \cdot \Delta x = \Delta x$,得 $\mathrm{d}x = \Delta x$,于是函数 $y = f(x)$ 的微分又可写成

$$\mathrm{d}y = f'(x)\mathrm{d}x, \qquad (2\text{-}6\text{-}4)$$

即函数的微分就是函数的导数与自变量的微分的乘积.

当函数 $y = f(x)$ 的微分存在时,我们称它是**可微的**. 由定义1知道,函数可微与可导是等价的.

由 (2-6-4) 式得到 $\dfrac{\mathrm{d}y}{\mathrm{d}x} = f'(x)$,前面我们把 $\dfrac{\mathrm{d}y}{\mathrm{d}x}$ 作为整体表示导数的一个记号,引进微分概念后,$\dfrac{\mathrm{d}y}{\mathrm{d}x}$ 就不只是表示导数的一个记号了,它表示函数的微分与自变量的微分之商,所以我们又称导数为**微商**.

## 二、微分的几何意义

在直角坐标系中作函数 $y = f(x)$ 的图形(见图2-4),在曲线上取一定点 $M(x_0, y_0)$,过点 $M$ 作曲线的切线 $MT$,设切线 $MT$ 的倾角为 $\alpha$,则此切线的斜率为

$$f'(x_0) = \tan \alpha.$$

当自变量在点 $x_0$ 处取得增量 $\Delta x$ 时,就得到曲线上的另一点 $N(x_0 + \Delta x, y_0 + \Delta y)$,此时由微分的定义式 (2-6-3) 得

$$\mathrm{d}y = f'(x_0)\Delta x = \Delta x \cdot \tan \alpha.$$

显然,$\mathrm{d}y$ 就是点 $M(x_0, y_0)$ 处的切线的纵坐标的增量.

从几何上看,当 $|\Delta x|$ 很小时,$\Delta y \approx \mathrm{d}y$,其相当于在计算函数增量时用切线代替曲线,即以直代曲.

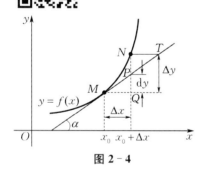

图 2-4

## 三、微分基本公式和运算法则

由函数的微分表达式 $\mathrm{d}y = f'(x)\mathrm{d}x$ 可知,求微分 $\mathrm{d}y$,只要求出导数 $f'(x)$,再乘以自变量的微分 $\mathrm{d}x$ 即可. 因此,根据函数的导数的四则运算法则、复合函数的求导法则及基本初等函数的导数公式,可得相应的微分公式和运算法则.

**1. 基本初等函数的微分公式**

(1) $\mathrm{d}(C) = 0$ ($C$ 为常数);

(2) $d(x^\alpha) = \alpha x^{\alpha-1} dx$ ($\alpha$ 为任意实数);

(3) $d(a^x) = a^x \ln a \, dx$ ($a > 0$ 且 $a \neq 1$), 特别地, $d(e^x) = e^x dx$;

(4) $d(\log_a x) = \dfrac{1}{x \ln a} dx$ ($a > 0$ 且 $a \neq 1$), 特别地, $d(\ln x) = \dfrac{1}{x} dx$;

(5) $d(\sin x) = \cos x \, dx$;

(6) $d(\cos x) = -\sin x \, dx$;

(7) $d(\tan x) = \sec^2 x \, dx$;

(8) $d(\cot x) = -\csc^2 x \, dx$;

(9) $d(\sec x) = \sec x \tan x \, dx$;

(10) $d(\csc x) = -\csc x \cot x \, dx$;

(11) $d(\arcsin x) = \dfrac{1}{\sqrt{1-x^2}} dx$;

(12) $d(\arccos x) = -\dfrac{1}{\sqrt{1-x^2}} dx$;

(13) $d(\arctan x) = \dfrac{1}{1+x^2} dx$;

(14) $d(\operatorname{arccot} x) = -\dfrac{1}{1+x^2} dx$.

**2. 函数的微分的四则运算法则**

设 $u = u(x), v = v(x)$ 均为 $x$ 的可微函数, 则

(1) $d(u \pm v) = du \pm dv$;

(2) $d(uv) = v du + u dv$, 特别地, $d(Cu) = C du$ ($C$ 为常数);

(3) $d\left(\dfrac{u}{v}\right) = \dfrac{v du - u dv}{v^2}$ ($v \neq 0$).

在这里, 我们以积的微分法则为例给予证明, 其他法则可用类似方法证明.

**证** (2) 由函数的微分表达式和乘积的求导法则, 得
$$d(uv) = (uv)' dx = (u'v + uv') dx = u'v dx + uv' dx$$
$$= v(u' dx) + u(v' dx) = v du + u dv.$$

**3. 复合函数的微分法则**

设函数 $y = f(u), u = \varphi(x)$ 都可导, 则复合函数 $y = f[\varphi(x)]$ 的微分为
$$dy = f'(u) \varphi'(x) dx \quad \text{或} \quad dy = f'(u) du.$$

由 $dy = f'(u) du$ 可见, 无论 $u$ 是自变量还是中间变量, 微分形式 $dy = f'(u) du$ 保持不变, 这一性质称为**微分形式不变性**. 而导数却不具有这种性质, 当 $u$ 是自变量时, $y = f(u)$ 的导数为 $f'(u)$; 当 $u = \varphi(x)$ 为中间变量时, 则 $y = f(u)$ 的导数就变成了 $f'(u) \varphi'(x)$. 所以, 讨论函数的导数时, 我们总要指明是对哪一个变量的导数, 而讨论微分时则无须指明是对哪一个变量的微分. 由此, 在计算上, 微分常常比求导更加灵活方便.

**例 1** 求函数 $y = x^2$ 当 $x$ 由 1 变到 1.01 的微分.

**解** 因为 $dy = 2xdx$，由题设条件知
$$x = 1, \quad dx = \Delta x = 1.01 - 1 = 0.01,$$
所以
$$dy = 2 \times 1 \times 0.01 = 0.02.$$

**例 2** 求函数 $y = e^{x^2}\cos x$ 的微分.

**解 方法 1** $y' = (e^{x^2}\cos x)' = 2xe^{x^2}\cos x - e^{x^2}\sin x = e^{x^2}(2x\cos x - \sin x).$
由函数的微分表达式(2-6-4)，得
$$dy = y'dx = e^{x^2}(2x\cos x - \sin x)dx.$$

**方法 2** 应用积的微分法则和复合函数的微分法则，得
$$\begin{aligned}dy &= d(e^{x^2}\cos x) = \cos x d(e^{x^2}) + e^{x^2} d(\cos x) \\ &= \cos x \cdot e^{x^2} d(x^2) - e^{x^2}\sin x dx \\ &= 2xe^{x^2}\cos x dx - e^{x^2}\sin x dx \\ &= e^{x^2}(2x\cos x - \sin x)dx.\end{aligned}$$

**例 3** 求由方程 $\arctan y = xy$ 所确定的隐函数的微分.

**解** 方程两边同时对 $x$ 求导，得
$$\frac{1}{1+y^2}y' = y + xy',$$
即
$$y' = \frac{y + y^3}{1 - x - xy^2}.$$
于是
$$dy = y'dx = \frac{y + y^3}{1 - x - xy^2}dx.$$

**例 4** 设函数 $y = \cos(1+2x) + 2^x$，求 $dy\Big|_{\substack{x=0 \\ \Delta x=2}}$.

**解** $y' = -\sin(1+2x) \cdot 2 + 2^x \ln 2,$
$dy = y'dx = [-2\sin(1+2x) + 2^x \ln 2]dx,$
$dy\Big|_{\substack{x=0 \\ \Delta x=2}} = (-2\sin 1 + \ln 2) \cdot 2 = -4\sin 1 + 2\ln 2.$

## 四、微分在近似计算中的应用

由前面的讨论知道，如果函数 $y = f(x)$ 在点 $x_0$ 处的导数 $f'(x_0) \neq 0$，则有函数增量
$$\Delta y = f'(x_0)\Delta x + o(\Delta x).$$
当 $|\Delta x|$ 很小时，我们将上式中的主要部分 $f'(x_0)\Delta x$ 作为 $\Delta y$ 的近似值，即忽略一个比 $\Delta x$ 高阶的无穷小，用微分 $dy$ 作为 $\Delta y$ 的近似值：
$$\Delta y \approx dy = f'(x_0)\Delta x. \tag{2-6-5}$$
因为 $\Delta y = f(x_0 + \Delta x) - f(x_0)$，所以(2-6-5)式又可写为
$$f(x_0 + \Delta x) \approx f(x_0) + f'(x_0)\Delta x. \tag{2-6-6}$$

(2-6-5)式和(2-6-6)式称为微分在近似计算中的应用公式. 如果我们能够比较方便地求出 $f(x_0)$ 和 $f'(x_0)$,那么可利用(2-6-5)式近似计算函数 $y=f(x)$ 在点 $x_0$ 处的函数增量 $\Delta y$,利用(2-6-6)式近似计算函数 $y=f(x)$ 在点 $x_0$ 附近的函数值 $f(x_0+\Delta x)$.

**例 5** 半径为 15 cm 的金属圆片加热后,其半径伸长了 0.01 cm,求其面积增大的近似值.

**解** 已知圆面积公式为
$$s=s(r)=\pi r^2 \quad (r \text{ 为半径}),$$
则圆面积增量
$$\Delta s \approx \mathrm{d}s = 2\pi r \mathrm{d}r.$$
由题意知 $r=15$ cm,$\mathrm{d}r=\Delta r=0.01$ cm,代入上式得面积增大的近似值为
$$\Delta s \approx 2\pi \times 15 \times 0.01 \text{ cm}^2 = 0.3\pi \text{ cm}^2.$$

**例 6** 求 $\sqrt[3]{1.03}$ 的近似值.

**解** 设函数 $f(x)=\sqrt[3]{x}$,则本题就是求函数 $f(x)=\sqrt[3]{x}$ 在点 $x=1.03$($x=1$ 附近)处的函数值的近似值.

由(2-6-6)式有 $f(x+\Delta x) \approx f(x) + f'(x)\Delta x$,即
$$\sqrt[3]{x+\Delta x} \approx \sqrt[3]{x} + \frac{1}{3\sqrt[3]{x^2}}\Delta x.$$
将 $x=1, \Delta x=0.03$ 代入上式,便得
$$\sqrt[3]{1.03} \approx \sqrt[3]{1} + \frac{1}{3\sqrt[3]{1^2}} \times 0.03 = 1.01.$$

**例 7** 利用微分计算 $\cos 60°20'$ 的近似值.

**解** 设函数 $f(x)=\cos x$,由(2-6-6)式有
$$f(x+\Delta x) \approx f(x) + f'(x)\Delta x,$$
即
$$\cos(x+\Delta x) \approx \cos x - \sin x \cdot \Delta x.$$
而 $60°20' = \frac{\pi}{3} + \frac{\pi}{540}$,将 $x=\frac{\pi}{3}, \Delta x=\frac{\pi}{540}$ 代入上式,可得
$$\cos 60°20' \approx \cos \frac{\pi}{3} - \sin \frac{\pi}{3} \times \frac{\pi}{540} = \frac{1}{2} - \frac{\sqrt{3}}{2} \cdot \frac{\pi}{540} = 0.495.$$

在 $x=0$ 附近,几个常用的近似公式列举如下,大家可根据微分近似计算公式逐一证明. 当 $|x|$ 较小时,有

(1) $\sqrt[n]{1+x} \approx 1 + \frac{1}{n}x$;

(2) $\mathrm{e}^x \approx 1+x$;

(3) $\ln(1+x) \approx x$;

(4) $\sin x \approx x$ ($x$ 为弧度);

(5) $\tan x \approx x$ ($x$ 为弧度).

**例 8** 求 $e^{0.02}$ 的近似值.

**解** 由公式 $e^x \approx 1+x$(当 $|x|$ 较小时),得
$$e^{0.02} \approx 1+0.02 = 1.02.$$

**例 9** 求 $\sqrt[3]{8.03}$ 的近似值.

**解** 由公式 $\sqrt[n]{1+x} \approx 1+\dfrac{1}{n}x$(当 $|x|$ 较小时),得
$$\sqrt[3]{8+0.03} = 2\sqrt[3]{1+\dfrac{0.03}{8}} \approx 2\left(1+\dfrac{1}{3}\times\dfrac{0.03}{8}\right) = 2.0025.$$

### 小结

本节学习需注意以下几点:(1) 理解微分的本质,掌握微分与导数之间的联系与区别;(2) 掌握微分的计算;(3) 掌握微分在近似计算中的应用.

### 应用导学

会用微分的概念解决实际中的近似估值问题.

**习题 2-6**

**1.** 求下列函数的微分:

(1) $y = \ln^2(1-x) + 3^x$;　　　　(2) $y = e^{-x}\cos x + \tan\dfrac{x}{2}$.

**2.** 求由下列方程所确定的隐函数的微分:

(1) $y = x + \ln y$;　　　　(2) $y^2 - 2xy + 9 = 0$;

(3) $xy - e^{x+y} = 0$.

**3.** 设函数 $y = 2x^2 - x + 1$,求 $x$ 由 $1$ 变到 $1.01$ 的函数增量 $\Delta y$,微分 $dy$ 及 $\Delta y - dy$.

**4.** 计算下列各式的近似值:

(1) $\sqrt[5]{0.95}$;　　　　(2) $\sqrt[3]{8.02}$;

(3) $\ln 0.995$;　　　　(4) $e^{-0.05}$;

(5) $\tan 30'$.

## 知识网络图

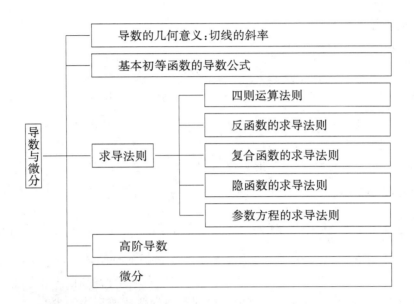

## 总习题二（A类）

1. 选择题：

(1) 若 $f'(x_0)$ 存在，则 $\lim\limits_{\Delta x \to 0} \dfrac{f(x_0+\Delta x)-f(x_0-\Delta x)}{\Delta x} = ($    $)$；

   A. $f'(x_0)$       B. $-f'(x_0)$       C. $2f'(x_0)$       D. $-2f'(x_0)$

(2) 若 $f'(x_0)$ 存在，则 $\lim\limits_{h \to 0} \dfrac{f(x_0-2h)-f(x_0)}{h} = ($    $)$；

   A. $f'(x_0)$       B. $-f'(x_0)$       C. $2f'(x_0)$       D. $-2f'(x_0)$

(3) 若 $\lim\limits_{\Delta x \to 0} \dfrac{f(x_0-\Delta x)-f(x_0)}{\Delta x} = 2$，则 $f'(x_0) = ($    $)$；

   A. 2       B. 1       C. $-2$       D. $-1$

(4) 设函数 $f(x) = 3\arcsin(1-x)$，则 $f'(0.5) = ($    $)$；

   A. $2\sqrt{3}$       B. $-2\sqrt{3}$       C. $3\sqrt{2}$       D. $-3\sqrt{2}$

(5) 下列选项中，正确的是(    ).

   A. $x\mathrm{d}(\ln x) = -0.5\mathrm{d}(x^2)$       B. $\mathrm{d}(\sqrt{x}) = -x\mathrm{d}(x^{-0.5})$

   C. $\mathrm{e}^{-0.5x}\mathrm{d}x = 2\mathrm{d}(\mathrm{e}^{-0.5x})$       D. $\csc^2(2x)\mathrm{d}x = 0.5\mathrm{d}(\cot 2x)$

2. 设函数 $f(x) = \begin{cases} x\sin\dfrac{1}{x}, & x \neq 0, \\ 0, & x = 0, \end{cases}$ 讨论 $f(x)$ 在点 $x = 0$ 处的连续性与可导性.

3. 设函数 $f(x) = \begin{cases} \ln(1+x), & -1 < x \leq 0, \\ \sqrt{1+x} - \sqrt{1-x}, & 0 < x < 1, \end{cases}$ 按定义求 $f'_-(0), f'_+(0)$. 问 $f(x)$ 在点 $x = 0$ 处是否可导?

4. 求下列函数的导数 $\dfrac{\mathrm{d}y}{\mathrm{d}x}$:

(1) $y = \ln \cos \dfrac{1}{x} - \mathrm{e}^{-x} \arctan \sqrt{x}$;

(2) $y = \ln(\mathrm{e}^x + \sqrt{1 + \mathrm{e}^{2x}})$;

(3) $y = \mathrm{e}^{\tan \frac{1}{x}} + \tan \mathrm{e}^{\frac{1}{x}}$;

(4) $y = (\ln x)^x$;

(5) $\begin{cases} x = \mathrm{e}^t \sin t, \\ y = \mathrm{e}^t \cos t; \end{cases}$

(6) $y = \sqrt[3]{\dfrac{1-x}{\sqrt[5]{x^2+2}}}$.

5. 设函数 $f(x) = \mathrm{e}^x + x^2 - \mathrm{e}$. 证明: $f'(0) + f''(0) + f'''(0) = 5$.

6. 已知函数 $g(x) = 2^{[f(x)]^2}$, 且 $f'(x) = \dfrac{1}{f(x) \ln 2}$. 证明: $g^{(n)}(x) = 2^n g(x)$.

7. 设曲线 $y = x^2 - \dfrac{1}{16}$ 上点 $M$ 处的切线与直线 $2x + y + 1 = 0$ 垂直, 求该切线方程.

8. 证明: (1) 可导的偶函数的导数是奇函数; (2) 可导的奇函数的导数是偶函数.

9. 在中午十二点整, 甲船以 6 km/h 的速率向东行驶, 乙船在甲船之北 16 km 处以 8 km/h 的速率向南行驶. 问下午一点整两船之间距离的变化速率为多少?

10. 一长方形的长、宽分别以 $x, y$ 表示. 若 $x$ 以 0.01 m/s 的速度减少, $y$ 以 0.02 m/s 的速度增加, 求在 $x = 20$ m, $y = 15$ m 时, 长方形面积的变化速度及对角线的变化速度.

11. 求下列函数的微分:

(1) $y = x \ln x + \sqrt{1 - x^2}$;

(2) $y = \dfrac{\sin 2x}{1 - \mathrm{e}^{2x}}$;

(3) $x \mathrm{e}^y - x^2 = y \ln x$;

(4) $\arcsin(x + y) = xy$.

12. 正方体的棱长 $x = 1$ m, 如果棱长减少 0.1 m, 求此正方体体积减小的近似值.

## 总习题二（B类）

1. 选择题:

(1) 设 $f(x)$ 为不恒等于零的奇函数, 且 $f'(0)$ 存在, 则函数 $g(x) = \dfrac{f(x)}{x}$ (　　);

  A. 在点 $x = 0$ 处左极限不存在　　B. 有跳跃间断点 $x = 0$

  C. 在点 $x = 0$ 处右极限不存在　　D. 有可去间断点 $x = 0$

(2) 以下四个命题中, 正确的是(　　);

  A. 若 $f'(x)$ 在 $(0,1)$ 内连续, 则 $f(x)$ 在 $(0,1)$ 内有界

  B. 若 $f(x)$ 在 $(0,1)$ 内连续, 则 $f(x)$ 在 $(0,1)$ 内有界

  C. 若 $f'(x)$ 在 $(0,1)$ 内有界, 则 $f(x)$ 在 $(0,1)$ 内有界

  D. 若 $f(x)$ 在 $(0,1)$ 内有界, 则 $f'(x)$ 在 $(0,1)$ 内有界

(3) 设函数 $f(x)$ 在点 $x=0$ 处连续,且 $\lim\limits_{h\to 0}\dfrac{f(h^2)}{h^2}=1$,则(  );

  A. $f(0)=0$ 且 $f'_-(x)$ 存在      B. $f(0)=1$ 且 $f'_-(x)$ 存在

  C. $f(0)=0$ 且 $f'_+(x)$ 存在      D. $f(0)=1$ 且 $f'_+(x)$ 存在

(4) 设函数 $f(x)$ 在点 $x=0$ 处连续,下列命题错误的是(  );

  A. 若 $\lim\limits_{x\to 0}\dfrac{f(x)}{x}$ 存在,则 $f(0)=0$

  B. 若 $\lim\limits_{x\to 0}\dfrac{f(x)+f(-x)}{x}$ 存在,则 $f(0)=0$

  C. 若 $\lim\limits_{x\to 0}\dfrac{f(x)}{x}$ 存在,则 $f'(0)$ 存在

  D. 若 $\lim\limits_{x\to 0}\dfrac{f(x)-f(-x)}{x}$ 存在,则 $f'(0)$ 存在

(5) 已知函数 $f(x)$ 在点 $x=0$ 处可导,且 $f(0)=0$,则 $\lim\limits_{x\to 0}\dfrac{x^2 f(x)-2f(x^3)}{x^3}=$(  );

  A. $-2f'(0)$    B. $-f'(0)$    C. $f'(0)$    D. $0$

(6) 设函数 $f(x)=(e^x-1)(e^{2x}-2)\cdots(e^{nx}-n)$,其中 $n$ 为正整数,则 $f'(0)=$(  );

  A. $(-1)^{n-1}(n-1)!$      B. $(-1)^n(n-1)!$

  C. $(-1)^{n-1}n!$        D. $(-1)^n n!$

(7) 下列函数中,在点 $x=0$ 处不可导的是(  ).

  A. $f(x)=|x|\sin x$      B. $f(x)=|x|\sin\sqrt{|x|}$

  C. $f(x)=\cos|x|$       D. $f(x)=\cos\sqrt{|x|}$

2. 填空题:

(1) 设函数 $f(x)=\begin{cases} x^\lambda \cos\dfrac{1}{x}, & x\neq 0, \\ 0, & x=0, \end{cases}$ 其导数在点 $x=0$ 处连续,则 $\lambda$ 的取值范围是 _____ ;

(2) 已知曲线 $y=x^3-3a^2x+b$ 与 $x$ 轴相切,则 $b^2$ 可以通过 $a$ 表示为 $b^2=$ _____ ;

(3) 设函数 $y=\dfrac{1}{2x+3}$,则 $y^{(n)}\big|_{x=0}=$ _____ ;

(4) 曲线 $\tan\left(x+y+\dfrac{\pi}{4}\right)=e^x$ 在点 $(0,0)$ 处的切线方程为 _____ ;

(5) 设函数 $f(x)=\begin{cases}\ln\sqrt{x}, & x\geqslant 1, \\ 2x-1, & x<1,\end{cases}$ $y=f[f(x)]$,则 $\dfrac{dy}{dx}\Big|_{x=0}=$ _____ ;

(6) 设曲线 $y=f(x)$ 和 $y=x^2-x$ 在点 $(1,0)$ 处有公共的切线,则 $\lim\limits_{n\to\infty} nf\left(\dfrac{n}{n+2}\right)=$ _____ ;

(7) $\lim\limits_{n\to\infty}\left[\dfrac{1}{1\cdot 2}+\dfrac{1}{2\cdot 3}+\cdots+\dfrac{1}{n\cdot(n+1)}\right]^n=$ _____ .

3. 已知方程 $\dfrac{1}{\ln(1+x)}-\dfrac{1}{x}=k$ 在 $(0,1)$ 内有实根,试确定常数 $k$ 的取值范围.

# 第三章　导数的应用

**本章导学**

在第二章中,我们介绍了微分学的两个基本概念及其计算方法.本章将以导数为工具,研究函数的基本性态,并利用这些知识解决生产和实际中常见的最值问题.通过本章的学习要达到:(1) 理解微分中值定理;(2) 掌握洛必达(L'Hospital)法则计算函数的极限;(3) 掌握以导数为工具判断函数单调性、极值和最值、曲线的凹凸性的方法;(4) 了解导数在经济学方面的应用.

### ■■■ 问题背景 ■■■

回顾微积分的发展历史,我们可以发现导致微分学产生的一类重要的问题是求最大值、最小值问题.此类问题在当时的生产实践中具有深刻的应用背景.例如,在军事领域,求炮弹从炮管里射出后的最远射程;在天文学中,求行星离太阳的最远和最近距离等.一直以来,导数作为函数的变化率的刻画,在研究函数变化的性态中有着十分重要的意义,因而在自然科学、工程技术及社会科学领域中得到了广泛的应用.

在第二章中,我们从研究函数的变化率出发,引入了导数的概念,并讨论了导数的求导方法.在本章中,我们将以微分中值定理为基础,以导数为工具来讨论函数的基本性态.例如,求函数的极限,判断函数的单调性及曲线的凹凸性,求函数的极值及最值等,并利用这些知识解决一些实际问题.

## 第一节　微分中值定理

中值定理是联系函数局部与整体的纽带,它揭示了函数在某区间上的整体性质与函数在该区间内某一点的导数之间的关系.中值定理既是用微分学知识解决应用问题的理论基础,又是解决微分学自身发展的一种理论模型,因而称为微分中值定理.

## 一、罗尔中值定理

**引例 1** 函数 $y = x^2$ 在 $[-2, 2]$ 上连续且在 $(-2, 2)$ 内可导（见图 3-1）. 注意到，它在点 $x = 0$ 处取得最小值，其导数 $y' = 2x$ 在点 $x = 0$ 处为零.

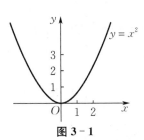

图 3-1

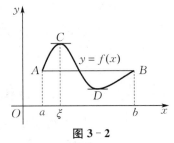

图 3-2

上面这个现象并不是偶然的. 为了说明这点，我们设函数 $y = f(x)$ 在区间 $[a, b]$ 上的图形是一条连续光滑的曲线弧（见图 3-2），这段曲线弧在除端点外处处都有不垂直于 $x$ 轴的切线，且两个端点处的函数值相等，即 $f(a) = f(b)$. 我们发现，在曲线弧上的最高点 $C$ 处（或最低点 $D$ 处）曲线有水平的切线. 如果记点 $C$（或 $D$）的横坐标为 $\xi$，则有 $f'(\xi) = 0$.

现在用分析语言把这个几何现象描述出来，就可得到下面的罗尔(Rolle)中值定理. 在此之前，我们先介绍一个引理，它可视为费马(Fermat)引理的一个弱化形式，有关费马引理的一般形式及严格证明将在本章第三节给出.

**引理 1** 如果函数 $y = f(x)$ 在点 $x_0$ 处取得最大值（或最小值），并且它在该点处可导，则
$$f'(x_0) = 0.$$

**定理 1（罗尔中值定理）** 如果函数 $y = f(x)$ 满足：

(1) 在闭区间 $[a, b]$ 上连续；

(2) 在开区间 $(a, b)$ 内可导；

(3) $f(a) = f(b)$，

则在 $(a, b)$ 内至少存在一点 $\xi (a < \xi < b)$，使得 $f'(\xi) = 0$.

**证** 由于 $y = f(x)$ 在闭区间 $[a, b]$ 上连续，根据闭区间上连续函数的最大值和最小值定理，$f(x)$ 必存在最大值 $M$ 与最小值 $m$. 现分两种情况来讨论：

(1) 若 $m = M$，则 $f(x)$ 在 $[a, b]$ 上每一点都有 $f(x) = m = M$. 因此，任取 $\xi \in (a, b)$，都有 $f'(\xi) = 0$.

(2) 若 $m < M$，因为 $f(a) = f(b)$，所以 $M$ 和 $m$ 中至少有一个不等于 $f(a)$，不妨设 $M \neq f(a)$，则在 $(a, b)$ 内至少存在一点 $\xi$，使得 $f(\xi) = M$. 由于 $f(\xi)$ 为最大值，从而由引理 1 可知 $f'(\xi) = 0$.

## 二、拉格朗日中值定理

**引例 2** 一位货车司机在收费站处拿到一张罚款单，说他在限速为 65 km/h 的道路上在 2 小时内走了 159 km. 罚款单列出的违章理由为该司机超速行驶. 为什么？

在回答上面这个问题之前，我们需要介绍一个在微分学中具有重要地位的定理——拉格朗日(Lagrange)中值定理.

**定理 2（拉格朗日中值定理）** 如果函数 $y=f(x)$ 满足：

(1) 在闭区间 $[a,b]$ 上连续；

(2) 在开区间 $(a,b)$ 内可导，

则在 $(a,b)$ 内至少存在一点 $\xi(a<\xi<b)$，使得

$$f(b)-f(a)=f'(\xi)(b-a). \tag{3-1-1}$$

在证明之前，先看一下定理的几何意义.如果把(3-1-1)式改写为

$$\frac{f(b)-f(a)}{b-a}=f'(\xi), \tag{3-1-2}$$

由图 3-3 可以看出，$\dfrac{f(b)-f(a)}{b-a}$ 为弦 $AB$ 的斜率，而 $f'(\xi)$ 为曲线在点 $C$ 处的切线斜率.因此，拉格朗日中值定理的几何意义是：曲线 $y=f(x)$ 上至少有一点 $C$，使曲线在点 $C$ 处的切线平行于弦 $AB$.

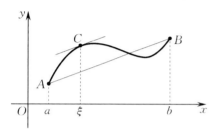

图 3-3

不难看出，罗尔中值定理是拉格朗日中值定理在 $f(a)=f(b)$ 时的特殊情形.基于这种关系，我们自然想到利用罗尔中值定理来证明拉格朗日中值定理.图 3-3 中弦 $AB$ 的方程为

$$y=f(a)+\frac{f(b)-f(a)}{b-a}(x-a),$$

而曲线 $y=f(x)$ 与弦 $AB$ 在区间端点处相交，如果用曲线方程 $y=f(x)$ 与弦 $AB$ 的方程做差得到一个新函数，则这个新函数在端点处的函数值相等，且还满足罗尔中值定理的其余两个条件.下面就利用这个新函数来证明拉格朗日中值定理.

**证** 构造辅助函数

$$g(x)=f(x)-\left[f(a)+\frac{f(b)-f(a)}{b-a}(x-a)\right].$$

容易验证，$g(x)$ 满足罗尔中值定理的条件：$g(a)=g(b)=0$，$g(x)$ 在闭区间 $[a,b]$ 上连续，在开区间 $(a,b)$ 内可导，且

$$g'(x)=f'(x)-\frac{f(b)-f(a)}{b-a}.$$

根据罗尔中值定理，可知在 $(a,b)$ 内至少有一点 $\xi$，使得 $g'(\xi)=0$，即

$$f'(\xi)-\frac{f(b)-f(a)}{b-a}=0.$$

由此可得

$$\frac{f(b)-f(a)}{b-a}=f'(\xi), \quad 即 \quad f(b)-f(a)=f'(\xi)(b-a).$$

**注** (1) (3-1-1)式和(3-1-2)式均称为**拉格朗日中值公式**.

(2) 设 $x, x+\Delta x \in [a,b]$（其中 $\Delta x > 0$ 或 $\Delta x < 0$），则在以 $x, x+\Delta x$ 为端点的闭区间上运用公式(3-1-1)，可得

$$f(x+\Delta x)-f(x)=f'(x+\theta\Delta x)\cdot\Delta x \quad (0<\theta<1), \tag{3-1-3}$$

即

$$\Delta y=f'(x+\theta\Delta x)\cdot\Delta x \quad (0<\theta<1). \tag{3-1-4}$$

公式(3-1-4)给出了自变量取得有限增量 $\Delta x$ 时,函数增量 $\Delta y$ 的精确表达式.因此,这个公式也称为**有限增量公式**.

(3) 拉格朗日中值定理在微分学中占有重要地位,有时也称这个定理为**微分中值定理**.在某些问题中,当自变量 $x$ 取得有限增量 $\Delta x$ 而需要给出函数增量的准确表达式时,拉格朗日中值定理就显出了它的价值.

现在我们回到引例2,货车司机 2 h 内走了 159 km 说明,货车在这段时间内的平均速度为 79.5 km/h,根据拉格朗日中值定理可见,在这 2 h 内至少存在一个时刻货车的瞬时速度为 79.5 km/h,也就断定该司机必定超速行驶.

作为拉格朗日中值定理的一个应用,现在来导出后面积分学中很有用的一个定理.我们知道,常数函数的导数等于零;反过来,导数为零的函数是否一定为常数呢?答案是肯定的.

**推论1** 如果函数 $f(x)$ 在区间 $I$ 上的导数恒为零,那么 $f(x)$ 在区间 $I$ 上是一个常数.

**证** 在区间 $I$ 上任取两点 $x_1, x_2$,且 $x_1 < x_2$,在区间 $[x_1, x_2]$ 上应用拉格朗日中值定理,由公式(3-1-1)可得

$$f(x_2) - f(x_1) = f'(\xi)(x_2 - x_1) \quad (x_1 < \xi < x_2).$$

由假设可知 $f'(\xi) = 0$,因此 $f(x_2) - f(x_1) = 0$,即 $f(x_2) = f(x_1)$.又由 $x_1, x_2$ 的任意性可知,$f(x)$ 在区间 $I$ 上任意点处的函数值都相等,即 $f(x)$ 在区间 $I$ 上是一个常数.

**例1** 证明:$\arcsin x + \arccos x = \dfrac{\pi}{2}$ $(-1 \leqslant x \leqslant 1)$.

**证** 设函数 $f(x) = \arcsin x + \arccos x, x \in [-1, 1]$,则

$$f'(x) = \frac{1}{\sqrt{1-x^2}} + \left(-\frac{1}{\sqrt{1-x^2}}\right) = 0, \quad x \in (-1, 1).$$

从而

$$f(x) \equiv C, \quad x \in (-1, 1).$$

由于

$$f(0) = \arcsin 0 + \arccos 0 = 0 + \frac{\pi}{2} = \frac{\pi}{2}, \quad f(-1) = f(1) = \frac{\pi}{2},$$

故 $C = \dfrac{\pi}{2}$,从而

$$\arcsin x + \arccos x = \frac{\pi}{2}, \quad x \in [-1, 1].$$

**例2** 证明:当 $x > 0$ 时,$\dfrac{x}{1+x} < \ln(1+x) < x$.

**证** 设函数 $f(x) = \ln(1+x)$.显然,$f(x)$ 在 $[0, x]$ 上满足拉格朗日中值定理的条件,由公式(3-1-1),得

$$f(x) - f(0) = f'(\xi)(x - 0) \quad (0 < \xi < x).$$

由于 $f(0) = 0, f'(x) = \dfrac{1}{1+x}$,因此上式即为

$$\ln(1+x) = \frac{x}{1+\xi} \quad (0 < \xi < x).$$

又由于 $0 < \xi < x$,因此

$$\frac{x}{1+x} < \frac{x}{1+\xi} < x, \quad 即 \quad \frac{x}{1+x} < \ln(1+x) < x.$$

### 三、柯西中值定理

拉格朗日中值定理表明,如果一条连续曲线弧上除端点外处处具有不垂直于 $x$ 轴的切线,则这段曲线弧上至少有一点 $C$,使得曲线上点 $C$ 处的切线平行于弦 $AB$.

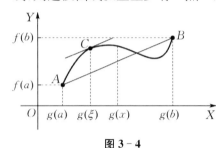

图 3-4

设连续曲线弧由参数方程
$$\begin{cases} X = g(x), \\ Y = f(x) \end{cases} (a \leqslant x \leqslant b)$$
表示,其中 $x$ 为参数,如图 3-4 所示.

由参数方程的求导公式,可得曲线上点 $(X,Y)$ 处的切线斜率为
$$\frac{\mathrm{d}Y}{\mathrm{d}X} = \frac{f'(x)}{g'(x)}.$$

又弦 $AB$ 的斜率为 $\dfrac{f(b)-f(a)}{g(b)-g(a)}$,如果点 $C$ 对应于参数 $x = \xi$,则曲线弧上点 $C$ 处的切线平行于弦 $AB$,即

$$\frac{f(b)-f(a)}{g(b)-g(a)} = \frac{f'(\xi)}{g'(\xi)}. \tag{3-1-5}$$

这就是接下来要介绍的柯西(Cauchy)中值定理.

**定理 3(柯西中值定理)** 如果函数 $f(x)$ 及 $g(x)$ 满足:

(1) 在闭区间 $[a,b]$ 上连续;

(2) 在开区间 $(a,b)$ 内可导;

(3) 对任一 $x \in (a,b), g'(x) \neq 0$,

则在 $(a,b)$ 内至少存在一点 $\xi(a < \xi < b)$,使得
$$\frac{f(b)-f(a)}{g(b)-g(a)} = \frac{f'(\xi)}{g'(\xi)}.$$

**证** 构造辅助函数
$$\varphi(x) = f(x) - \left\{ f(a) + \frac{f(b)-f(a)}{g(b)-g(a)}[g(x)-g(a)] \right\}.$$

容易验证,$\varphi(x)$ 满足罗尔中值定理的条件,故在 $(a,b)$ 内至少存在一点 $\xi$,使得 $\varphi'(\xi) = 0$,即
$$f'(\xi) - \frac{f(b)-f(a)}{g(b)-g(a)} \cdot g'(\xi) = 0,$$
由此可得
$$\frac{f(b)-f(a)}{g(b)-g(a)} = \frac{f'(\xi)}{g'(\xi)}.$$

**注** 显然,如果取 $g(x) = x$,则 $g(b) - g(a) = b - a$ 及 $g'(x) = 1$. 于是,柯西中值定理便转变成了拉格朗日中值定理. 因此,有时柯西中值定理也称为**广义中值定理**.

## 小结

本节学习需注意:要求熟记罗尔中值定理和拉格朗日中值定理的条件和结论,会用拉格朗日中值定理证明不等式.

## 应用导学

微分中值定理建立了函数增量、自变量增量与导数之间的联系. 由于函数的许多性质可用自变量增量与函数增量的关系来描述,因此微分中值定理是研究函数性态的重要工具. 微分学中许多重要结论都是基于微分中值定理而得到的.

### 习题 3-1

**1.** 验证罗尔中值定理对下列函数在指定区间上的正确性:

(1) $f(x) = x\sqrt{3-x}, x \in [0,3]$;　　　(2) $f(x) = \ln \sin x, x \in \left[\dfrac{\pi}{6}, \dfrac{5\pi}{6}\right]$.

**2.** 验证拉格朗日中值定理对函数 $f(x) = x^3 - 2x + 1$ 在 $[-1, 0]$ 上的正确性,若正确,求出满足定理的数值 $\xi$.

**3.** 证明:方程 $x^5 + x - 1 = 0$ 只有一个正根.

**4.** 证明恒等式:$\arctan x + \operatorname{arccot} x = \dfrac{\pi}{2} \ (-\infty < x < +\infty)$.

**5.** 证明下列不等式:

(1) 当 $x > 0$ 时,$\ln(1+x) < x$;

(2) 当 $x > 1$ 时,$e^x > ex$;

(3) 当 $a > b > 0$ 时,$\dfrac{a-b}{a} < \ln \dfrac{a}{b} < \dfrac{a-b}{b}$.

# 第二节  洛必达法则

如果在自变量的某个变化过程中,两个函数 $f(x)$ 和 $g(x)$ 都趋于零或都趋于无穷大,则它们之比的极限可能存在,也可能不存在,通常称这种极限为**未定式**,并分别记作 $\dfrac{0}{0}$ 型或 $\dfrac{\infty}{\infty}$ 型. 例如,$\lim\limits_{x \to 1} \dfrac{x^2 - 3x + 2}{x - 1}$,$\lim\limits_{x \to 0} \dfrac{\sin x}{x}$,$\lim\limits_{x \to +\infty} \dfrac{\ln(1+x)}{x}$ 等都是未定式.

在第一章介绍极限时,我们曾计算过未定式的极限,通常都是通过适当变形,转化为可利用极限的运算法则的形式或两个重要极限来进行计算. 这些极限都具有特定的类型,需要具体问题具体分析,没有一般法则可循.本节将用导数作为工具,给出计算未定式极限的一般方法,即洛必达法则.

## 一、两个基本类型未定式

**1. $\dfrac{0}{0}$ 型未定式**

我们着重讨论 $x \to x_0$ 时 $\dfrac{0}{0}$ 型未定式的情形,关于这种情形,我们有以下定理.

**定理1(洛必达法则 I)** 如果函数 $f(x)$ 和 $g(x)$ 满足:

(1) 当 $x \to x_0$ 时,$f(x) \to 0$,$g(x) \to 0$;

(2) $f'(x)$ 和 $g'(x)$ 都存在,且 $g'(x) \neq 0$;

(3) $\lim\limits_{x \to x_0} \dfrac{f'(x)}{g'(x)}$ 存在(或为无穷大),

则

$$\lim_{x \to x_0} \frac{f(x)}{g(x)} = \lim_{x \to x_0} \frac{f'(x)}{g'(x)}.$$

**证** 因为极限 $\lim\limits_{x \to x_0} \dfrac{f(x)}{g(x)}$ 的存在与否与 $f(x)$,$g(x)$ 在点 $x_0$ 处的函数值无关,我们不妨假设 $f(x_0) = g(x_0) = 0$. 于是,由条件(1),(2)可知,函数 $f(x)$,$g(x)$ 在点 $x_0$ 的某个邻域内连续. 任意选取该邻域内点 $x$,则 $f(x)$,$g(x)$ 在以 $x_0$,$x$ 为端点的区间上满足柯西中值定理的条件,即存在 $\xi$(其中 $\xi$ 在 $x_0$ 与 $x$ 之间),使得

$$\frac{f(x)}{g(x)} = \frac{f(x) - f(x_0)}{g(x) - g(x_0)} = \frac{f'(\xi)}{g'(\xi)}.$$

当 $x \to x_0$ 时,有 $\xi \to x_0$,因此

$$\lim_{x \to x_0} \frac{f(x)}{g(x)} = \lim_{\xi \to x_0} \frac{f'(\xi)}{g'(\xi)} = \lim_{x \to x_0} \frac{f'(x)}{g'(x)}.$$

**注** (1) 如果当 $x \to x_0$ 时,$\dfrac{f'(x)}{g'(x)}$ 仍为 $\dfrac{0}{0}$ 型未定式,并且 $f'(x)$ 和 $g'(x)$ 仍满足定理的条件,则可继续使用洛必达法则,即

$$\lim_{x \to x_0} \frac{f(x)}{g(x)} = \lim_{x \to x_0} \frac{f'(x)}{g'(x)} = \lim_{x \to x_0} \frac{f''(x)}{g''(x)}.$$

(2) 对 $x \to x_0^+$,$x \to x_0^-$,$x \to \infty$,$x \to +\infty$,$x \to -\infty$ 时的 $\dfrac{0}{0}$ 型未定式,我们也有相应的洛必达法则.

**例1** 求 $\lim\limits_{x \to 0} \dfrac{\sin 2x}{3x}$.

**解** 所求极限为 $\dfrac{0}{0}$ 型未定式,由洛必达法则可得

$$\lim_{x \to 0} \frac{\sin 2x}{3x} = \lim_{x \to 0} \frac{2\cos 2x}{3} = \frac{2}{3}.$$

**例2** 求 $\lim\limits_{x \to 1} \dfrac{x^3 - 3x + 2}{x^3 - x^2 - x + 1}$.

**解** 所求极限为 $\dfrac{0}{0}$ 型未定式,连续两次运用洛必达法则,可得

$$\lim_{x \to 1} \frac{x^3 - 3x + 2}{x^3 - x^2 - x + 1} = \lim_{x \to 1} \frac{3x^2 - 3}{3x^2 - 2x - 1} = \lim_{x \to 1} \frac{6x}{6x - 2} = \frac{3}{2}.$$

**注** 运用洛必达法则计算 $\dfrac{0}{0}$ 型未定式的极限时,应逐步检验它是否为未定式,如果不是,则不能继续对它应用洛必达法则,否则会导致计算错误.

**例 3** 求 $\lim\limits_{x \to 0} \dfrac{e^x - e^{-x} - 2x}{x - \sin x}$.

**解** $\lim\limits_{x \to 0} \dfrac{e^x - e^{-x} - 2x}{x - \sin x} = \lim\limits_{x \to 0} \dfrac{e^x + e^{-x} - 2}{1 - \cos x} = \lim\limits_{x \to 0} \dfrac{e^x - e^{-x}}{\sin x} = \lim\limits_{x \to 0} \dfrac{e^x + e^{-x}}{\cos x} = 2.$

**2. $\dfrac{\infty}{\infty}$ 型未定式**

对 $x \to x_0$ 时 $\dfrac{\infty}{\infty}$ 型未定式,我们有以下定理.

**定理 2(洛必达法则 Ⅱ)** 如果函数 $f(x)$ 和 $g(x)$ 满足:

(1) 当 $x \to x_0$ 时,$f(x) \to \infty$,$g(x) \to \infty$;

(2) $f'(x)$ 和 $g'(x)$ 都存在,且 $g'(x) \neq 0$;

(3) $\lim\limits_{x \to x_0} \dfrac{f'(x)}{g'(x)}$ 存在(或为无穷大),

则

$$\lim_{x \to x_0} \frac{f(x)}{g(x)} = \lim_{x \to x_0} \frac{f'(x)}{g'(x)}.$$

证明从略.

**注** (1) 如果当 $x \to x_0$ 时,$\dfrac{f'(x)}{g'(x)}$ 仍为 $\dfrac{\infty}{\infty}$ 型未定式,并且 $f'(x)$ 和 $g'(x)$ 仍满足定理的条件,则可继续使用洛必达法则,即

$$\lim_{x \to x_0} \frac{f(x)}{g(x)} = \lim_{x \to x_0} \frac{f'(x)}{g'(x)} = \lim_{x \to x_0} \frac{f''(x)}{g''(x)}.$$

(2) 对 $x \to x_0^+, x \to x_0^-, x \to \infty, x \to +\infty, x \to -\infty$ 时的 $\dfrac{\infty}{\infty}$ 型未定式,我们也有相应的洛必达法则.

**例 4** 求 $\lim\limits_{x \to 0^+} \dfrac{\ln \sin x}{\ln x}$.

**解** $\lim\limits_{x \to 0^+} \dfrac{\ln \sin x}{\ln x} = \lim\limits_{x \to 0^+} \dfrac{\dfrac{1}{\sin x} \cdot \cos x}{\dfrac{1}{x}} = \lim\limits_{x \to 0^+} \left( \dfrac{x}{\sin x} \cdot \cos x \right) = 1.$

**例 5** 求 $\lim\limits_{x \to +\infty} \dfrac{x^2}{e^x}$.

**解** $\lim\limits_{x \to +\infty} \dfrac{x^2}{e^x} = \lim\limits_{x \to +\infty} \dfrac{2x}{e^x} = \lim\limits_{x \to +\infty} \dfrac{2}{e^x} = 0.$

**注** 一般地,有 $\lim\limits_{x \to +\infty} \dfrac{x^n}{e^{\lambda x}} = 0$($n$ 为正整数,$\lambda > 0$).

**例 6**  求 $\lim\limits_{x\to+\infty}\dfrac{\ln x}{x^2}$.

**解**  $\lim\limits_{x\to+\infty}\dfrac{\ln x}{x^2}=\lim\limits_{x\to+\infty}\dfrac{\dfrac{1}{x}}{2x}=\lim\limits_{x\to+\infty}\dfrac{1}{2x^2}=0.$

**注**  （1）一般地，有 $\lim\limits_{x\to+\infty}\dfrac{\ln x}{x^\lambda}=0(\lambda>0).$

（2）对数函数 $\ln x$, 幂函数 $x^n$（$n$ 为正整数）及指数函数 $\mathrm{e}^{\lambda x}(\lambda>0)$ 均为 $x\to+\infty$ 时的无穷大，但它们增长的速度不一样. 幂函数增长的速度比对数函数快得多，而指数函数增长的速度又比幂函数快得多.

例如，表 3-1 列出了当 $x=10,100,1\,000$ 时，函数 $\ln x,\sqrt{x},x^2$ 及 $\mathrm{e}^x$ 相应的函数值. 从中可以看出当 $x$ 增大时这几个函数增长速度快慢的情况.

表 3-1

| $x$ | 10 | 100 | 1 000 |
| --- | --- | --- | --- |
| $\ln x$ | 2.3 | 4.6 | 6.9 |
| $\sqrt{x}$ | 3.2 | 10 | 31.6 |
| $x^2$ | 100 | $10^4$ | $10^6$ |
| $\mathrm{e}^x$ | $2.20\times 10^4$ | $2.69\times 10^{43}$ | $1.97\times 10^{434}$ |

运用洛必达法则求极限时，如果函数求导后出现较为复杂的分式，一般应化简后再判断它是否仍为 $\dfrac{0}{0}$ 型或 $\dfrac{\infty}{\infty}$ 型未定式，然后再决定是否使用洛必达法则.

**例 7**  求 $\lim\limits_{x\to+\infty}\dfrac{\dfrac{\pi}{2}-\arctan x}{\dfrac{1}{x}}$.

**解**  $\lim\limits_{x\to+\infty}\dfrac{\dfrac{\pi}{2}-\arctan x}{\dfrac{1}{x}}=\lim\limits_{x\to+\infty}\dfrac{-\dfrac{1}{1+x^2}}{-\dfrac{1}{x^2}}=\lim\limits_{x\to+\infty}\dfrac{x^2}{1+x^2}=1.$

运用洛必达法则求未定式极限时，如果 $\lim\dfrac{f'(x)}{g'(x)}$ 不存在且不为无穷大，只能说明洛必达法则失效，并不意味着原极限不存在，此时应利用其他方法求解.

**例 8**  求 $\lim\limits_{x\to 0}\dfrac{x^2\sin\dfrac{1}{x}}{\sin x}$.

**解**  此极限为 $\dfrac{0}{0}$ 型未定式. 但对分子、分母分别求导后，得

$$\lim\limits_{x\to 0}\dfrac{2x\sin\dfrac{1}{x}-\cos\dfrac{1}{x}}{\cos x},$$

此极限式的极限不存在，因此洛必达法则失效. 但原极限是存在的，正确解法为

$$\lim_{x\to 0}\frac{x^2\sin\frac{1}{x}}{\sin x}=\lim_{x\to 0}\left(\frac{x}{\sin x}\cdot x\sin\frac{1}{x}\right)=1\cdot 0=0.$$

## 二、其他类型未定式

除了前面介绍的 $\frac{0}{0}$ 型和 $\frac{\infty}{\infty}$ 型两种最基本的未定式外,还有 $0\cdot\infty,\infty-\infty,1^{\infty},0^{0}$ 及 $\infty^{0}$ 等类型的未定式,这些未定式都可以通过适当的变形化为 $\frac{0}{0}$ 型或 $\frac{\infty}{\infty}$ 型,然后再用洛必达法则来计算极限.

**1. $0\cdot\infty$ 型**

对于 $0\cdot\infty$ 型,可将乘积化成相除的形式,即化为 $\frac{0}{0}$ 型或 $\frac{\infty}{\infty}$ 型未定式来计算.

**例 9** 求 $\lim\limits_{x\to 0^+}x\ln x$.

**解** $\lim\limits_{x\to 0^+}x\ln x=\lim\limits_{x\to 0^+}\dfrac{\ln x}{\dfrac{1}{x}}=\lim\limits_{x\to 0^+}\dfrac{\dfrac{1}{x}}{-\dfrac{1}{x^2}}=\lim\limits_{x\to 0^+}(-x)=0.$

**思考** 上述例子为什么不转化为 $\frac{0}{0}$ 型未定式来计算?

**2. $\infty-\infty$ 型**

对于 $\infty-\infty$ 型,通常可利用通分的方法化为 $\frac{0}{0}$ 型未定式来计算.

**例 10** 求 $\lim\limits_{x\to 1}\left(\dfrac{1}{x-1}-\dfrac{1}{\ln x}\right).$

**解** $\lim\limits_{x\to 1}\left(\dfrac{1}{x-1}-\dfrac{1}{\ln x}\right)=\lim\limits_{x\to 1}\dfrac{\ln x-x+1}{(x-1)\ln x}=\lim\limits_{x\to 1}\dfrac{1-x}{x\ln x+x-1}$
$=\lim\limits_{x\to 1}\dfrac{-1}{2+\ln x}=-\dfrac{1}{2}.$

**3. $0^0,1^\infty,\infty^0$ 型**

对于 $0^0,1^\infty,\infty^0$ 型,一般具有幂指函数 $u(x)^{v(x)}$ 的形式,因此可以利用取对数的方法(或利用变形 $f(x)=e^{v(x)\ln u(x)}$)及指数函数的连续性,化为求指数 $v(x)\ln u(x)$ 的极限.

**例 11** 求 $\lim\limits_{x\to 1}x^{\frac{1}{1-x}}.$

**解** 这是 $1^\infty$ 型未定式,将它变形为
$$\lim_{x\to 1}x^{\frac{1}{1-x}}=\lim_{x\to 1}e^{\frac{\ln x}{1-x}}=e^{\lim\limits_{x\to 1}\frac{\ln x}{1-x}}.$$

由于 $\lim\limits_{x\to 1}\dfrac{\ln x}{1-x}=\lim\limits_{x\to 1}\left(-\dfrac{1}{x}\right)=-1$,因此
$$\lim_{x\to 1}x^{\frac{1}{1-x}}=e^{-1}.$$

**例 12** 求 $\lim\limits_{x\to 0^+}x^x.$

**解** 这是 $0^0$ 型未定式,将它变形为

$$\lim_{x \to 0^+} x^x = \lim_{x \to 0^+} e^{x \ln x} = e^{\lim_{x \to 0^+} x \ln x}.$$

由于 $\lim\limits_{x \to 0^+} x \ln x = \lim\limits_{x \to 0^+} \dfrac{\ln x}{\dfrac{1}{x}} = \lim\limits_{x \to 0^+} (-x) = 0$,因此

$$\lim_{x \to 0^+} x^x = e^0 = 1.$$

**例 13** 求 $\lim\limits_{x \to +\infty} x^{\frac{1}{x}}$.

**解** 这是 $\infty^0$ 型未定式,将它变形为

$$\lim_{x \to +\infty} x^{\frac{1}{x}} = \lim_{x \to +\infty} e^{\frac{\ln x}{x}} = e^{\lim_{x \to +\infty} \frac{\ln x}{x}}.$$

由于 $\lim\limits_{x \to +\infty} \dfrac{\ln x}{x} = \lim\limits_{x \to +\infty} \dfrac{1}{x} = 0$,因此

$$\lim_{x \to +\infty} x^{\frac{1}{x}} = e^0 = 1.$$

洛必达法则是求未定式极限的一种非常有效的方法,但如果能与其他求极限的方法结合使用,效果会更好. 例如,能化简时应尽可能先化简,尽可能应用等价无穷小替换或两个重要极限,这样可以使运算尽可能简化.

**例 14** 求 $\lim\limits_{x \to 0} \dfrac{\tan x - x}{x^2 \sin x}$.

**解** 当 $x \to 0$ 时,$\sin x \sim x$. 于是,我们做如下运算:

$$\lim_{x \to 0} \frac{\tan x - x}{x^2 \sin x} = \lim_{x \to 0} \frac{\tan x - x}{x^3} = \lim_{x \to 0} \frac{\sec^2 x - 1}{3x^2}$$

$$= \lim_{x \to 0} \frac{2\sec^2 x \tan x}{6x} = \frac{1}{3} \lim_{x \to 0} \frac{\tan x}{x} = \frac{1}{3}.$$

**注** 如果直接用洛必达法则,则分母的导数(尤其是高阶导数)将会非常复杂. 而如果先做一个等价无穷小替换,则运算将会简便得多.

### ▰▰▰ 小结 ▰▰▰

> 运用洛必达法则求未定式极限时需注意:对于 $\dfrac{0}{0}$ 型及 $\dfrac{\infty}{\infty}$ 型这两类基本类型未定式,如果分别对分子、分母求导之后仍存在极限,则原未定式的极限等于其分子、分母分别求导后的极限. 而对于 $0 \cdot \infty, \infty - \infty, 1^\infty, 0^0$ 及 $\infty^0$ 等其他类型的未定式,都需通过适当变形先转化为 $\dfrac{0}{0}$ 型或 $\dfrac{\infty}{\infty}$ 型,才能运用洛必达法则.

### ▰▰▰ 应用导学 ▰▰▰

> 本节以导数为工具,给出了计算未定式极限的一般方法——洛必达法则,需要熟练掌握和灵活使用.

### 习题 3-2

**1.** 求下列极限：

(1) $\lim\limits_{x\to 0}\dfrac{\ln(1+x)}{x}$;

(2) $\lim\limits_{x\to 0}\dfrac{x-\sin x}{x^3}$;

(3) $\lim\limits_{x\to \frac{\pi}{2}}\dfrac{\ln \sin x}{(\pi-2x)^2}$;

(4) $\lim\limits_{x\to +\infty}\dfrac{\ln\left(1+\dfrac{1}{x}\right)}{\operatorname{arccot} x}$;

(5) $\lim\limits_{x\to \frac{\pi}{2}}\dfrac{\tan x}{\tan 3x}$;

(6) $\lim\limits_{x\to +\infty}\dfrac{\ln(x\ln x)}{x^2}$.

**2.** 求下列极限：

(1) $\lim\limits_{x\to +\infty} x(\mathrm{e}^{\frac{1}{x}}-1)$;

(2) $\lim\limits_{x\to 1}\left(\dfrac{x}{x-1}-\dfrac{1}{\ln x}\right)$;

(3) $\lim\limits_{x\to \frac{\pi}{2}}(\sec x-\tan x)$.

**3.** 求下列极限：

(1) $\lim\limits_{x\to 0^+} x^{\sin x}$;

(2) $\lim\limits_{x\to 0}(\cos x)^{\frac{1}{\ln(1+x^2)}}$;

(3) $\lim\limits_{x\to 0}(1+\sin x)^{\frac{1}{x}}$;

(4) $\lim\limits_{x\to 0^+}\left(\dfrac{1}{x}\right)^{\tan x}$;

(5) $\lim\limits_{x\to +\infty}(x+\sqrt{1+x^2})^{\frac{1}{x}}$;

(6) $\lim\limits_{x\to 0}\dfrac{1}{x}\left(\dfrac{1}{\sin x}-\dfrac{1}{\tan x}\right)$.

**4.** 验证极限 $\lim\limits_{x\to +\infty}\dfrac{x+\sin x}{x}$ 存在，但不能用洛必达法则求出．

## 第三节　函数的单调性、极值与最值

在中学，我们已经会用初等数学的方法研究一些函数的单调性和某些简单函数的性质．但是这些方法使用范围狭小，并且需要借助一些特殊技巧，因此不具有一般性．本节我们将以导数为工具，介绍判断函数单调性、极值和最值的简便且具有一般性的方法．

### 一、函数的单调性

如果函数 $y=f(x)$ 在 $[a,b]$ 上单调增加（或单调减少），则它的图形是一条沿 $x$ 轴正向上升（或下降）的曲线，如图 3-5 所示．不难发现，曲线上各点处的切线斜率是非负的（或非正的），即 $f'(x)\geqslant 0$（或 $f'(x)\leqslant 0$）．由此可见，函数的单调性与其导数的符号之间有着密切的联系．

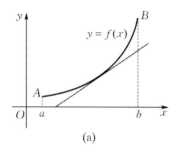
(a)

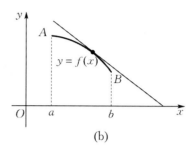
(b)

图 3-5

反过来,能否用导数的符号来判定函数的单调性呢?

**定理 1(充分条件)** 设函数 $y=f(x)$ 在 $[a,b]$ 上连续,在 $(a,b)$ 内可导.

(1) 若在 $(a,b)$ 内 $f'(x)>0$,则函数 $y=f(x)$ 在 $[a,b]$ 上单调增加;

(2) 若在 $(a,b)$ 内 $f'(x)<0$,则函数 $y=f(x)$ 在 $[a,b]$ 上单调减少.

**证** 我们仅证明结论(1),同理可证明结论(2).任取两点 $x_1,x_2 \in [a,b]$,且 $x_1<x_2$,由拉格朗日中值定理可知,存在点 $\xi \in (a,b)$,使得
$$f(x_2)-f(x_1)=f'(\xi)(x_2-x_1)>0,$$
即 $f(x_2)>f(x_1)$,所以函数 $y=f(x)$ 在 $[a,b]$ 上单调增加.

**注** (1) 将定理 1 中的闭区间换成其他区间形式(包括无限区间),结论仍成立.

(2) 函数的单调性是一个区间上的整体性质,要用导数在这一区间上的符号来判定,而不能用在某一点处的导数符号来判定函数在整个区间上的单调性.区间内个别点导数为零(或不存在)并不影响函数在该区间上的单调性.

例如,函数 $y=x^3$ 在其定义域 $(-\infty,+\infty)$ 上是单调增加的,但其导数 $y'=3x^2$ 在点 $x=0$ 处为零;函数 $y=\sqrt[3]{x}$ 在其定义域 $(-\infty,+\infty)$ 上是单调增加的,但其导数 $y'=\dfrac{1}{3\sqrt[3]{x^2}}$ 在点 $x=0$ 处不存在.

**例 1** 讨论函数 $y=x^2-2x+2$ 的单调性.

**解** 函数的定义域为 $(-\infty,+\infty)$,且 $y'=2(x-1)$.由 $y'=0$ 得 $x=1$.当 $x<1$ 时,$y'<0$;当 $x>1$ 时,$y'>0$,所以函数在 $(-\infty,1]$ 上单调减少,而在 $[1,+\infty)$ 上单调增加.

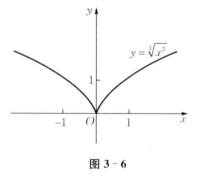

图 3-6

**例 2** 讨论函数 $y=\sqrt[3]{x^2}$ 的单调性.

**解** 函数的定义域为 $(-\infty,+\infty)$,且当 $x \neq 0$ 时,
$$y'=\dfrac{2}{3\sqrt[3]{x}}.$$

当 $x=0$ 时,函数的导数不存在.

当 $x<0$ 时,$y'<0$;当 $x>0$ 时,$y'>0$,所以函数 $y=\sqrt[3]{x^2}$ 在 $(-\infty,0]$ 上单调减少,而在 $[0,+\infty)$ 上单调增加(见图 3-6).

综上所述,对函数 $y=f(x)$ 单调性的讨论,我们可以归纳如下步骤:

(1) 确定函数的定义域;

(2) 求出导数 $y' = f'(x)$, 并求出导数等于零的点和使导数不存在的点;

(3) 用步骤(2)中求得的点将函数的定义域分成若干个子区间, 然后逐个判断函数的导数在各个子区间内的符号, 从而确定函数在各个子区间上的单调性.

**例 3** 讨论函数 $y = 2x^3 - 9x^2 + 12x - 3$ 的单调性.

**解** 函数的定义域为 $(-\infty, +\infty)$, 且
$$y' = 6x^2 - 18x + 12 = 6(x-1)(x-2).$$
令 $y' = 0$, 解得 $x_1 = 1, x_2 = 2$. 用 $x_1 = 1$ 和 $x_2 = 2$ 将 $(-\infty, +\infty)$ 分成三个子区间, 列表讨论, 如表 3-2 所示.

表 3-2

| $x$ | $(-\infty, 1)$ | 1 | $(1, 2)$ | 2 | $(2, +\infty)$ |
|---|---|---|---|---|---|
| $y'$ | $+$ | 0 | $-$ | 0 | $+$ |
| $y$ | ↗ |  | ↘ |  | ↗ |

表中记号"↗"表示函数单调增加, 记号"↘"表示函数单调减少. 由表 3-2 可知, 函数在 $(-\infty, 1]$ 和 $[2, +\infty)$ 上单调增加, 在 $[1, 2]$ 上单调减少(见图 3-7).

利用函数的单调性常常可以证明一些不等式.

**例 4** 证明: 当 $x > 0$ 时, $\ln(1+x) < x$.

**证** 构造辅助函数
$$f(x) = \ln(1+x) - x.$$
函数 $f(x)$ 在 $[0, +\infty)$ 上连续, 在 $(0, +\infty)$ 内可导, 且
$$f'(x) = \frac{1}{1+x} - 1 = -\frac{x}{1+x}.$$
当 $x > 0$ 时, $f'(x) < 0$, 因此当 $x > 0$ 时, $f(x)$ 单调减少, 且 $f(x) < f(0) = 0$, 故
$$\ln(1+x) < x \quad (x > 0).$$

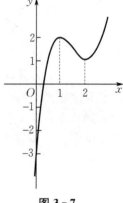

图 3-7

**注** 利用函数的单调性证明不等式的一般步骤为

(1) 通过移项(有时需要再做其他简单变形)使不等式一端为 0, 另一端为 $f(x)$;

(2) 求 $f'(x)$ 并验证 $f(x)$ 在指定区间上的单调性;

(3) 求出区间端点的函数值(或极限值), 做出比较即得所证.

## 二、函数的极值

从本节例 3 中我们看到, $x_1 = 1$ 及 $x_2 = 2$ 是函数
$$y = f(x) = 2x^3 - 9x^2 + 12x - 3$$
的单调性发生变化的分界点(见图 3-7). 例如, 在点 $x_1 = 1$ 左侧附近, 函数 $f(x)$ 单调增加; 在它的右侧附近, 函数 $f(x)$ 单调减少, 因此对 $x_1 = 1$ 的某个邻域内任何点 $x(x \neq 1)$, 都有 $f(x) < f(1)$ 成立. 类似地, 对 $x_2 = 2$ 的某个邻域内任何点 $x(x \neq 2)$, 都有 $f(x) > f(2)$ 成立. 具有如 $x_1 = 1$ 及 $x_2 = 2$ 这种性质的点, 在实际应用中有着重要的意义, 我们对此做一般性的讨论.

**定义 1** 设函数 $y=f(x)$ 在点 $x_0$ 的某个邻域内有定义. 如果对该邻域内任意异于 $x_0$ 的点 $x$, 都有
$$f(x) < f(x_0) \quad (或 f(x) > f(x_0)),$$
则称 $f(x_0)$ 为函数 $f(x)$ 的一个**极大值**(或**极小值**), 而称 $x_0$ 为函数 $f(x)$ 的**极大值点**(或**极小值点**).

函数的极大值与极小值统称为函数的**极值**, 取得极值的点统称为**极值点**. 例如, 本节例 3 中, 函数 $y=f(x)=2x^3-9x^2+12x-3$ 有极大值 $f(1)=2$ 和极小值 $f(2)=1$, $x_1=1$ 和 $x_2=2$ 分别为函数 $f(x)$ 的极大值点和极小值点.

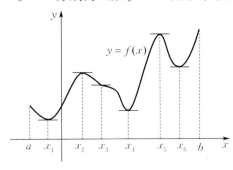

图 3-8

**注** (1) 函数的极大值和极小值概念是局部性的. 如果 $f(x_0)$ 是函数 $f(x)$ 的一个极大值(或极小值), 仅说明在点 $x_0$ 附近的一个局部范围内, $f(x_0)$ 是最大的(或最小的); 但对函数 $f(x)$ 的整个定义域内来说 $f(x_0)$ 不一定是最大的(或最小的).

(2) 极值中的"大"与"小"是相对而言的, 极大值不一定比极小值大, 极小值也不一定比极大值小(见图 3-8).

从图 3-8 中可看到, 在函数取得极值处, 曲线的切线是水平的, 即函数在极值点处的导数等于零. 但是曲线上有水平切线的地方(如 $x=x_3$ 处), 函数不一定取得极值.

**定理 2(必要条件,费马引理)** 如果函数 $f(x)$ 在点 $x_0$ 处可导, 且在点 $x_0$ 处取得极值, 则 $f'(x_0)=0$.

**证** 不妨设 $x_0$ 为函数 $f(x)$ 的极大值点. 由定义可知, 在点 $x_0$ 的某个邻域内, 有
$$\Delta y = f(x_0+\Delta x) - f(x_0) \leqslant 0.$$
于是, 我们有
$$f'_-(x_0) = \lim_{\Delta x \to 0^-} \frac{\Delta y}{\Delta x} \geqslant 0, \quad f'_+(x_0) = \lim_{\Delta x \to 0^+} \frac{\Delta y}{\Delta x} \leqslant 0.$$
由于 $f(x)$ 在点 $x_0$ 处可导, 因此 $f'(x_0) = f'_-(x_0) = f'_+(x_0)$, 从而 $f'(x_0)=0$.

**注** (1) 使 $f'(x_0)=0$ 的点 $x_0$ 称为函数 $f(x)$ 的**驻点**. 由定理 2 可知, 可导函数的极值点必定为驻点, 但函数的驻点不一定是极值点. 例如, 函数 $y=x^3$ 的导数 $y'=3x^2$, $y'\big|_{x=0}=0$, 即 $x=0$ 是函数 $y=x^3$ 的驻点, 但它不是极值点.

(2) 函数在它的导数不存在的点处也可能取得极值. 例如, 函数 $y=\sqrt[3]{x^2}$ 的导数为 $y'=\dfrac{2}{3\sqrt[3]{x}}$, 它在点 $x=0$ 处不可导, 但函数在该点处取得极小值.

如何判定函数在驻点或不可导点处是否取得极值呢? 如果取得极值, 是取得极大值还是极小值? 下面我们给出两个判定极值的充分条件.

**定理 3(第一充分条件)** 设函数 $f(x)$ 在点 $x_0$ 处连续, 并且在点 $x_0$ 的某个去心邻域内可导.

(1) 如果在点 $x_0$ 的左邻域内 $f'(x)>0$,在点 $x_0$ 的右邻域内 $f'(x)<0$,则函数 $f(x)$ 在点 $x_0$ 处取得极大值 $f(x_0)$;

(2) 如果在点 $x_0$ 的左邻域内 $f'(x)<0$,在点 $x_0$ 的右邻域内 $f'(x)>0$,则函数 $f(x)$ 在点 $x_0$ 处取得极小值 $f(x_0)$;

(3) 如果在点 $x_0$ 的该去心邻域内,$f'(x)$ 不变号,则函数 $f(x)$ 在点 $x_0$ 处没有极值.

**证** (1) 由条件可知,函数 $f(x)$ 在点 $x_0$ 的左邻域内单调增加,在点 $x_0$ 的右邻域内单调减少,且 $f(x)$ 在点 $x_0$ 处连续,故由定义可知 $f(x)$ 在点 $x_0$ 处取得极大值 $f(x_0)$[见图 3-9(a)].

类似地,我们可证明结论(2)及(3)[见图 3-9(b),(c) 和(d)].

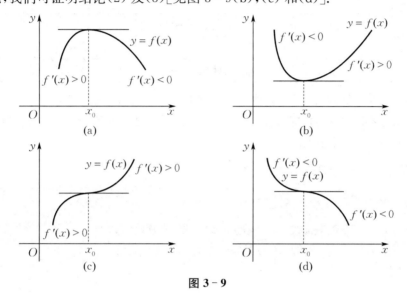

图 3-9

根据定理 2 和定理 3,如果函数 $f(x)$ 在所讨论的区间内连续,除个别点外处处可导,则可以按下列步骤求函数的极值点和极值:

(1) 确定函数 $f(x)$ 的定义域,并求出其导数 $f'(x)$;

(2) 求出 $f(x)$ 的所有驻点与不可导点;

(3) 讨论 $f'(x)$ 在每个驻点或不可导点处左、右两侧邻近范围内的符号变化情况,确定函数的极值点;

(4) 求出各极值点的函数值,就得到函数 $f(x)$ 的所有极值.

**例 5** 求函数 $f(x)=x^3-3x^2-9x+5$ 的极值.

**解** (1) 函数 $f(x)$ 的定义域为 $(-\infty,+\infty)$,且
$$f'(x)=3x^2-6x-9=3(x+1)(x-3).$$

(2) 令 $f'(x)=0$,得驻点 $x_1=-1, x_2=3$.

(3) 列表讨论,如表 3-3 所示.

表 3-3

| $x$ | $(-\infty,-1)$ | $-1$ | $(-1,3)$ | $3$ | $(3,+\infty)$ |
|---|---|---|---|---|---|
| $f'(x)$ | $+$ | $0$ | $-$ | $0$ | $+$ |
| $f(x)$ | ↗ | 极大值 | ↘ | 极小值 | ↗ |

(4) 由表 3-3 可知,函数的极大值为 $f(-1)=10$,极小值为 $f(3)=-22$.

**例 6** 求函数 $f(x)=(x-4)\sqrt[3]{(x+1)^2}$ 的极值.

**解** (1) 函数 $f(x)$ 的定义域为 $(-\infty,+\infty)$,且当 $x\neq -1$ 时,
$$f'(x)=\frac{5(x-1)}{3\sqrt[3]{x+1}}.$$

(2) 令 $f'(x)=0$,得驻点 $x_1=1$;另外,$x_2=-1$ 为 $f(x)$ 的不可导点.

(3) 列表讨论,如表 3-4 所示.

表 3-4

| $x$ | $(-\infty,-1)$ | $-1$ | $(-1,1)$ | $1$ | $(1,+\infty)$ |
|---|---|---|---|---|---|
| $f'(x)$ | $+$ | 不可导 | $-$ | $0$ | $+$ |
| $f(x)$ | ↗ | 极大值 | ↘ | 极小值 | ↗ |

(4) 由表 3-4 可知,函数的极大值为 $f(-1)=0$,极小值为 $f(1)=-3\sqrt[3]{4}$.

当函数 $f(x)$ 在驻点处的二阶导数存在且不为零时,也可以利用下述定理来判定 $f(x)$ 在驻点处取得极大值还是极小值.

**定理 4(第二充分条件)** 设函数 $f(x)$ 在 $x_0$ 处具有二阶导数,且
$$f'(x_0)=0, \quad f''(x_0)\neq 0,$$
则

(1) 当 $f''(x_0)<0$ 时,函数 $f(x)$ 在点 $x_0$ 处取得极大值;

(2) 当 $f''(x_0)>0$ 时,函数 $f(x)$ 在点 $x_0$ 处取得极小值.

**证** 对情形(1),由于 $f''(x_0)<0$,利用二阶导数的定义,我们有
$$f''(x_0)=\lim_{x\to x_0}\frac{f'(x)-f'(x_0)}{x-x_0}<0.$$
根据函数极限的局部保号性,当 $x$ 在点 $x_0$ 足够小的去心邻域内时,有
$$\frac{f'(x)-f'(x_0)}{x-x_0}<0.$$
因此,当 $x<x_0$ 时,有 $f'(x)>f'(x_0)=0$;当 $x>x_0$ 时,有 $f'(x)<f'(x_0)=0$.于是,根据定理 3 可知,函数 $f(x)$ 在点 $x_0$ 处取得极大值.

类似地,我们可以证明结论(2).

**例 7** 求函数 $f(x)=x^3+3x^2-24x-20$ 的极值.

**解** 函数的定义域为 $(-\infty,+\infty)$,且
$$f'(x)=3x^2+6x-24=3(x+4)(x-2).$$
令 $f'(x)=0$,得驻点 $x_1=-4,x_2=2$. 又 $f''(x)=6(x+1)$,于是
$$f''(-4)=-18<0, \quad f''(2)=18>0,$$
则函数 $f(x)$ 的极大值为 $f(-4)=60$,极小值为 $f(2)=-48$.

**注** 如果函数 $f(x)$ 在驻点 $x_0$ 处的二阶导数 $f''(x_0)=0$,则它在点 $x_0$ 处不一定取得极值,这时仍用第一充分条件进行判断.

**例 8** 求函数 $f(x)=(x^2-1)^3+1$ 的极值.

**解** 函数的定义域为$(-\infty,+\infty)$,且
$$f'(x)=6x(x^2-1)^2.$$
令$f'(x)=0$,求得驻点$x_1=-1,x_2=0,x_3=1$.

又$f''(x)=6(x^2-1)(5x^2-1)$,于是$f''(0)=6>0$,故$f(x)$在点$x_2=0$处取得极小值,极小值为$f(0)=0$.

因为$f''(-1)=f''(1)=0$,故用定理4无法判别.下面考察一阶导数在驻点$x_1=-1$及$x_3=1$左、右两侧的符号.

当$x$在$-1$左侧邻近时,$f'(x)<0$;当$x$在$-1$右侧邻近时,$f'(x)<0$,因为$f'(x)$的符号没有改变,所以$f(x)$在点$x_1=-1$处没有极值.同理,$f(x)$在点$x_3=1$处也没有极值(见图3-10).

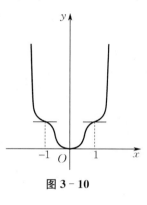

图 3-10

## 三、函数的最值

在实际应用中,常会遇到求最大值和最小值的问题,如产品最多、用料最省、成本最低、效率最高、利润最大等.因而求最大值和最小值问题在工程技术、国民经济及自然科学和社会科学等领域有着广泛应用.

这类问题在数学上往往归结为求某个函数(通常称为**目标函数**)的最大值或最小值问题,简称最值问题.下面我们讨论两类典型的最值问题的求法.

**1. 闭区间上连续函数的最值问题**

假设函数$y=f(x)$在闭区间$[a,b]$上连续,且在开区间$(a,b)$内除有限个点外处处可导,且至多有有限个驻点.在上述条件下,我们讨论函数$f(x)$在$[a,b]$上的最值的求法.

首先,由闭区间上连续函数的性质可知,$f(x)$在闭区间$[a,b]$上必取得最大值和最小值.其次,如果函数的最大值(或最小值)在开区间$(a,b)$内取得,则最大值(或最小值)一定也是极大值(或极小值),而极值点一定在驻点或导数不存在的点处取得.此外,函数的最大值和最小值也可能在区间的端点处取得.因此,求连续函数$f(x)$在$[a,b]$上的最大值和最小值的步骤如下:

(1) 求出$f(x)$在$(a,b)$内的所有驻点及不可导点;

(2) 计算步骤(1)中各点处函数值及$f(a),f(b)$;

(3) 比较步骤(2)中各值的大小,这些值中最大的就是$f(x)$在$[a,b]$上的最大值,最小的就是$f(x)$在$[a,b]$上的最小值.

**例9** 求函数$f(x)=x^4-8x^2+2$在$[-1,3]$上的最大值与最小值.

**解** 因为$f'(x)=4x^3-16x=4x(x-2)(x+2)$,解方程$f'(x)=0$,得函数$f(x)$在$(-1,3)$内的驻点为$x_1=0,x_2=2$.计算得
$$f(-1)=-5,\quad f(0)=2,\quad f(2)=-14,\quad f(3)=11,$$
比较可得最大值为$f(3)=11$,最小值为$f(2)=-14$.

**2. 具有唯一极值点的最值问题**

在实际应用问题中求目标函数的最大值(或最小值)时,往往会遇到以下这样的情形:函数$f(x)$在一个区间(有限或无限,开或闭)内仅有唯一的极值点$x_0$,则当$f(x_0)$为极大值时,

它就是 $f(x)$ 在所讨论区间上的最大值[见图 3-11(a)]；当 $f(x_0)$ 为极小值时，它就是 $f(x)$ 在所讨论区间上的最小值[见图 3-11(b)].

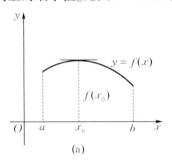
(a)

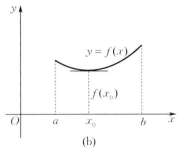
(b)

图 3-11

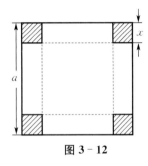

图 3-12

**例 10** 把一个边长为 $a$ 的正方形铁皮的四角上截去同样大小的正方形，然后按虚线把四边折起来做成一个无盖的盒子(见图 3-12). 问截去的小正方形边长多大时，才能使盒子的容量最大？

**解** 设截去的小正方形边长为 $x$，则盒底的边长为 $a-2x$. 因此，盒子的容积为

$$V = x(a-2x)^2, \quad x \in \left(0, \frac{a}{2}\right).$$

令 $V' = (a-2x)(a-6x) = 0$，得驻点

$$x_1 = \frac{a}{6}, \quad x_2 = \frac{a}{2}(舍去),$$

因此 $x_1 = \frac{a}{6}$ 为函数 $V$ 在定义域内的唯一驻点. 由于 $V'' = 24x - 8a$，可得

$$V''\left(\frac{a}{6}\right) = -4a < 0,$$

于是 $V$ 在点 $x_1 = \frac{a}{6}$ 处取得极大值，也是 $V$ 的最大值，即截去的小正方形边长为 $\frac{a}{6}$ 时，盒子的容量最大.

**例 11** 铁路线 $AB$ 的距离为 100 km，在距 $A$ 处为 20 km 的 $C$ 处建一工厂，其中 $AC$ 垂直于 $AB$(见图 3-13). 为了运输需要，要在铁路 $AB$ 段上 $D$ 处修建一个原料中转站，再由 $D$ 向工厂修筑一条公路. 如果已知每千米铁路运费与公路运费之比为 3 : 5，问 $D$ 应选在何处，才能使从 $B$ 处运货到工厂所需运费最省？

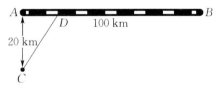

图 3-13

**解** 设 $AD = x$ km，则

$$DB = (100-x) \text{ km}, \quad CD = \sqrt{20^2 + x^2} \text{ km} = \sqrt{400+x^2} \text{ km}.$$

如果设公路的运费为 $5a$ 元/km，则铁路的运费为 $3a$ 元/km，故从 $B$ 点到 $C$ 点需要的总运费（单位：元）为

$$y = 5a \cdot CD + 3a \cdot DB = 5a\sqrt{400+x^2} + 3a(100-x) \quad (0 \leq x \leq 100).$$

由于 $y$ 对 $x$ 的导数为

$$y' = a\left(\frac{5x}{\sqrt{400+x^2}} - 3\right),$$

解方程 $y'=0$,得 $x=15$. 因此,$x=15$ 是函数 $y$ 在定义域内的唯一驻点.

由于

$$y'' = \frac{2000a}{\sqrt{(400+x^2)^3}} > 0,$$

因此可知 $x=15$ 是函数 $y$ 的极小值点,且也是函数 $y$ 的最小值点.

综上所述,中转站 $D$ 建于与 $A$ 相距 15 km 处时,运费最省.

### ■■■ 小结 ■■■

> 本节我们以导数为工具,给出了判定函数单调性、函数极值及函数最大值和最小值的既简便又具有一般性的方法. 对于函数的单调区间和函数的极值,我们通常可以采用列表法及判断各个区间内导数的符号来解决;对于具有二阶导数的驻点,我们还可以通过二阶导数的符号来判别其是否为极值点. 最大值和最小值是实际应用中一类非常重要的问题,本节我们主要介绍了闭区间上连续函数及具有唯一极值点这两类典型情形下最值的求法. 另外,还可应用单调性证明不等式.

### ■■■ 应用导学 ■■■

> 在求实际问题中的最值时,关键是建立正确的数学模型,然后求出在其有意义的区间内的驻点. 一般情况下,驻点都是唯一的,在驻点处取得的极大值(或极小值)就是所要求的最大值(或最小值).

**习题 3-3**

**1.** 证明:函数 $f(x) = x - \arctan x$ 在 $(-\infty, +\infty)$ 上单调增加.

**2.** 求下列函数的单调区间:

(1) $y = \frac{2}{3}x^3 - x^2 - 4x + 5$;

(2) $y = x - \frac{3}{2}x^{\frac{2}{3}}$;

(3) $y = \ln(x + \sqrt{1+x^2})$;

(4) $y = (x-1)(x+1)^3$;

(5) $y = \frac{x^2-1}{x}$;

(6) $y = \sqrt{2x - x^2}$.

**3.** 证明下列不等式:

(1) 当 $x > 0$ 时,$\ln(1+x) > x - \frac{1}{2}x^2$;

(2) 当 $x > 0$ 时,$1 + \frac{1}{2}x > \sqrt{1+x}$;

(3) 当 $x > 0$ 时,$(1+x)\ln(1+x) > \arctan x$;

(4) 当 $0 < x < \dfrac{\pi}{3}$ 时,$\tan x > x - \dfrac{x^3}{3}$.

**4.** 求下列函数的极值:

(1) $y = 2x^3 - x^4$;

(2) $y = x - \ln(1+x)$;

(3) $y = \dfrac{\ln^2 x}{x}$;

(4) $y = x + \sqrt{1-x}$;

(5) $y = 3 - 2\sqrt[3]{x+1}$;

(6) $y = e^x \cos x$.

**5.** 求下列函数的最大值与最小值:

(1) $y = 2x^3 - 3x^2, -1 \leqslant x \leqslant 4$;

(2) $y = x + \sqrt{1-x}, -3 \leqslant x \leqslant 1$;

(3) $y = \sin x + \cos x, 0 \leqslant x \leqslant 2\pi$.

**6.** 要用铁皮做一个容积为 $V$ 的带盖圆柱形牛奶筒,问底圆半径为何值时用料最省?这时底圆直径与高的比是多少?

**7.** 把长为 $l$ 的一块塑料布剪成相等的两块,靠墙围成一个门宽为 $a$ 的矩形菜场(见图 3-14).问每块塑料布怎样回折,才能使围成的场地面积最大?

**8.** 用输油管把离岸 12 km 的一座油井和沿岸往下 20 km 处的炼油厂连接起来(见图 3-15).如果水下输油管的铺设成本为 5 万元/km,陆地铺设成本为 3 万元/km,如何组合水下和陆地的输油管可使得铺设费用最少?

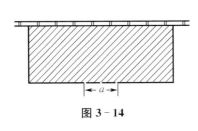

图 3-14

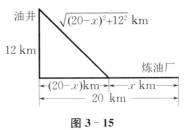

图 3-15

# 第四节　曲线的凹凸性与拐点

## 一、曲线的凹凸性

在上一节中,我们研究了函数单调性的判别法.函数的单调性反映在图形上就是曲线的上升或下降.但是曲线在上升或下降的过程中,还有一个弯曲方向的问题.首先,我们给出一个简单例子.

**引例1** 观察函数 $y=x^2$ 和 $y=\sqrt{x}$ 的图形(见图3-16). 它们在闭区间 $[0,1]$ 上的曲线弧虽然都是单调上升的,但图形却有不同的特点: $y=\sqrt{x}$ 的曲线弧 $OCB$ 是向上凸的,具体地说,曲线弧上任意两点间的弧段总在这两点连线的上方;而 $y=x^2$ 的曲线弧 $ODB$ 则相反,它是向下凸的,曲线弧上任意两点间的弧段总在这两点连线的下方.

下面我们讨论曲线的凹凸性及其判别方法.

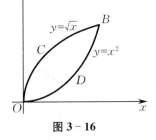

图 3-16

**定义1** 设函数 $f(x)$ 在区间 $I$ 上连续. 如果对 $I$ 上任意两点 $x_1, x_2$,都有

$$f\left(\frac{x_1+x_2}{2}\right) < \frac{f(x_1)+f(x_2)}{2}, \qquad (3-4-1)$$

则称 $f(x)$ 在 $I$ 上的图形是**凹的**(或下凸的);如果对 $I$ 上任意两点 $x_1, x_2$,都有

$$f\left(\frac{x_1+x_2}{2}\right) > \frac{f(x_1)+f(x_2)}{2}, \qquad (3-4-2)$$

则称 $f(x)$ 在 $I$ 上的图形是**凸的**(或上凸的).

例如,函数 $y=x^2$ 的图形是凹的,而函数 $y=\sqrt{x}$ 的图形是凸的. 那么,能否给出判定曲线凹凸性的一般方法呢?在上一节中,我们借助一阶导数的符号判定了可导函数的单调性. 在这一节中,如果函数 $f(x)$ 具有二阶导数,那么我们可以利用二阶导数的符号来判定曲线的凹凸性.

我们不难看出可导函数 $y=f(x)$ 具有如下的几何性质:如果它的图形是凹的,则当 $x$ 逐渐增大时,对应曲线上点的切线斜率逐渐增大,即 $f'(x)$ 是一个单调增加函数(见图3-17);如果它的图形是凸的,则当 $x$ 逐渐增大时,对应曲线上点的切线斜率逐渐减小,即 $f'(x)$ 是一个单调减少函数(见图3-18).

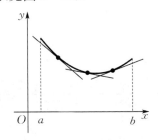

图 3-17

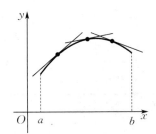

图 3-18

结合函数单调性的判定定理,我们可得到下面的曲线凹凸性的判定定理.

**定理1** 设函数 $f(x)$ 在区间 $I$ 上具有一阶和二阶导数.
(1) 如果在 $I$ 上 $f''(x) > 0$,则 $f(x)$ 在区间 $I$ 上的图形是凹的;
(2) 如果在 $I$ 上 $f''(x) < 0$,则 $f(x)$ 在区间 $I$ 上的图形是凸的.

证明从略.

**例1** 判定曲线 $y=\ln x$ 的凹凸性.

**解** 因为 $y'=\dfrac{1}{x}, y''=-\dfrac{1}{x^2}$,所以函数 $y=\ln x$ 在其定义域 $(0,+\infty)$ 内都有 $y''<0$. 由定理1可知,曲线 $y=\ln x$ 为凸的.

## 二、拐点

我们看下面一个简单例子.

**引例 2** 函数 $y=x^3$ 在 $(-\infty,+\infty)$ 上连续,且 $y'=3x^2$, $y''=6x$. 当 $x<0$ 时, $y''<0$,则由定理 1 可知曲线 $y=x^3$ 在 $(-\infty,0)$ 上为凸的;当 $x>0$ 时,$y''>0$,则由定理 1 可知曲线 $y=x^3$ 在 $(0,+\infty)$ 上为凹的(见图 3-19).

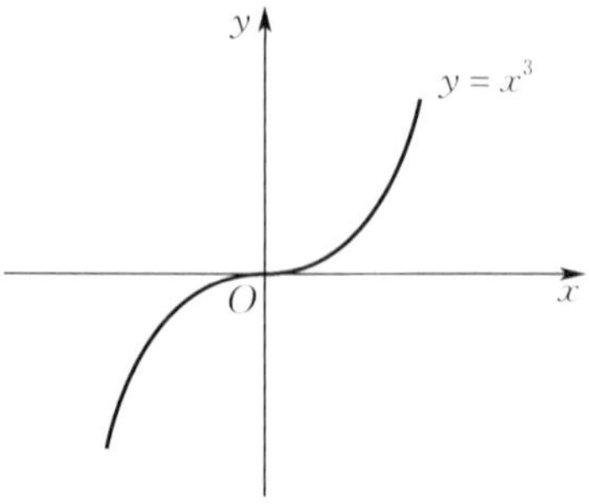

注意到,引例 2 中点 $(0,0)$ 是使曲线由凸变凹的分界点. 此类分界点称为曲线的拐点. 一般地,我们有以下定义.

**定义 2** 连续曲线上凸弧与凹弧的分界点称为曲线的**拐点**.

图 3-19

如何来寻找曲线 $y=f(x)$ 的拐点呢? 根据定理 1,我们可以利用二阶导数 $f''(x)$ 来判定曲线的凹凸性. 因此,如果 $f''(x)$ 在点 $x_0$ 的左、右两侧邻近处异号,则点 $(x_0,f(x_0))$ 就是曲线 $y=f(x)$ 的一个拐点. 所以要寻找曲线 $y=f(x)$ 的拐点,只要找出使 $f''(x)$ 符号发生变化的分界点即可. 可以验证,如果函数 $f(x)$ 在区间 $I$ 内具有二阶连续导数,则在拐点处必有 $f''(x)=0$;此外,拐点也可能出现在二阶导数不存在的点处. 综上分析,我们可以依照以下步骤求曲线 $y=f(x)$ 的凹凸区间及拐点:

(1) 确定函数 $f(x)$ 的定义域,并求出其二阶导数 $f''(x)$;

(2) 令 $f''(x)=0$,解出方程的所有实根,并求出所有二阶导数不存在的点;

(3) 对于步骤(2)中求出的每一个点,判断其左、右两侧邻近处 $f''(x)$ 的符号,确定曲线的凹凸区间及拐点.

**例 2** 求曲线 $y=x^4-2x^3+1$ 的凹凸区间和拐点.

**解** 函数 $y=x^4-2x^3+1$ 的定义域为 $(-\infty,+\infty)$,且

$$y'=4x^3-6x^2, \quad y''=12x^2-12x=12x(x-1).$$

令 $y''=0$,解得 $x_1=0, x_2=1$. 列表讨论,如表 3-5 所示.

表 3-5

| $x$ | $(-\infty,0)$ | $0$ | $(0,1)$ | $1$ | $(1,+\infty)$ |
| --- | --- | --- | --- | --- | --- |
| $y''$ | $+$ | $0$ | $-$ | $0$ | $+$ |
| $y$ | 凹 | 拐点$(0,1)$ | 凸 | 拐点$(1,0)$ | 凹 |

所以,曲线的凹区间为 $(-\infty,0)$ 和 $(1,+\infty)$,凸区间为 $(0,1)$,拐点为 $(0,1)$ 和 $(1,0)$.

**例 3** 求曲线 $y=\sqrt[3]{x}$ 的凹凸区间和拐点.

**解** 函数 $y=\sqrt[3]{x}$ 的定义域为 $(-\infty,+\infty)$,且当 $x\neq 0$ 时,有

$$y'=\frac{1}{3\sqrt[3]{x^2}}, \quad y''=-\frac{2}{9\sqrt[3]{x^5}};$$

当 $x=0$ 时,$y', y''$ 均不存在. 列表讨论,如表 3-6 所示.

表 3-6

| $x$ | $(-\infty, 0)$ | 0 | $(0, +\infty)$ |
|---|---|---|---|
| $y''$ | + | 不存在 | − |
| $y$ | 凹 | 拐点$(0,0)$ | 凸 |

所以，曲线的凹区间为$(-\infty, 0)$，凸区间为$(0, +\infty)$，拐点为$(0,0)$.

■■■ 小结 ■■■

本节我们讨论了曲线的弯曲方向，即函数图形的凹凸性. 我们以导数为工具，给出了曲线凹凸性及拐点的一般性判定方法：采用列表法判断各个区间内二阶导数的符号.

■■■ 应用导学 ■■■

在证券交易中，投资者的目标无疑是低买高卖. 但是，这种对股票时机的把握是难以捉摸的，因为我们不可能准确地预测股市的趋势. 拐点为投资者提供了在逆转趋势发生之前预测它的方法. 拐点的出现标志着函数增长率的根本改变，在拐点或接近拐点的价位进行股票的买卖操作，可有效地降低因股市的浮动给投资者带来的风险.

**习题 3-4**

1. 证明：当 $x \neq y$ 时，$\dfrac{e^x + e^y}{2} > e^{\frac{x+y}{2}}$.

2. 求下列曲线的凹凸区间和拐点：

   (1) $y = 2x^3 - 3x^2 - 36x + 25$；　　(2) $y = x + \dfrac{1}{x}$；

   (3) $y = \ln(x^2 + 1)$；　　(4) $y = |1 + \sin x|$，$\pi \leqslant x \leqslant 2\pi$；

   (5) $y = \dfrac{x^2}{1+x}$；　　(6) $y = xe^{-x}$.

3. 问：当 $a, b$ 为何值时，$(1, 3)$ 为曲线 $y = ax^3 + bx^2$ 的拐点？

# 第五节　函数图形的描绘

在实践应用中，当遇到的函数难以用代数的方法研究其变化特性时，往往需要绘制该函数的图形，直观地进行定性研究.

在中学里，我们主要依赖描点作图法画出一些简单函数的图形. 但是对于较复杂的函数，这样做不但计算量大,而且得到的图形比较粗糙,无法确切反映函数的性态(如单调区间、极值点、凹凸性、拐点等).在这一节,我们将综合运用本章前几节学过的知识,简单介绍如何利用导数作出函数的图形.

## 一、曲线的渐近线

由平面解析几何知道,双曲线 $\dfrac{x^2}{a^2}-\dfrac{y^2}{b^2}=1$ 有两条渐近线 $\dfrac{x}{a}\pm\dfrac{y}{b}=0$(见图 3-20).

一般地,我们可以应用函数的极限,讨论曲线的渐近线定义如下.

- **定义 1**　如果曲线 $C$ 上的动点 $P$ 沿曲线趋于无穷远时,该点与某条定直线 $L$ 的距离趋于零,则称直线 $L$ 为曲线 $C$ 的**渐近线**(见图 3-21).

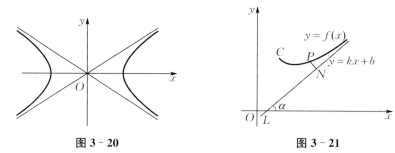

图 3-20　　　　　图 3-21

依据渐近线的位置,可分为水平渐近线、垂直渐近线和斜渐近线三种.

**1. 水平渐近线**

如果函数 $y=f(x)$ 的定义域为一个无限区间,并且满足
$$\lim_{x\to\infty}f(x)=C\quad(\text{或}\lim_{x\to+\infty}f(x)=C,\ \lim_{x\to-\infty}f(x)=C),$$
则称直线 $y=C$ 为曲线 $y=f(x)$ 的一条**水平渐近线**.

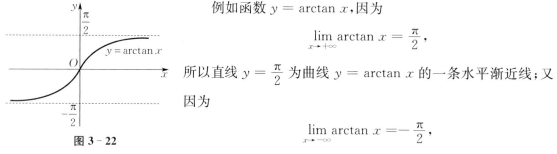

例如函数 $y=\arctan x$,因为
$$\lim_{x\to+\infty}\arctan x=\dfrac{\pi}{2},$$
所以直线 $y=\dfrac{\pi}{2}$ 为曲线 $y=\arctan x$ 的一条水平渐近线;又因为
$$\lim_{x\to-\infty}\arctan x=-\dfrac{\pi}{2},$$

图 3-22

所以直线 $y=-\dfrac{\pi}{2}$ 为曲线 $y=\arctan x$ 的另一条水平渐近线(见图 3-22).

**2. 垂直渐近线**

如果函数 $y=f(x)$ 在点 $x_0$ 处间断,并且满足
$$\lim_{x\to x_0^+}f(x)=\infty\quad(\text{或}\lim_{x\to x_0^-}f(x)=\infty),$$
则称直线 $x=x_0$ 为曲线 $y=f(x)$ 的一条**垂直渐近线**.

例如函数 $y=\dfrac{1}{x}$,因为

$$\lim_{x\to\infty}\frac{1}{x}=0,$$

所以直线 $y=0$（$x$ 轴）是双曲线 $y=\frac{1}{x}$ 的一条水平渐近线；又因为 $x=0$ 为函数的一个间断点，且

$$\lim_{x\to 0}\frac{1}{x}=\infty,$$

所以直线 $x=0$（$y$ 轴）是双曲线 $y=\frac{1}{x}$ 的一条垂直渐近线（见图 3-23）.

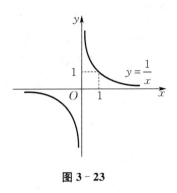

图 3-23

### 3. 斜渐近线

如果函数 $y=f(x)$ 满足

$$\lim_{x\to\infty}[f(x)-(ax+b)]=0,$$

则我们可以验证直线 $y=ax+b$ 为曲线 $y=f(x)$ 的一条渐近线，并且

$$a=\lim_{x\to\infty}\frac{f(x)}{x},\quad b=\lim_{x\to\infty}[f(x)-ax].$$

如果 $a\neq 0$，则称直线 $y=ax+b$ 为曲线 $y=f(x)$ 的一条**斜渐近线**.

**例 1** 求曲线 $f(x)=\dfrac{x^3}{x^2+2x-3}$ 的渐近线.

**解** $f(x)=\dfrac{x^3}{x^2+2x-3}=\dfrac{x^3}{(x-1)(x+3)}$. 因为

$$\lim_{x\to -3}f(x)=\infty,\quad \lim_{x\to 1}f(x)=\infty,$$

所以直线 $x=-3$ 和 $x=1$ 为曲线的两条垂直渐近线；又因为

$$\lim_{x\to\infty}\frac{f(x)}{x}=\lim_{x\to\infty}\frac{x^3}{x^3+2x^2-3x}=1,$$

$$\lim_{x\to\infty}[f(x)-x]=\lim_{x\to\infty}\left(\frac{x^3}{x^2+2x-3}-x\right)$$

$$=\lim_{x\to\infty}\frac{3x-2x^2}{x^2+2x-3}=-2,$$

所以直线 $y=x-2$ 为曲线的一条斜渐近线（见图 3-24）.

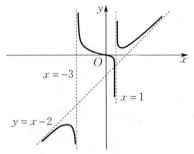

图 3-24

## 二、函数图形的描绘

现在，随着计算机技术的快速发展，借助于计算机和许多数学软件（如 MATLAB），可以非常方便地画出各种函数的图形. 但是，如何识别机器作图中的误差，如何掌握图形上的关键点，如何选择作图的范围等，从而进行人工干预，仍然需要我们有运用微分学的方法描绘函数图形的基本知识.

一般地，我们利用导数描绘函数 $y=f(x)$ 的图形的一般步骤如下：

（1）确定函数的定义域，并求出函数的一阶导数 $f'(x)$ 和二阶导数 $f''(x)$；
（2）考察函数的基本特性，如奇偶性、周期性、有界性；

(3) 求函数图形的某些特殊点,如与两个坐标轴的交点、间断点、不可导点等;
(4) 确定函数的单调区间、极值点、函数图形的凹凸区间及拐点;
(5) 确定函数图形的渐近线;
(6) 综合以上讨论结果画出函数图形.

**例 2** 描绘函数 $y = (x+6)e^{\frac{1}{x}}$ 的图形.

**解** (1) 函数的定义域为 $(-\infty, 0) \cup (0, +\infty)$,且

$$y' = \frac{x^2 - x - 6}{x^2}e^{\frac{1}{x}}, \quad y'' = \frac{13x+6}{x^4}e^{\frac{1}{x}}.$$

(2) 由 $y'=0$,解得驻点 $x_1=-2, x_2=3$;由 $y''=0$,解得 $x_3=-\frac{6}{13}$. 导数不存在的点为 $x_4=0$. 列表讨论函数的单调区间、极值点、函数图形的凹凸区间及拐点,如表 3-7 所示.

表 3-7

| $x$ | $(-\infty,-2)$ | $-2$ | $\left(-2,-\frac{6}{13}\right)$ | $-\frac{6}{13}$ | $\left(-\frac{6}{13},0\right)$ | $0$ | $(0,3)$ | $3$ | $(3,+\infty)$ |
|---|---|---|---|---|---|---|---|---|---|
| $y'$ | $+$ | $0$ | $-$ |  | $-$ |  | $-$ | $0$ | $+$ |
| $y''$ | $-$ | $-$ | $-$ | $0$ | $+$ |  | $+$ | $+$ | $+$ |
| $y$ | ↗,凸 | 极大值 | ↘,凸 | 拐点 | ↘,凹 | 无 | ↘,凹 | 极小值 | ↗,凹 |

(3) 极大值为 $y(-2)=\frac{4}{\sqrt{e}}$,极小值为 $y(3)=9\sqrt[3]{e}$,拐点为 $\left(-\frac{6}{13},\frac{72}{13}e^{-\frac{13}{6}}\right)$;曲线与 $x$ 轴的交点为 $(-6,0)$,当 $x\to 0^-$ 时,曲线趋于原点.

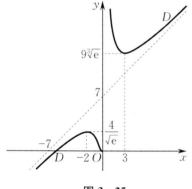

图 3-25

(4) 因为
$$\lim_{x\to 0^+}y = \lim_{x\to 0^+}(x+6)e^{\frac{1}{x}} = +\infty,$$
所以直线 $x=0$ 为曲线的垂直渐近线.

又因为
$$\lim_{x\to\infty}\frac{f(x)}{x} = \lim_{x\to\infty}\frac{(x+6)e^{\frac{1}{x}}}{x} = 1,$$
$$\lim_{x\to\infty}[f(x)-x] = \lim_{x\to\infty}[(x+6)e^{\frac{1}{x}}-x] = 7,$$
所以直线 $y=x+7$ 为曲线的斜渐近线.

(5) 根据以上讨论,可描绘出函数的图形(见图 3-25).

### ■■■■ 小结 ■■■■

本节我们通过综合运用前面几节学过的知识(例如,借助一阶导数确定函数的单调性和极值;借助二阶导数确定曲线的凹凸性及拐点等),给出了如何利用导数描绘函数图形的方法与步骤.

**习题 3-5**

**1.** 求下列曲线的渐近线：

(1) $y = e^{-\frac{1}{x}}$；  (2) $y = x\sin\frac{1}{x}$；

(3) $y = \dfrac{3x^3 + 4}{x^2 - 2x}$.

**2.** 按函数作图步骤，描绘下列函数的图形：

(1) $y = x^3 + 6x^2 - 15x - 20$；  (2) $y = \dfrac{x}{1+x^2}$；

(3) $y = \dfrac{x^3}{(x-1)^2}$.

# 第六节　导数在经济学中的应用

## 一、经济学中的导数：边际与弹性

### 1. 边际分析

在经济学中，常常运用平均和边际这两个概念来描述一个经济变量相对于另一个经济变量的变化率. 平均变化率表示函数增量与自变量增量之比，例如，我们常用到年产量的平均变化率、成本的平均变化率和利润的平均变化率等. 而边际变化率表示自变量增量趋于零时平均变化率的极限，即当自变量在某定值附近发生微小变化时，相应经济函数的瞬时变化.

设函数 $y = f(x)$ 在点 $x_0$ 处可导，函数增量与自变量增量的比值

$$\frac{\Delta y}{\Delta x} = \frac{f(x_0 + \Delta x) - f(x_0)}{\Delta x}$$

表示 $f(x)$ 由 $x_0$ 变到 $x_0 + \Delta x$ 的平均变化率，而函数 $f(x)$ 的导数

$$f'(x_0) = \lim_{\Delta x \to 0} \frac{f(x_0 + \Delta x) - f(x_0)}{\Delta x}$$

表示 $f(x)$ 在点 $x_0$ 处的边际变化率，在经济学中，通常称其为边际函数值.

• **定义 1**　设经济函数 $y = f(x)$ 可导，则称导数 $f'(x)$ 为 $f(x)$ 的**边际函数**，而称 $f'(x_0)$ 为 $f(x)$ 在点 $x_0$ 处的**边际函数值**.

如何理解边际函数值呢？当函数 $y = f(x)$ 的自变量 $x$ 在点 $x_0$ 处改变 1 单位($\Delta x = 1$)时，函数的增量为 $\Delta y = f(x_0 + 1) - f(x_0)$. 而当 $x$ 改变的"单位"很小时，则由微分的应用可知，$\Delta y$ 有近似表达式

$$\Delta y = f(x_0+1) - f(x_0) \approx f'(x_0).$$

这说明当自变量在点 $x_0$ 处产生 1 单位的改变时,函数的增量 $\Delta y$ 可近似地用 $f'(x_0)$ 来表示. 在经济学中,解释边际函数值的具体意义时我们通常省略"近似"二字. 例如,设函数 $y = 1\,000 - 5x$,则在点 $x=10$ 处的边际函数值为 $y'\big|_{x=10} = -5$,它表示当 $x = 10$ 时,自变量 $x$ 改变 1 单位,函数值 $y$ 将减少 5 单位.

下面我们介绍几个常见的边际函数:

(1) **边际成本**:设某产品关于产量 $x$ 的成本函数为 $C = C(x)$,则它关于产量 $x$ 的导数 $C'(x)$ 称为**边际成本**,它表示在一定的生产水平下,再多生产 1 单位产品所产生的成本.

(2) **边际收入**:设某产品关于销售量 $x$ 的收入函数为 $R = R(x)$,则它关于销售量 $x$ 的导数 $R'(x)$ 称为**边际收入**,它表示在原有销售量前提下,再多销售 1 单位产品所产生的收入.

(3) **边际利润**:设某产品关于销售量 $x$ 的利润函数为 $L = L(x)$,则它关于销售量 $x$ 的导数 $L'(x)$ 称为**边际利润**,它表示在原有销售量前提下,再多销售 1 单位产品所产生的利润. 由于 $L = R - C$,根据导数的四则运算法则可知

$$L'(x) = R'(x) - C'(x),$$

即边际利润为边际收入与边际成本之差.

**例 1** 设某产品的生产成本 $C$(单位:元)与产量 $x$(单位:台)的函数为

$$C(x) = 1\,000 + 7x + 50\sqrt{x}.$$

求:

(1) 产量为 100 台时的成本;

(2) 产量为 100 台时的平均成本;

(3) 产量从 100 台增加到 225 台时,成本的平均变化率;

(4) 当第 100 台生产出来时的边际成本.

**解** (1) 产量为 100 台时的成本为

$$C(100) = 1\,000 + 7 \times 100 + 50 \times \sqrt{100} = 2\,200(\text{元}).$$

(2) 产量为 100 台时的平均成本为

$$\overline{C}(100) = \frac{C(100)}{100} = \frac{2\,200}{100} = 22(\text{元}/\text{台}).$$

(3) 产量从 100 台增加到 225 台时,成本的平均变化率为

$$\frac{\Delta C}{\Delta x} = \frac{C(225) - C(100)}{225 - 100} = \frac{3\,325 - 2\,200}{125} = 9(\text{元}/\text{台}).$$

(4) 边际成本(单位:元/台)为 $C'(x) = 7 + \dfrac{25}{\sqrt{x}}$,所以当第 100 台生产出来时的边际成本为

$$C'(100) = 7 + \frac{25}{\sqrt{100}} = 9.5(\text{元}/\text{台}),$$

它表示当产量为 100 台时,再多生产一台产品所增加的成本为 9.5 元.

**例 2**  设成本关于产量 $x$ 的函数为 $C(x) = 400 + 3x + \dfrac{1}{2}x^2$,价格 $p$ 关于需求量 $x$ 的函数为 $p = \dfrac{100}{\sqrt{x}}$. 求边际成本、边际收入及边际利润.

**解**  由边际成本的定义知,边际成本为
$$C'(x) = 3 + x.$$
又因收入函数为 $R(x) = px = \dfrac{100}{\sqrt{x}} \cdot x = 100\sqrt{x}$,于是边际收入为
$$R'(x) = \dfrac{50}{\sqrt{x}},$$
从而边际利润为
$$L'(x) = R'(x) - C'(x) = \dfrac{50}{\sqrt{x}} - 3 - x.$$

**2. 弹性分析**

在边际分析中所研究的是函数的绝对改变量与绝对变化率. 然而,我们在实践运用过程中发现,仅仅研究函数的绝对变化是不够的. 例如,产品甲每单位价格 10 元,涨价 1 元;产品乙每单位价格 1 000 元,也涨价 1 元. 两种产品价格的绝对改变量都是 1 元,但各与其原价相比,两者涨价的百分比却有很大的不同,产品甲涨价了 10%,而产品乙涨价了 0.1%. 因此,经济学中常需研究一个变量相对于另一个变量的相对变化情况. 为此我们引入弹性的定义.

**·定义 2**  设函数 $y = f(x)$ 可导,称函数的相对改变量
$$\dfrac{\Delta y}{y} = \dfrac{f(x + \Delta x) - f(x)}{f(x)}$$
与自变量的相对改变量 $\dfrac{\Delta x}{x}$ 之比
$$\dfrac{\Delta y/y}{\Delta x/x} = \dfrac{\Delta y}{\Delta x} \cdot \dfrac{x}{y} = \dfrac{f(x + \Delta x) - f(x)}{\Delta x} \cdot \dfrac{x}{f(x)}$$
为函数 $f(x)$ 在 $x$ 与 $x + \Delta x$ **两点间的弹性**,或称为两点间的**平均相对变化率**. 当 $\Delta x \to 0$ 时,称 $\dfrac{\Delta y/y}{\Delta x/x}$ 的极限为 $f(x)$ 在点 $x$ 处的**弹性**,也称**相对变化率**,记作 $\dfrac{Ey}{Ex}$,即
$$\dfrac{Ey}{Ex} = \lim_{\Delta x \to 0} \dfrac{\Delta y/y}{\Delta x/x} = \lim_{\Delta x \to 0} \left(\dfrac{\Delta y}{\Delta x} \cdot \dfrac{x}{y}\right) = y' \dfrac{x}{y} = f'(x) \dfrac{x}{f(x)}.$$

如何理解弹性呢? 函数 $f(x)$ 在点 $x$ 处的弹性 $\dfrac{Ey}{Ex}$ 反映了随着 $x$ 的变化 $f(x)$ 变化幅度的大小,即 $f(x)$ 对 $x$ 变化反应的强烈程度或灵敏度. 数值 $\dfrac{Ef(x)}{Ex}$ 表示在点 $x$ 处,当 $x$ 产生 1% 的改变时,函数 $f(x)$ 近似改变 $\dfrac{Ef(x)}{Ex}$%. 在应用过程中解释弹性的具体意义时,我们通常略去"近似"二字.

**例 3**  求函数 $y = 3 + 2x$ 在点 $x = 3$ 处的弹性.

**解** 由 $y' = 2$,得
$$\frac{Ey}{Ex} = y' \frac{x}{y} = \frac{2x}{3+2x}, \quad \frac{Ey}{Ex}\bigg|_{x=3} = \frac{2 \times 3}{3+2 \times 3} = \frac{2}{3} \approx 0.67.$$
它表示在点 $x=3$ 处,当 $x$ 产生 $1\%$ 的改变时,函数值 $y$ 将改变 $0.67\%$.

下面我们介绍几个常见的弹性函数:

(1) **需求弹性**:需求弹性是刻画当产品价格变化时需求变化的强弱. 设需求函数为 $Q = Q(p)$,其中 $p$ 表示产品的价格. 于是,该产品在价格为 $p$ 时的需求弹性可定义为
$$\eta = \eta(p) = -\lim_{\Delta p \to 0} \frac{\Delta Q/Q}{\Delta p/p} = -\lim_{\Delta p \to 0}\left(\frac{\Delta Q}{\Delta p} \cdot \frac{p}{Q}\right) = -p\frac{Q'(p)}{Q(p)},$$
它表示产品的价格为 $p$ 时,价格变化 $1\%$ 时,需求量将变化 $\eta\%$.

**注** 一般地,需求函数为价格的单调减少函数,需求量随价格的上涨而减少,即当 $\Delta p > 0$ 时,$\Delta Q < 0$,故为了用正值表示需求弹性,需要在弹性定义中加入负号.

(2) **供给弹性**:设供给函数为 $S = S(p)$,其中 $S$ 表示供给量,$p$ 表示产品的价格. 一般地,产品的供给函数为价格的单调增加函数. 于是,该产品在价格为 $p$ 时的供给弹性可定义为
$$\varepsilon = \varepsilon(p) = \lim_{\Delta p \to 0}\frac{\Delta S/S}{\Delta p/p} = \lim_{\Delta p \to 0}\left(\frac{\Delta S}{\Delta p} \cdot \frac{p}{S}\right) = p\frac{S'(p)}{S(p)}.$$

**例 4** 设某产品的需求函数为 $Q = \mathrm{e}^{-\frac{p}{5}}$,其中 $p$ 为价格.

(1) 求需求弹性 $\eta(p)$;

(2) 当该产品的价格为 $p = 10$ 元 / 单位时,再上涨 $1\%$,该产品需求量的变化情况如何?

**解** (1) 需求弹性为
$$\eta(p) = -p\frac{Q'(p)}{Q(p)} = -p\frac{-\frac{1}{5}\mathrm{e}^{-\frac{p}{5}}}{\mathrm{e}^{-\frac{p}{5}}} = \frac{p}{5}.$$

(2) 当该产品的价格为 $p = 10$ 元 / 单位时,
$$\eta(10) = \frac{10}{5} = 2,$$
它表示当该产品的价格为 $p = 10$ 元 / 单位时,若价格再上涨 $1\%$,该产品需求量将减少 $2\%$.

## 二、平均成本最小化问题

**例 5** 设成本函数为 $C(x) = 54 + 18x + 6x^2$,其中 $x$ 为产量,求最低平均成本和对应产量的边际成本.

**解** 平均成本函数为
$$\overline{C}(x) = \frac{C(x)}{x} = \frac{54}{x} + 18 + 6x \quad (x > 0).$$

令 $\overline{C}'(x) = -\frac{54}{x^2} + 6 = 0$,解得唯一驻点 $x = 3$. 由于 $\overline{C}''(3) = \frac{108}{x^3}\bigg|_{x=3} = 4 > 0$,故 $x = 3$ 是平均成本函数 $\overline{C}(x)$ 的极小值点,也是最小值点. 因此,当产量为 $3$ 时,平均成本最低,其最低成本为

$$\overline{C}(3) = \frac{54}{3} + 18 + 6 \times 3 = 54,$$

对应产量的边际成本为

$$C'(3) = 18 + 12x \bigg|_{x=3} = 54.$$

现在一般性地考察平均成本的最小化问题. 设成本函数为 $C = C(x)$, 其中 $x$ 为产量, 则平均成本函数为

$$\overline{C}(x) = \frac{C(x)}{x} \quad (x > 0).$$

一个典型的平均成本函数的图形如图 3-26 所示. 根据观察, 平均成本函数具有唯一的极小值. 又由

$$\overline{C}'(x) = \frac{xC'(x) - C(x)}{x^2} = 0,$$

得

$$C'(x) = \frac{C(x)}{x} = \overline{C}(x).$$

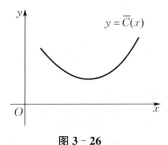

图 3-26

综上所述, 有下面的定理.

**定理 1** 当边际成本等于平均成本, 即

$$C'(x) = \overline{C}(x)$$

时, 平均成本达到最小.

## 三、利润最大化问题

**例 6** 设某工厂销售 $x$ 件产品时的价格(单位: 元/件)为 $p = 150 - 0.5x$, 同时生产 $x$ 件产品的成本(单位: 元)为 $C(x) = 4\,000 + 0.25x^2$.

(1) 求收入函数 $R(x)$ 及利润函数 $L(x)$;

(2) 销售多少件产品时利润达到最大? 最大利润为多少?

(3) 为使利润达到最大, 产品的价格应定为多少?

**解** (1) 收入函数(单位: 元)为

$$R(x) = px = (150 - 0.5x)x = 150x - 0.5x^2,$$

利润函数(单位: 元)为

$$L(x) = R(x) - C(x) = (150x - 0.5x^2) - (4\,000 + 0.25x^2)$$
$$= -0.75x^2 + 150x - 4\,000.$$

(2) 令 $L'(x) = -1.5x + 150 = 0$, 解得唯一驻点 $x = 100$. 由于 $L''(100) = -1.5 < 0$, 故 $x = 100$ 为利润函数的极大值点, 也是最大值点. 因此, 当销售 100 件产品时, 利润达到最大, 且最大利润为

$$L(100) = -0.75 \times 100^2 + 150 \times 100 - 4\,000 = 3\,500(元).$$

(3) 实现最大利润时的产品价格应定为 $p = 150 - 0.5 \times 100 = 100$(元/件).

现在一般性地考察利润最大化问题. 设收入函数为 $R = R(x)$, 如 $R = px$, 其中 $p$ 为产品

的价格，$x$ 为销售量，成本函数为 $C = C(x)$，则利润函数为 $L = R - C = R(x) - C(x)$.

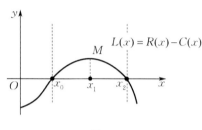

图 3-27

一个典型的利润函数的图形如图 3-27 所示. 根据观察，当产量过低 $(x < x_0)$ 时将会出现亏损，这是由于固定成本或初始成本高于收入. 另外，当产量过高 $(x > x_2)$ 时也会出现亏损，这是由于边际成本高于边际收入，即成本的增长速度高于收入的增长速度.

产量在 $x_0$ 和 $x_2$ 之间时，生产者或销售者将获得盈利. 注意到，最大利润将出现在它们之间的某个点 $x_1$ 处. 如果利润函数 $L(x) = R(x) - C(x)$ 二阶可导，则最大利润出现在使得
$$L'(x) = R'(x) - C'(x) = 0 \quad \text{且} \quad L''(x) = R''(x) - C''(x) < 0$$
的某个产量 $x$ 处.

综上所述，有下面的定理.

○ 定理 2  当边际收入等于边际成本且边际收入的变化率小于边际成本的变化率，即
$$R'(x) = C'(x) \quad \text{且} \quad R''(x) < C''(x)$$
时，可以达到最大利润.

## 四、需求弹性与收入的关系

收入 $R$ 是产品价格 $p$ 与需求量 $Q$ 的乘积，即
$$R = pQ = pQ(p).$$
由
$$R' = Q(p) + pQ'(p) = Q(p)\left[1 + Q'(p)\frac{p}{Q(p)}\right] = Q(p)(1 - \eta)$$
可知：

(1) 若 $\eta < 1$，则需求变化的幅度小于价格变化的幅度. 此时，$R' > 0$，$R$ 单调增加，即价格上涨，收入增加；价格下跌，收入减少.

(2) 若 $\eta > 1$，则需求变化的幅度大于价格变化的幅度. 此时，$R' < 0$，$R$ 单调减少，即价格上涨，收入减少；价格下跌，收入增加.

(3) 若 $\eta = 1$，则需求变化的幅度等于价格变化的幅度. 此时，$R' = 0$，即收入 $R$ 不随价格的变化而变化，且取得最大值.

综上所述，收入的变化受需求弹性的制约，并随产品需求弹性的变化而变化，其关系如图 3-28 所示.

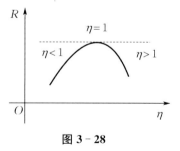

图 3-28

例 7  设某产品需求函数为
$$Q = Q(p) = 12 - \frac{p}{2}.$$

(1) 求需求弹性函数；

(2) 求 $p=6$ 时的需求弹性;

(3) 在 $p=6$ 时,若价格上涨 $1\%$,收入增加还是减少?收入将变化百分之几?

(4) $p$ 为何值时,收入最大?最大的收入是多少?

(5) 用弹性说明价格 $p$ 在何范围内变化时,降低价格反而使收入增加.

**解** (1) 需求弹性函数为

$$\eta(p) = -p\frac{Q'(p)}{Q} = -p \cdot \frac{-\frac{1}{2}}{12-\frac{p}{2}} = \frac{p}{24-p}.$$

(2) 当 $p=6$ 时,有

$$\eta(6) = \frac{6}{24-6} = \frac{1}{3}.$$

(3) 当 $p=6$ 时,$\eta(6) = \frac{1}{3} < 1$,这表明价格上涨时,收入增加.

下面求价格上涨 $1\%$ 时,收入上涨的百分比,即求收入 $R$ 的弹性:

$$\frac{ER}{Ep} = R' \cdot \frac{p}{R} = Q(p)(1-\eta) \cdot \frac{p}{pQ(p)} = 1-\eta.$$

当 $p=6$ 时,$\left.\frac{ER}{Ep}\right|_{p=6} = 1 - \frac{1}{3} = \frac{2}{3} \approx 0.67$,这表明价格上涨 $1\%$ 时,收入约上涨 $0.67\%$.

(4) 收入函数为

$$R(p) = pQ(p) = 12p - \frac{p^2}{2}.$$

令 $R'(p) = 12-p = 0$,得 $p=12$.又 $R''(p) = -1 < 0$,所以 $p=12$ 为 $R(p)$ 的极大值点,也是最大值点,即当 $p=12$ 时,收入最大.此时,收入为

$$R(12) = 12 \times 12 - \frac{12^2}{2} = 72.$$

(5) 当 $\eta > 1$ 时,降低价格反而使收入增加.令 $\eta > 1$,即

$$\frac{p}{24-p} > 1,$$

解得 $12 < p < 24$.故当 $12 < p < 24$ 时,降低价格反而使收入增加.

### ■■■■ 小结 ■■■■

本节我们简单介绍了导数在经济学中的应用:(1) 边际成本、边际收入、边际利润;(2) 需求弹性、供给弹性;(3) 需求弹性与收入的关系.

▆▆▆▆ 应用导学 ▆▆▆▆

> 在经济学中,边际函数为经济函数的导数,它表示经济变量改变1单位时,相应经济函数的改变量.弹性是经济学中用于定量描述经济函数对经济变量变化的反应程度,它表示当经济变量改变1%时,相应经济函数改变的百分比.借助于边际函数及弹性,我们可以讨论经济学中的最优化条件,例如平均成本最小化、利润最大化及收入的变化等.

**习题 3-6**

**1.** 某公司生产某产品每天的成本函数(单位:元)为 $C(x)=2\,000+450x+0.02x^2$,如果每件产品的销售价格为 490 元.求:(1) 边际成本函数;(2) 利润函数及边际利润函数;(3) 边际利润为 0 时的产量.

**2.** 设某产品的需求函数为 $Q=400-100p$,求 $p=1,2,3$ 时的需求弹性.

**3.** 设某厂每天生产某种产品 $Q$ 单位时的成本函数为 $C(Q)=0.5Q^2+36Q+9\,800$.问:每天生产多少单位该种产品时,其平均成本最低?

**4.** 设生产某种产品的固定成本为 10 000 元,变动成本与产品日产量 $x$(单位:吨)的立方成正比.已知日产量为 20 吨时,成本为 10 320 元,问:日产量为多少吨时,能使平均成本最低?并求最低平均成本(假定日最高产量为 100 吨).

**5.** 某厂商销售 $x$ 台产品时的价格(单位:元/台)为 $p=280-0.4x$,且生产 $x$ 台产品的成本(单位:元)为 $C(x)=2\,000+0.6x^2$.

(1) 求收入函数 $R(x)$;

(2) 求利润函数 $L(x)$;

(3) 为使利润达到最大,该厂商必须生产并销售多少台产品?

(4) 最大利润是多少?

(5) 为实现这一最大利润,其产品的价格应定为多少?

**6.** 某产品的需求函数为 $Q=Q(p)=75-p^2$.

(1) 求 $p=4$ 时的边际需求,并说明其经济意义;

(2) 求 $p=4$ 时的需求弹性,并说明其经济意义;

(3) 当 $p=4$ 时,若价格 $p$ 上涨 1%,收入将变化百分之几?是增加还是减少?

(4) 当 $p=6$ 时,若价格 $p$ 上涨 1%,收入将变化百分之几?是增加还是减少?

(5) 当 $p$ 为多少时,收入最大?

# 第三章 导数的应用

## 知识网络图

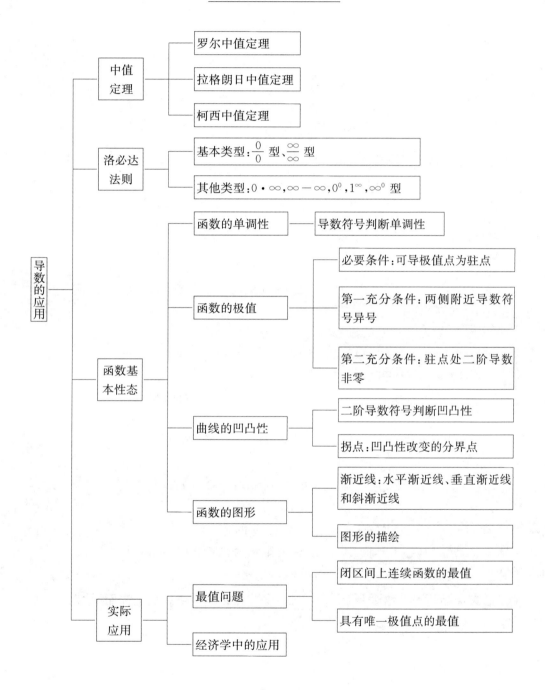

## 总习题三（A类）

1. 选择题：

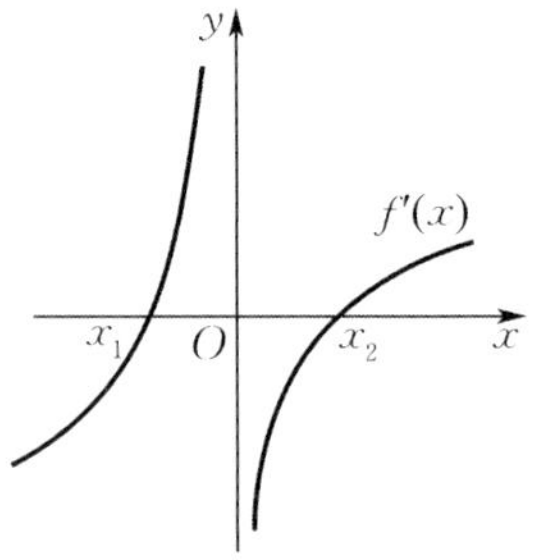

(1) 设函数 $f(x)$ 在 $(-\infty,+\infty)$ 上连续，其导数的图形如图 3-29 所示，则函数有极大值点（　　）；

　A. $x_1$
　B. 0
　C. $x_2$
　D. 不存在

图 3-29

(2) 曲线 $y = x^4 + 4x$ 的拐点个数为（　　）；

　A. 0　　　　B. 1　　　　C. 2　　　　D. 4

(3) 函数 $y = x + \sqrt{1-x}$ 在 $[-3,1]$ 上的最小值是（　　）；

　A. $-1$　　　B. 0　　　C. 1　　　D. $\dfrac{5}{4}$

(4) 设函数 $f(x) = 2\mathrm{e}^{-3x}$，则 $f(x)$ 的弹性函数为（　　）.

　A. $-6\mathrm{e}^{-3x}$　　　B. $\mathrm{e}^{-3x}$　　　C. $3x$　　　D. $-3x$

2. 填空题：

(1) 函数 $f(x) = x^3$ 在 $[0,3]$ 上满足拉格朗日中值定理的 $\xi = $ ＿＿＿＿＿；

(2) 函数 $y = x - \arctan x$ 在 $(-\infty,+\infty)$ 上都是单调＿＿＿＿＿；

(3) 函数 $y = x^2 - \dfrac{16}{x}$ 在 $(-\infty,0)$ 上当 $x=$ ＿＿＿＿＿时取得最小值；

(4) 若某产品的需求函数为 $Q = \left(\dfrac{2}{3}\right)^p$，则其需求弹性函数是＿＿＿＿＿.

3. 判断题：

(1) 设函数 $f(x)$ 在 $[a,b]$ 上连续且可导，则必存在某点 $\xi$，使得
$$f(a) - f(b) = f'(\xi)(a-b);$$
　（　　）

(2) 若 $f(x_0)$ 为极值，则 $x_0$ 一定是函数 $f(x)$ 的驻点；（　　）

(3) 若 $f'(x_0) = 0, f''(x_0) \neq 0$，则 $x_0$ 一定是函数 $f(x)$ 的极值点；（　　）

(4) 曲线 $y = x + \ln x (x > 0)$ 是凸的；（　　）

(5) 若某产品的需求弹性为 $\eta = \dfrac{2}{5}$，则其收入 $R$ 必随价格 $p$ 的上涨而增加.（　　）

4. 求 $\lim\limits_{x \to 0} \dfrac{\mathrm{e}^x \sin x - x(1+x)}{x^3}$.

5. 求 $\lim\limits_{x \to \infty} x(\mathrm{e}^{\frac{1}{x}} - 1)$.

6. 求曲线 $y = x^4 - 5x^3 - 9x^2 - 8x + 11$ 的凹凸区间和拐点.

7. 求函数 $y = x^{\frac{1}{x}}$ 的极值.

8. 某工厂要建造一个容积为 $300\ \mathrm{m}^3$ 的带盖圆桶. 问：半径和桶高如何确定时，用料最省？

9. 设生产某产品 $Q$ 单位时的成本为 $C(Q) = 0.5Q^2 - 3Q + 8\,450$. 问:产量为多少时,平均成本最低?

10. 某产品的需求函数为 $Q = 300 - 2p$,固定成本为 100 元,每多生产 1 单位该产品,成本增加 10 元. 问:产量为多少时,利润最大?

11. 设函数 $f(x)$ 在 $[0,1]$ 上可导且 $0 < f(x) < 1$,又 $f'(x) \neq 1(0 < x < 1)$. 证明:在 $(0,1)$ 内有且仅有一个数 $\xi$,使得 $f(\xi) = \xi$.

12. 若 $a < b$,用拉格朗日中值定理证明:$\arctan b - \arctan a \leqslant b - a$.

13. 证明:当 $x > 1$ 时,$\ln x < \sqrt{x} - \dfrac{1}{\sqrt{x}}$.

## 总习题三(B类)

1. 选择题:

(1) 设函数 $f(x) = |x(1-x)|$,则(  );

   A. $x = 0$ 是 $f(x)$ 的极值点,但 $(0,0)$ 不是曲线 $y = f(x)$ 的拐点

   B. $x = 0$ 不是 $f(x)$ 的极值点,但 $(0,0)$ 是曲线 $y = f(x)$ 的拐点

   C. $x = 0$ 是 $f(x)$ 的极值点,且 $(0,0)$ 是曲线 $y = f(x)$ 的拐点

   D. $x = 0$ 不是 $f(x)$ 的极值点,且 $(0,0)$ 也不是曲线 $y = f(x)$ 的拐点

(2) 设 $f'(x)$ 在 $[a,b]$ 上连续,且 $f'(a) > 0, f'(b) < 0$,则下列结论中错误的是(  );

   A. 至少存在一点 $x_0 \in (a,b)$,使得 $f(x_0) > f(a)$

   B. 至少存在一点 $x_0 \in (a,b)$,使得 $f(x_0) > f(b)$

   C. 至少存在一点 $x_0 \in (a,b)$,使得 $f'(x_0) = 0$

   D. 至少存在一点 $x_0 \in (a,b)$,使得 $f(x_0) = 0$

(3) 当 $a = ($   $)$ 时,函数 $f(x) = 2x^3 - 9x^2 + 12x - a$ 恰好有两个不同的零点;

   A. 2　　　　　B. 4　　　　　C. 6　　　　　D. 8

(4) 设函数 $f(x) = x\sin x + \cos x$,下列命题中正确的是(  );

   A. $f(0)$ 是极大值,$f\left(\dfrac{\pi}{2}\right)$ 是极小值　　B. $f(0)$ 是极小值,$f\left(\dfrac{\pi}{2}\right)$ 是极大值

   C. $f(0)$ 是极大值,$f\left(\dfrac{\pi}{2}\right)$ 也是极大值　　D. $f(0)$ 是极小值,$f\left(\dfrac{\pi}{2}\right)$ 也是极小值

(5) 设函数 $y = f(x)$ 具有二阶导数,且 $f'(x) > 0, f''(x) > 0$,$\Delta x$ 为自变量 $x$ 在点 $x_0$ 处的增量,$\Delta y$ 与 $dy$ 分别为 $f(x)$ 在点 $x_0$ 处对应的增量与微分. 若 $\Delta x > 0$,则(  );

   A. $0 < dy < \Delta y$　　　　　　　　B. $0 < \Delta y < dy$

   C. $\Delta y < dy < 0$　　　　　　　　D. $dy < \Delta y < 0$

(6) 设某产品的需求函数为 $Q = 160 - 2p$,其中 $Q, p$ 分别表示需求量和价格. 如果该产品的需求弹性等于 1,那么该产品的价格是(  );

   A. 10　　　　　B. 20　　　　　C. 30　　　　　D. 40

(7) 曲线 $y = \dfrac{1}{x} + \ln(1 + e^x)$ 的渐近线的条数为(  );

A. 0　　　　　　　B. 1　　　　　　　C. 2　　　　　　　D. 3

(8) 当 $x \to 0$ 时,若函数 $f(x) = x - \sin ax$ 与 $g(x) = x^2 \ln(1-bx)$ 是等价无穷小,则(　　);

A. $a=1, b=-\dfrac{1}{6}$　　　　　　　　B. $a=1, b=\dfrac{1}{6}$

C. $a=-1, b=-\dfrac{1}{6}$　　　　　　　D. $a=-1, b=\dfrac{1}{6}$

(9) 若 $\lim\limits_{x \to 0}\left[\dfrac{1}{x} - \left(\dfrac{1}{x} - a\right)e^x\right] = 1$,则 $a = ($　　$)$;

A. 0　　　　　　　B. 1　　　　　　　C. 2　　　　　　　D. 3

(10) 设函数 $f(x), g(x)$ 具有二阶导数,且 $g''(x) < 0$. 若 $g(x_0) = a$ 是 $g(x)$ 的极值,则 $f[g(x)]$ 在点 $x_0$ 处取得极大值的一个充分条件是(　　);

A. $f'(a) < 0$　　B. $f'(a) > 0$　　C. $f''(a) < 0$　　D. $f''(a) > 0$

(11) 设函数 $f(x) = \ln^{10} x, g(x) = x, h(x) = e^{\frac{x}{10}}$,则当 $x$ 充分大时,有(　　);

A. $g(x) < h(x) < f(x)$　　　　　　B. $h(x) < g(x) < f(x)$

C. $f(x) < g(x) < h(x)$　　　　　　D. $g(x) < f(x) < h(x)$

(12) 曲线 $y = \dfrac{x^2 + x}{x^2 - 1}$ 的渐近线的条数为(　　);

A. 0　　　　　　　B. 1　　　　　　　C. 2　　　　　　　D. 3

(13) 下列曲线有渐近线的是(　　);

A. $y = x + \sin x$　　　　　　　B. $y = x^2 + \sin x$

C. $y = x + \sin \dfrac{1}{x}$　　　　　　D. $y = x^2 + \sin \dfrac{1}{x}$

(14) 设函数 $P(x) = a + bx + cx^2 + dx^3$. 当 $x \to 0$ 时,若 $P(x) - \tan x$ 是比 $x^3$ 高阶的无穷小,则下列选项中错误的是(　　);

A. $a = 0$　　B. $b = 1$　　C. $c = 0$　　D. $d = \dfrac{1}{6}$

(15) 设函数 $f(x)$ 具有二阶导数,$g(x) = f(0)(1-x) + f(1)x$,则在 $[0,1]$ 上(　　);

A. 当 $f'(x) \geqslant 0$ 时,$f(x) \geqslant g(x)$　　B. 当 $f'(x) \geqslant 0$ 时,$f(x) \leqslant g(x)$

C. 当 $f''(x) \geqslant 0$ 时,$f(x) \geqslant g(x)$　　D. 当 $f''(x) \geqslant 0$ 时,$f(x) \leqslant g(x)$

(16) 设函数 $f(x)$ 在 $(-\infty, +\infty)$ 上连续,其二阶导数 $f''(x)$ 的图形如图 3-30 所示,则曲线 $y = f(x)$ 的拐点个数为(　　);

A. 0
B. 1
C. 2
D. 3

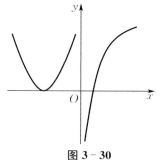

图 3-30

(17) 设函数 $y=f(x)$ 在 $(-\infty,+\infty)$ 上连续，其导数如图 3-31 所示，则( )；

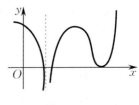

图 3-31

A. 函数有 2 个极值点，曲线 $y=f(x)$ 有 2 个拐点
B. 函数有 2 个极值点，曲线 $y=f(x)$ 有 3 个拐点
C. 函数有 3 个极值点，曲线 $y=f(x)$ 有 1 个拐点
D. 函数有 3 个极值点，曲线 $y=f(x)$ 有 2 个拐点

(18) 若函数 $f(x)=\begin{cases}\dfrac{1-\cos\sqrt{x}}{ax}, & x>0 \\ b, & x\leqslant 0\end{cases}$ 在点 $x=0$ 处连续，则( )；

A. $ab=\dfrac{1}{2}$ B. $ab=-\dfrac{1}{2}$ C. $ab=0$ D. $ab=2$

(19) 设函数 $f(x)$ 可导，且满足 $f(x)f'(x)>0$，则( )；

A. $f(1)>f(-1)$ B. $f(1)<f(-1)$
C. $|f(1)|>|f(-1)|$ D. $|f(1)|<|f(-1)|$

(20) 当 $x\to 0$ 时，若 $x-\tan x$ 与 $x^k$ 是同阶的无穷小，则 $k=$( )；

A. 1 B. 2 C. 3 D. 4

(21) 已知方程 $x^5-5x+k=0$ 有 3 个不同的实根，则 $k$ 的取值范围是( ).

A. $(-\infty,-4)$ B. $(4,+\infty)$ C. $[-4,4]$ D. $(-4,4)$

2. 填空题：

(1) 若 $\lim\limits_{x\to 0}\dfrac{\sin x}{e^x-a}(\cos x-b)=5$，则 $a=$_____，$b=$_____；

(2) $\lim\limits_{x\to 0}\dfrac{e-e^{\cos x}}{\sqrt[3]{1+x^2}-1}=$_____；

(3) $\lim\limits_{x\to\frac{\pi}{4}}(\tan x)^{\frac{1}{\cos x-\sin x}}=$_____；

(4) $\lim\limits_{x\to 0}\dfrac{\ln\cos x}{x^2}=$_____；

(5) 已知函数 $f(x)$ 满足 $\lim\limits_{x\to 0}\dfrac{\sqrt{1+f(x)\sin 2x}-1}{e^{3x}-1}=2$，则 $\lim\limits_{x\to 0}f(x)=$_____；

(6) 若曲线 $y=x^3+ax^2+bx+1$ 有拐点 $(-1,0)$，则 $b=$_____；

(7) 设函数 $f(x)=\lim\limits_{t\to 0}x(1+3t)^{\frac{x}{t}}$，则 $f'(x)=$_____；

(8) 设某产品的需求函数为 $Q=Q(p)$，其需求弹性为 $\eta=0.2$，则当需求量为 10 000 件时，价格增加 1 元/件会使产品收入增加_____元；

(9) 设某产品的需求函数为 $Q=40-2p$（$p$ 为该产品的价格），则该产品的边际收入为_____；

(10) 曲线 $y=x^2+2\ln x$ 在其拐点处的切线方程是_____；

(11) 设函数 $f(x)$ 满足 $f(x+\Delta x)-f(x)=2xf(x)\Delta x+o(\Delta x)(\Delta x\to 0)$，且 $f(0)=2$，则 $f(1)=$_____；

(12) 曲线 $y=x\sin x+2\cos x\left(-\dfrac{\pi}{2}<x<\dfrac{3}{2}\pi\right)$ 的拐点坐标为_____.

3. 设函数 $f(x)$ 在 $[0,3]$ 上连续,在 $(0,3)$ 内可导,且
$$f(0)+f(1)+f(2)=3, \quad f(3)=1.$$
证明:必存在 $\xi \in (0,3)$,使得 $f'(\xi)=0$.

4. 计算下列极限:

(1) $\lim\limits_{x \to 0}\left(\dfrac{1}{\sin^2 x}-\dfrac{\cos^2 x}{x^2}\right)$;

(2) $\lim\limits_{x \to 0}\left(\dfrac{1+x}{1-e^{-x}}-\dfrac{1}{x}\right)$;

(3) $\lim\limits_{x \to 0}\dfrac{1}{x^2}\ln\dfrac{\sin x}{x}$;

(4) $\lim\limits_{x \to +\infty}(x^{\frac{1}{x}}-1)^{\frac{1}{\ln x}}$;

(5) $\lim\limits_{x \to 0}\dfrac{\sqrt{1+2\sin x}-x-1}{x\ln(1+x)}$;

(6) $\lim\limits_{x \to 0}\dfrac{e^{x^2}-e^{2-2\cos x}}{x^4}$;

(7) $\lim\limits_{x \to 0}(\cos 2x+2x\sin x)^{\frac{1}{x^4}}$.

5. 设某产品的需求函数为 $Q=100-5p$,其中价格 $p \in (0,20)$,$Q$ 为需求量.

(1) 求需求弹性 $\eta(\eta > 0)$;

(2) 推导 $\dfrac{dR}{dp}=Q(1-\eta)$(其中 $R$ 为收入),并用需求弹性 $\eta$ 说明价格在何范围内变化时,降低价格反而使得收入增加.

6. 证明:当 $0 < a < b < \pi$ 时,
$$b\sin b + 2\cos b + \pi b > a\sin a + 2\cos a + \pi a.$$

7. 证明:$x\ln\dfrac{1+x}{1-x}+\cos x \geq 1+\dfrac{x^2}{2}$,$-1 < x < 1$.

8. 设函数 $y=y(x)$ 由方程 $y\ln y - x + y = 0$ 所确定,试判断曲线 $y=y(x)$ 在点 $(1,1)$ 处附近的凹凸性.

9. 设函数 $f(x),g(x)$ 在 $[a,b]$ 上二阶可导且存在相等的最大值,又 $f(a)=g(a)$,$f(b)=g(b)$.证明:

(1) 存在 $\eta \in (a,b)$,使得 $f(\eta)=g(\eta)$;

(2) 存在 $\xi \in (a,b)$,使得 $f''(\xi)=g''(\xi)$.

10. 证明:若函数 $f(x)$ 在点 $x=0$ 处连续,在 $(0,\sigma)(\sigma>0)$ 内可导,且 $\lim\limits_{x \to 0^+}f'(x)=A$,则 $f'_+(0)$ 存在,且 $f'_+(0)=A$.

11. 证明:方程 $4\arctan x - x + \dfrac{4\pi}{3} - \sqrt{3} = 0$ 恰有两个实根.

12. 当 $x \to 0$ 时,$1-\cos x\cos 2x\cos 3x$ 与 $ax^n$ 为等价无穷小,求 $n$ 与 $a$ 的值.

13. 设生产某产品的固定成本为 $6\,000$ 元,变动成本为 $20$ 元/件,价格函数为 $p=60-\dfrac{Q}{1\,000}$,其中 $p$ 是价格(单位:元/件),$Q$ 是销售量(单位:件),已知产量等于销售量.求:

(1) 该产品的边际利润;

(2) 当 $p=50$ 元/件时的边际利润,并解释其经济意义;

(3) 使得利润最大的价格 $p$.

14. 设函数 $f(x)$ 在 $[0,+\infty)$ 上可导,$f(0)=0$ 且 $\lim\limits_{x \to +\infty}f(x)=2$.证明:

(1) 存在 $a>0$,使得 $f(a)=1$;

(2) 对(1)中的 $a$,存在 $\xi \in (0,a)$,使得 $f'(\xi) = \dfrac{1}{a}$.

15. 设函数 $f(x) = x + a\ln(1+x) + bx\sin x, g(x) = c = kx^3$. 若 $f(x)$ 与 $g(x)$ 在 $x \to 0$ 时是等价无穷小,求 $a,b$ 和 $k$ 的值.

16. 为了实现利润的最大化,厂商需要对某产品确定其定价模型,设 $Q$ 为该产品的需求量,$p$ 为价格,$C'$ 为边际成本,$\eta$ 为需求弹性($\eta > 0$).

(1) 证明定价模型为 $p = \dfrac{C'}{1 - \dfrac{1}{\eta}}$;

(2) 若该产品的成本函数为 $C(Q) = 1\,600 + Q^2$,需求函数为 $Q = 40 - p$,试由(1)中的定价模型确定该产品的价格.

17. 已知实数 $a,b$ 满足 $\lim\limits_{x \to +\infty}[(ax+b)\mathrm{e}^{\frac{1}{x}} - x] = 2$,求 $a,b$ 的值.

18. 设数列 $\{x_n\}$ 满足 $x_1 > 0, x_n \mathrm{e}^{x_{n+1}} = \mathrm{e}^{x_n} - 1$. 证明:$\{x_n\}$ 收敛,并求 $\lim\limits_{n \to \infty} x_n$.

19. 已知函数 $f(x) = \begin{cases} x^{2x}, & x > 0, \\ x\mathrm{e}^x + 1, & x \leqslant 0, \end{cases}$ 求 $f'(x)$,并求 $f(x)$ 的极值.

# 第四章 不定积分

**本章导学**

通过本章的学习要达到:(1) 理解原函数的概念与性质;(2) 理解导数与不定积分的关系;(3) 熟悉基本的积分公式;(4) 熟练掌握用直接积分法、第一类换元法(凑微分法)、第二类换元法(代换法)和分部积分法来求解不定积分;(5) 会求有理函数的不定积分,能具体问题具体分析,综合所学寻求最优解决方法.

**问题背景**

在微分学中,我们讨论的是已知函数求其导数(或微分)的问题.但是,在现实生活生产中我们常常要解决与之相反的问题.例如,已知速度求路程、已知切线求曲线等,最终都归结为已知一个函数的导数(或微分)求出原来这个函数的问题,这就是积分学的基本问题之一—— 求不定积分.本章将介绍不定积分的概念及其计算方法.

## 第一节 不定积分的概念、性质与基本公式

### 一、原函数的概念

我们先来看两个例子:已知曲线 $y = f(x)$ 在任意一点 $x$ 处的切线斜率为 $2x$,且曲线经过点 $(1,4)$,求曲线的方程;已知边际成本(单位:万元/件)为 $C'(x) = 4x^3$,且固定成本为 5 万元,求成本函数.这些都是已知函数的导数求原来这个函数的问题.

为此,我们引入原函数的概念.

**·定义 1** 设 $f(x)$ 是定义在区间 $I$ 上的函数.如果存在函数 $F(x)$,对于区间 $I$ 上的每一点 $x$,都满足

$$F'(x) = f(x) \quad 或 \quad \mathrm{d}F(x) = f(x)\mathrm{d}x, \qquad (4-1-1)$$

则称 $F(x)$ 是 $f(x)$ 在区间 $I$ 上的一个**原函数**.

例如,$(\sin x)' = \cos x$,则称 $\sin x$ 为 $\cos x$ 的一个原函数;又如,因为 $(x^3)' = 3x^2$,故 $x^3$

为 $3x^2$ 的一个原函数,而 $(x^3-2)'=3x^2$,故 $x^3-2$ 也是 $3x^2$ 的一个原函数.

由此可见,**原函数不是唯一的**. 事实上,由于 $(x^3+C)'=3x^2$($C$ 为任意常数),所以 $3x^2$ 的原函数有无穷多个. 但**一个函数的任意两个原函数之间只相差一个常数**.

设 $F'(x)=f(x), G'(x)=f(x)$,则
$$[F(x)-G(x)]'=F'(x)-G'(x)=f(x)-f(x)=0,$$
即 $$F(x)-G(x)=C \quad (C \text{ 为任意常数}).$$
所以,我们可以用 $F(x)+C$ 来表示 $f(x)$ 的全体原函数,即只要我们知道 $f(x)$ 的一个原函数,再加上任意常数 $C$,就能得到它的全体原函数.

任何一个函数都有原函数吗? 满足什么条件的 $f(x)$ 才存在原函数呢? 这些问题将在下一章具体讨论,这里先介绍一个结论.

**定理 1(原函数存在定理)** 若函数 $f(x)$ 在区间 $I$ 上连续,则 $f(x)$ 在该区间上一定存在原函数 $F(x)$.

由于初等函数在其定义区间上是连续的,因此初等函数在其定义区间上都有原函数.

## 二、不定积分的概念

**定义 2** 函数 $f(x)$ 的全体原函数称为 $f(x)$ 的**不定积分**,记作 $\int f(x)\mathrm{d}x$. 如果 $F'(x)=f(x)$,则
$$\int f(x)\mathrm{d}x = F(x)+C, \tag{4-1-2}$$

其中 $\int$ 称为**积分号**,$f(x)$ 称为**被积函数**,$f(x)\mathrm{d}x$ 称为**被积表达式**,$x$ 称为**积分变量**,$C$ 称为**积分常数**.

不定积分的几何意义:由于函数 $f(x)$ 的不定积分含有任意常数 $C$,因此对于每一个给定的 $C$,都对应一个确定的原函数,在几何上,就对应一条确定的曲线,我们称其为 $f(x)$ 的**积分曲线**. 事实上,函数 $f(x)$ 的不定积分表示由 $f(x)$ 的某一条积分曲线沿着 $y$ 轴方向任意地上、下平移而得到的无穷多条积分曲线所组成的积分曲线族. 例如,图 4-1 表示 $f(x)=2x$ 的积分曲线族. 若在每一条积分曲线上横坐标相同的点 $x_0$ 处作切线,则这些切线都是相互平行的,它们的斜率都是 $F'(x_0)=f(x_0)$.

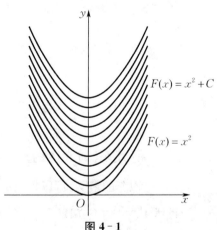

图 4-1

接下来,我们来讨论如何求不定积分. 根据定义,求函数 $f(x)$ 的不定积分就是求 $f(x)$ 的全体原函数,故求不定积分的运算就是求导数(或微分)的逆运算.

**例 1** 求下列不定积分:

(1) $\int x^2 \mathrm{d}x$;  (2) $\int \dfrac{1}{x}\mathrm{d}x$;  (3) $\int \dfrac{1}{\sqrt{1-x^2}}\mathrm{d}x$.

**解** (1) 因为 $\left(\dfrac{1}{3}x^3\right)' = x^2$，所以 $\dfrac{1}{3}x^3$ 是 $x^2$ 的一个原函数，从而
$$\int x^2 \mathrm{d}x = \dfrac{1}{3}x^3 + C.$$

(2) 当 $x > 0$ 时，$(\ln x)' = \dfrac{1}{x}$，所以 $\int \dfrac{1}{x} \mathrm{d}x = \ln x + C$；

当 $x < 0$ 时，$-x > 0$，则 $[\ln(-x)]' = \dfrac{1}{-x} \cdot (-x)' = \dfrac{1}{x}$，所以
$$\int \dfrac{1}{x} \mathrm{d}x = \ln(-x) + C.$$

综上可得
$$\int \dfrac{1}{x} \mathrm{d}x = \ln|x| + C.$$

(3) 因为 $(\arcsin x)' = \dfrac{1}{\sqrt{1-x^2}}$，所以
$$\int \dfrac{1}{\sqrt{1-x^2}} \mathrm{d}x = \arcsin x + C.$$

**例 2** 已知曲线 $y = f(x)$ 在任意一点 $x$ 处的切线斜率为 $2x$，且曲线经过点 $(1,4)$，求曲线的方程.

**解** 由题意知 $f'(x) = 2x$，从而
$$f(x) = \int 2x \mathrm{d}x = x^2 + C.$$

又因为曲线经过点 $(1,4)$，则有 $1^2 + C = 4$，即 $C = 3$，所以曲线方程为
$$f(x) = x^2 + 3.$$

**例 3** 已知边际成本(单位:万元/件)为 $C'(x) = 4x^3$，且固定成本为 5 万元，求成本函数.

**解** 因为 $C'(x) = 4x^3$，所以
$$C(x) = \int 4x^3 \mathrm{d}x = x^4 + C_0.$$

又因为 $C(0) = C_0 = 5$，所以成本函数(单位:万元)为
$$C(x) = x^4 + 5.$$

## 三、不定积分的性质

由不定积分的定义，可以推得它具有以下性质.

**性质 1** $\left[\int f(x) \mathrm{d}x\right]' = f(x)$ 或 $\mathrm{d}\left[\int f(x) \mathrm{d}x\right] = f(x) \mathrm{d}x$. (4-1-3)

**证** 设 $F(x)$ 为 $f(x)$ 的一个原函数，则 $F'(x) = f(x)$，于是
$$\left[\int f(x) \mathrm{d}x\right]' = [F(x) + C]' = f(x).$$

根据函数的微分表达式，又有
$$\mathrm{d}\left[\int f(x) \mathrm{d}x\right] = \left[\int f(x) \mathrm{d}x\right]' \mathrm{d}x = f(x) \mathrm{d}x.$$

**性质 2**　$\int F'(x)\mathrm{d}x = F(x) + C$　或　$\int \mathrm{d}F(x) = F(x) + C.$ 　　　　(4-1-4)

**证**　由于 $F(x)$ 是 $F'(x)$ 的一个原函数,于是 $\int F'(x)\mathrm{d}x = F(x) + C.$

根据函数的微分表达式,又有
$$\int \mathrm{d}F(x) = \int F'(x)\mathrm{d}x = F(x) + C.$$

性质 1 和性质 2 表明,微分运算与不定积分的运算是互逆的. 一个函数先积分后求导数(微分),或先求导数(微分)后积分,前者运算完全抵消,而后者运算抵消后相差一个常数.

**性质 3**　$\int kf(x)\mathrm{d}x = k\int f(x)\mathrm{d}x \ (k \neq 0).$ 　　　　(4-1-5)

**证**　因为
$$\left[k\int f(x)\mathrm{d}x\right]' = k\left[\int f(x)\mathrm{d}x\right]' = kf(x),$$

所以 $k\int f(x)\mathrm{d}x$ 是 $kf(x)$ 的原函数. 而不定积分 $k\int f(x)\mathrm{d}x$ 形式上含有任意常数,故得
$$\int kf(x)\mathrm{d}x = k\int f(x)\mathrm{d}x.$$

性质 3 表明,被积函数中不为零的常数因子可以提到积分号外.

**性质 4**　$\int [f(x) \pm g(x)]\mathrm{d}x = \int f(x)\mathrm{d}x \pm \int g(x)\mathrm{d}x.$ 　　　　(4-1-6)

依照性质 3 的证明方法,请读者自行证明.

性质 4 表明,两个函数代数和的不定积分,等于它们各自不定积分的代数和. 此性质可以推广到有限多个函数的情形,即
$$\int [f_1(x) \pm f_2(x) \pm \cdots \pm f_n(x)]\mathrm{d}x = \int f_1(x)\mathrm{d}x \pm \int f_2(x)\mathrm{d}x \pm \cdots \pm \int f_n(x)\mathrm{d}x.$$
(4-1-7)

## 四、基本积分表

根据不定积分的定义,由导数或者微分的基本公式,就可相应地得到不定积分的基本公式,这些公式叫作**基本积分公式**,现将基本积分公式以**基本积分表**的形式列出:

(1) $\int k\mathrm{d}x = kx + C;$

(2) $\int x^\alpha \mathrm{d}x = \dfrac{1}{\alpha+1}x^{\alpha+1} + C \ (\alpha \neq -1);$

(3) $\int \dfrac{1}{x}\mathrm{d}x = \ln|x| + C;$

(4) $\int a^x \mathrm{d}x = \dfrac{1}{\ln a}a^x + C;$

(5) $\int \mathrm{e}^x \mathrm{d}x = \mathrm{e}^x + C;$

(6) $\int \sin x \mathrm{d}x = -\cos x + C;$

(7) $\int \cos x \mathrm{d}x = \sin x + C$;

(8) $\int \dfrac{1}{\sqrt{1-x^2}} \mathrm{d}x = \arcsin x + C$;

(9) $\int \dfrac{1}{1+x^2} \mathrm{d}x = \arctan x + C$;

(10) $\int \sec^2 x \mathrm{d}x = \int \dfrac{1}{\cos^2 x} \mathrm{d}x = \tan x + C$;

(11) $\int \csc^2 x \mathrm{d}x = \int \dfrac{1}{\sin^2 x} \mathrm{d}x = -\cot x + C$;

(12) $\int \sec x \tan x \mathrm{d}x = \sec x + C$;

(13) $\int \csc x \cot x \mathrm{d}x = -\csc x + C$.

## 五、直接积分法

利用定义来求不定积分相对麻烦,为了更方便地计算不定积分,我们通常先对被积函数做简单变形,再结合不定积分的性质和基本积分公式直接求出不定积分,这种方法称为**直接积分法**.至于计算结果是否正确,我们只需对结果进行求导,看其导数是否等于被积函数即可.

**例 4**　求 $\int \dfrac{1}{x^2} \mathrm{d}x$.

**解**　$\int \dfrac{1}{x^2} \mathrm{d}x = \int x^{-2} \mathrm{d}x = \dfrac{1}{-2+1} x^{-2+1} + C = -\dfrac{1}{x} + C$.

**例 5**　求 $\int \dfrac{1}{x\sqrt{x^3}} \mathrm{d}x$.

**解**　$\int \dfrac{1}{x\sqrt{x^3}} \mathrm{d}x = \int x^{-\frac{5}{2}} \mathrm{d}x = \dfrac{1}{-\dfrac{5}{2}+1} x^{-\frac{5}{2}+1} + C = -\dfrac{2}{3} x^{-\frac{3}{2}} + C$.

例 4 和例 5 表明,当被积函数是用分式或根式来表示的幂函数时,应先把它化为 $x^{\alpha}$ 的形式,再应用幂函数的积分公式求解.

**例 6**　求 $\int \left(\dfrac{x}{3} - \dfrac{3}{x}\right) \mathrm{d}x$.

**解**　$\int \left(\dfrac{x}{3} - \dfrac{3}{x}\right) \mathrm{d}x = \dfrac{1}{3} \int x \mathrm{d}x - 3 \int \dfrac{1}{x} \mathrm{d}x = \dfrac{1}{6} x^2 - 3\ln|x| + C$.

例 6 表明,在计算各项不定积分时,虽然每项结果都含有任意常数,但由于任意常数的代数和仍是任意常数,因此结果只需写一个总的任意常数即可.

**例 7**　求 $\int (x^2+1)^2 \mathrm{d}x$.

**解**　$\int (x^2+1)^2 \mathrm{d}x = \int (x^4 + 2x^2 + 1) \mathrm{d}x = \dfrac{1}{5} x^5 + \dfrac{2}{3} x^3 + x + C$.

**例 8**　求 $\int \dfrac{x^2}{1+x^2} \mathrm{d}x$.

**解** $\int \dfrac{x^2}{1+x^2}dx = \int \dfrac{1+x^2-1}{1+x^2}dx = \int \left(1-\dfrac{1}{1+x^2}\right)dx = x - \arctan x + C.$

**例 9** 求 $\int \tan^2 x dx.$

**解** $\int \tan^2 x dx = \int (\sec^2 x - 1)dx = \tan x - x + C.$

**例 10** 求 $\int 5^x e^x dx.$

**解** $\int 5^x e^x dx = \int (5e)^x dx = \dfrac{1}{\ln(5e)}(5e)^x + C = \dfrac{5^x e^x}{1+\ln 5} + C.$

**例 11** 求 $\int \dfrac{1}{\sin^2 x \cos^2 x}dx.$

**解** $\int \dfrac{1}{\sin^2 x \cos^2 x}dx = \int \dfrac{\sin^2 x + \cos^2 x}{\sin^2 x \cos^2 x}dx = \int \left(\dfrac{1}{\cos^2 x} + \dfrac{1}{\sin^2 x}\right)dx$

$\qquad\qquad\qquad = \int (\sec^2 x + \csc^2 x)dx = \tan x - \cot x + C.$

例 7 ~ 例 11 在基本积分表中都没有直接的公式,都是先对被积函数做变形,再利用基本积分公式和不定积分的性质逐项积分.

**例 12** 已知某种产品的需求函数为 $x = 100 - 5p$,其中 $x$ 为需求量(单位:件),$p$ 为产品价格(单位:万元/件). 又已知该种产品的边际成本(单位:万元/件)为 $C'(x) = 10 - 0.2x$,且 $C(0) = 10$. 如何确定价格使得利润最大?最大利润是多少?

**解** $C(x) = \int C'(x)dx = \int (10 - 0.2x)dx = 10x - 0.1x^2 + C_0.$

因为 $C(0) = 10$,故 $C_0 = 10$,所以成本函数(单位:万元)为
$$C(x) = 10x - 0.1x^2 + 10.$$
又
$$L(x) = R(x) - C(x) = x \cdot \dfrac{100-x}{5} - (10x - 0.1x^2 + 10) = -0.1x^2 + 10x - 10,$$
令 $L'(x) = -0.2x + 10 = 0$,得 $x = 50$. 又 $L''(x) = -0.2 < 0$,所以当销售量 $x = 50$ 件,即价格 $p = 10$ 万元/件时利润最大,最大利润为 $L(50) = 240$(万元).

### ■■■■ 小结 ■■■■

本节学习需注意以下几点:(1) 理解原函数和不定积分的概念;(2) 掌握不定积分的性质和基本积分公式;(3) 直接积分法通常都要先对被积函数进行化简,然后再套公式求不定积分.

### ■■■■ 应用导学 ■■■■

对于不定积分需要考虑两个基本问题:第一,什么是不定积分?第二,它如果存在,如何计算不定积分?其中第一个问题是需要先弄清楚原函数的概念. 对于第二个问题,一切初等函数在其定义区间上都是可积的,而最简单的积分方法就是直接积分法.

### 习题 4-1

**1.** 求下列不定积分：

(1) $\int (1+2x^2)dx$；

(2) $\int (2^x + x^2)dx$；

(3) $\int \left(\sqrt{x} - \dfrac{1}{\sqrt{x}}\right)dx$；

(4) $\int \dfrac{x}{\sqrt[3]{x}}dx$；

(5) $\int \left(x + \dfrac{1}{x}\right)^2 dx$；

(6) $\int \sqrt{x\sqrt{x\sqrt{x}}}\,dx$；

(7) $\int e^x \cdot 3^{2x} dx$；

(8) $\int \cot^2 t\,dt$；

(9) $\int \dfrac{\cos 2x}{\cos x - \sin x} dx$.

**2.** 求一曲线，使得它在任一点处的切线斜率等于该点横坐标的倒数，并且通过点 $(e^2, 3)$.

**3.** 已知某产品产量的变化率是时间 $t$ 的函数 $f(t) = 2t + 3$. 设此产品的产量函数为 $F(t)$，且 $F(0) = 0$，求 $F(t)$.

## 第二节　不定积分的换元积分法

能用直接积分法计算的不定积分是十分有限的，因此，有必要进一步研究其他的积分方法. 在微分学中，复合函数的微分法是一个重要的方法. 作为微分运算的逆运算，自然也有相应的复合函数的不定积分法. 这种方法的特点是：通过适当的变量代换（换元），把要计算的不定积分化成可以直接积分的形式，再求结果.

### 一、第一类换元法（凑微分法）

**引例 1**　求 $\int e^{2x} dx$.

基本积分表中只有 $\int e^x dx = e^x + C$，但被积函数 $e^{2x}$ 可以看成由 $f(u) = e^u, u = 2x$ 复合而成. 又 $du = d(2x) = 2dx$，若可将不定积分 $\int e^{2x}dx$ 转化为 $\dfrac{1}{2}\int e^u du$，而 $\int e^u du$ 就是基本积分公式，则得到

$$\int e^{2x} dx = \int \dfrac{1}{2} e^{2x} d(2x) \xrightarrow{\diamondsuit u = 2x} \dfrac{1}{2} \int e^u du = \dfrac{1}{2} e^u + C \xrightarrow{\text{回代}} \dfrac{1}{2} e^{2x} + C.$$

**定理 1（第一类换元法）**　设 $\int f(u)du = F(u) + C, u = \varphi(x)$ 可导，则

$$\int f[\varphi(x)]\varphi'(x)dx = \int f[\varphi(x)]d\varphi(x) \xrightarrow{u = \varphi(x)} \int f(u)du$$

$$= F(u) + C \xrightarrow{\text{回代}} F[\varphi(x)] + C. \tag{4-2-1}$$

由定理 1 可知，如果不定积分 $\int f(x)\mathrm{d}x$ 用直接积分法不易求得，但被积函数可以分解成 $f(x) = g[\varphi(x)]\varphi'(x)$，那么

$$\int f(x)\mathrm{d}x = \int g[\varphi(x)]\varphi'(x)\mathrm{d}x = \int g[\varphi(x)]\mathrm{d}\varphi(x) \xrightarrow{u=\varphi(x)} \int g(u)\mathrm{d}u.$$

如果 $\int g(u)\mathrm{d}u$ 可以求出，那么 $\int f(x)\mathrm{d}x$ 就得解了．这样的积分方法叫作**第一类换元法**，也叫作**凑微分法**．

从定理 1 可以看出，在基本积分公式中，把变量 $x$ 换成新变量 $\varphi(x)$，所得到的积分公式也自然成立，例如 $\int \cos x \mathrm{d}x = \sin x + C$，将 $x$ 换成 $\varphi(x)$，得

$$\int \cos \varphi(x) \mathrm{d}\varphi(x) = \sin \varphi(x) + C.$$

**例 1** 求 $\int (2x-3)^5 \mathrm{d}x$.

**解** 设 $u = 2x - 3$，则 $\mathrm{d}u = \mathrm{d}(2x-3) = (2x-3)'\mathrm{d}x = 2\mathrm{d}x$，于是

$$\int (2x-3)^5 \mathrm{d}x = \frac{1}{2}\int (2x-3)^5 \cdot 2\mathrm{d}x = \frac{1}{2}\int (2x-3)^5 \mathrm{d}(2x-3)$$

$$= \frac{1}{2}\int u^5 \mathrm{d}u = \frac{1}{12}u^6 + C = \frac{1}{12}(2x-3)^6 + C.$$

对变量代换比较熟练后，可省去中间变量的换元和回代过程．

**例 2** 求 $\int \dfrac{1}{2x+1} \mathrm{d}x$.

**解** $\int \dfrac{1}{2x+1}\mathrm{d}x = \dfrac{1}{2}\int \dfrac{1}{2x+1}\mathrm{d}(2x+1) = \dfrac{1}{2}\ln|2x+1| + C.$

**例 3** 求 $\int \dfrac{\mathrm{e}^x}{1+\mathrm{e}^{2x}} \mathrm{d}x$.

**解** $\int \dfrac{\mathrm{e}^x}{1+\mathrm{e}^{2x}}\mathrm{d}x = \int \dfrac{1}{1+(\mathrm{e}^x)^2}\mathrm{d}(\mathrm{e}^x) = \arctan \mathrm{e}^x + C.$

注意到，凑微分法关键在于"凑"．首先要对求导公式和基本积分公式非常熟悉，这有利于帮助我们判断所求的不定积分能否应用凑微分法．至于如何判断，如何凑，没有一般途径可循，除了熟悉公式和一些典型例子外，还要勤练习多思考．

**例 4** 求 $\int \dfrac{\ln x}{x} \mathrm{d}x$.

**解** $\int \dfrac{\ln x}{x}\mathrm{d}x = \int \ln x \cdot \dfrac{1}{x}\mathrm{d}x = \int \ln x \mathrm{d}(\ln x) = \dfrac{1}{2}\ln^2 x + C.$

**例 5** 求 $\int x\sqrt{x^2-3} \mathrm{d}x$.

**解** $\int x\sqrt{x^2-3}\mathrm{d}x = \int (x^2-3)^{\frac{1}{2}} x \mathrm{d}x = \dfrac{1}{2}\int (x^2-3)^{\frac{1}{2}} \mathrm{d}(x^2-3)$

$$= \dfrac{1}{2} \cdot \dfrac{2}{3}(x^2-3)^{\frac{3}{2}} + C = \dfrac{1}{3}(x^2-3)^{\frac{3}{2}} + C.$$

**例 6** 求 $\int \dfrac{1}{a^2+x^2}\mathrm{d}x$.

**解** $\int \dfrac{1}{a^2+x^2}\mathrm{d}x = \int \dfrac{\frac{1}{a^2}}{1+\left(\frac{x}{a}\right)^2}\mathrm{d}x = \dfrac{1}{a}\int \dfrac{1}{1+\left(\frac{x}{a}\right)^2}\mathrm{d}\left(\dfrac{x}{a}\right) = \dfrac{1}{a}\arctan\dfrac{x}{a}+C.$

**例 7** 求 $\int \dfrac{1}{x^2-a^2}\mathrm{d}x$.

**解** 由于 $\dfrac{1}{x^2-a^2} = \dfrac{1}{2a}\left(\dfrac{1}{x-a}-\dfrac{1}{x+a}\right)$, 因此

$$\int \dfrac{1}{x^2-a^2}\mathrm{d}x = \dfrac{1}{2a}\int\left(\dfrac{1}{x-a}-\dfrac{1}{x+a}\right)\mathrm{d}x = \dfrac{1}{2a}\left(\int\dfrac{1}{x-a}\mathrm{d}x - \int\dfrac{1}{x+a}\mathrm{d}x\right)$$

$$= \dfrac{1}{2a}\left[\int\dfrac{1}{x-a}\mathrm{d}(x-a) - \int\dfrac{1}{x+a}\mathrm{d}(x+a)\right]$$

$$= \dfrac{1}{2a}(\ln|x-a| - \ln|x+a|) + C = \dfrac{1}{2a}\ln\left|\dfrac{x-a}{x+a}\right| + C.$$

**例 8** 求 $\int \sin 2x\,\mathrm{d}x$.

**解 方法 1** $\int \sin 2x\,\mathrm{d}x = \dfrac{1}{2}\int \sin 2x\,\mathrm{d}(2x) = -\dfrac{1}{2}\cos 2x + C.$

**方法 2** $\int \sin 2x\,\mathrm{d}x = \int 2\sin x\cos x\,\mathrm{d}x = 2\int \sin x\,\mathrm{d}(\sin x) = \sin^2 x + C.$

**方法 3** $\int \sin 2x\,\mathrm{d}x = \int 2\sin x\cos x\,\mathrm{d}x = -2\int \cos x\,\mathrm{d}(\cos x) = -\cos^2 x + C.$

例 8 说明, 不定积分的计算结果在形式上有可能不同, 但根据定义, 我们只需要对结果求导, 看是否等于被积函数. 如果导数等于被积函数, 那么结果就是正确的, 否则就是错误的.

**例 9** 求 $\int \tan x\,\mathrm{d}x$.

**解** $\int \tan x\,\mathrm{d}x = \int \dfrac{\sin x}{\cos x}\mathrm{d}x = \int \dfrac{1}{\cos x}\cdot\sin x\,\mathrm{d}x$

$\qquad = -\int \dfrac{1}{\cos x}\mathrm{d}(\cos x) = -\ln|\cos x| + C.$

同理可得

$$\int \cot x\,\mathrm{d}x = \ln|\sin x| + C.$$

**例 10** 求 $\int \csc x\,\mathrm{d}x$.

**解 方法 1** $\int \csc x\,\mathrm{d}x = \int \dfrac{1}{\sin x}\mathrm{d}x = \int \dfrac{\sin x}{\sin^2 x}\mathrm{d}x = -\int \dfrac{1}{1-\cos^2 x}\mathrm{d}(\cos x)$

$\qquad = -\dfrac{1}{2}\int\left(\dfrac{1}{1-\cos x} + \dfrac{1}{1+\cos x}\right)\mathrm{d}(\cos x)$

$\qquad = \dfrac{1}{2}\left[\int\dfrac{1}{1-\cos x}\mathrm{d}(1-\cos x) - \int\dfrac{1}{1+\cos x}\mathrm{d}(1+\cos x)\right]$

$$= \frac{1}{2}\ln\left|\frac{1-\cos x}{1+\cos x}\right|+C = \ln\left|\frac{1-\cos x}{\sin x}\right|+C$$
$$= \ln|\csc x - \cot x|+C.$$

**方法 2** $\displaystyle\int \csc x\mathrm{d}x = \int \frac{\csc x(\csc x - \cot x)}{\csc x - \cot x}\mathrm{d}x$

$$= \int \frac{\csc^2 x - \csc x\cot x}{\csc x - \cot x}\mathrm{d}x$$

$$= \int \frac{1}{\csc x - \cot x}\mathrm{d}(\csc x - \cot x)$$

$$= \ln|\csc x - \cot x|+C.$$

同理可得

$$\int \sec x\mathrm{d}x = \ln|\sec x + \tan x|+C.$$

如果被积函数是三角函数相乘,往往拆开奇次项去凑微分;但如果被积函数是三角函数的偶次项相乘,则常用半角公式通过降幂的方法求不定积分.

**例 11** 求 $\displaystyle\int \sin^2 x\cos^3 x\mathrm{d}x$.

**解** $\displaystyle\int \sin^2 x\cos^3 x\mathrm{d}x = \int \sin^2 x(1-\sin^2 x)\mathrm{d}(\sin x)$

$$= \int \sin^2 x\mathrm{d}(\sin x) - \int \sin^4 x\mathrm{d}(\sin x)$$

$$= \frac{1}{3}\sin^3 x - \frac{1}{5}\sin^5 x + C.$$

**例 12** 求 $\displaystyle\int \sin^2 x\mathrm{d}x$.

**解** $\displaystyle\int \sin^2 x\mathrm{d}x = \int \frac{1-\cos 2x}{2}\mathrm{d}x = \frac{1}{2}\left(\int \mathrm{d}x - \int \cos 2x\mathrm{d}x\right)$

$$= \frac{1}{2}\int \mathrm{d}x - \frac{1}{4}\int \cos 2x\mathrm{d}(2x)$$

$$= \frac{1}{2}x - \frac{1}{4}\sin 2x + C.$$

利用第一类换元法(凑微分法)积分时,关键是将被积函数中的部分因式与 $\mathrm{d}x$ 凑成 $\mathrm{d}u$. 现给出一些常用的凑微分公式:

(1) $\mathrm{d}x = \dfrac{1}{a}\mathrm{d}(ax) = \dfrac{1}{a}\mathrm{d}(ax+b)$ ($a\neq 0$,下同);

(2) $x\mathrm{d}x = \dfrac{1}{2}\mathrm{d}(x^2) = \dfrac{1}{2a}\mathrm{d}(ax^2) = \dfrac{1}{2a}\mathrm{d}(ax^2+b)$;

(3) $x^\alpha\mathrm{d}x = \dfrac{1}{\alpha+1}\mathrm{d}(x^{\alpha+1}) = \dfrac{1}{(\alpha+1)a}\mathrm{d}(ax^{\alpha+1}) = \dfrac{1}{(\alpha+1)a}\mathrm{d}(ax^{\alpha+1}+b)$ ($\alpha\neq -1$);

(4) $\dfrac{1}{x}\mathrm{d}x = \mathrm{d}(\ln|x|) = \dfrac{1}{a}\mathrm{d}(a\ln|x|) = \dfrac{1}{a}\mathrm{d}(a\ln|x|+b)$,

$\dfrac{1}{a+x}\mathrm{d}x = \mathrm{d}(\ln|a+x|)$;

(5) $\dfrac{1}{x^2}\mathrm{d}x = -\mathrm{d}\left(\dfrac{1}{x}\right)$, $\dfrac{1}{\sqrt{x}}\mathrm{d}x = 2\mathrm{d}(\sqrt{x})$;

(6) $\mathrm{e}^x \mathrm{d}x = \mathrm{d}(\mathrm{e}^x) = \dfrac{1}{a}\mathrm{d}(a\mathrm{e}^x) = \dfrac{1}{a}\mathrm{d}(a\mathrm{e}^x + b)$;

(7) $\cos x\mathrm{d}x = \mathrm{d}(\sin x)$, $\sin x\mathrm{d}x = -\mathrm{d}(\cos x)$;

(8) $\dfrac{1}{\cos^2 x}\mathrm{d}x = \sec^2 x\mathrm{d}x = \mathrm{d}(\tan x)$, $\dfrac{1}{\sin^2 x}\mathrm{d}x = \csc^2 x\mathrm{d}x = -\mathrm{d}(\cot x)$.

## 二、第二类换元法

如果不定积分 $\int f(x)\mathrm{d}x$ 用直接积分法或第一类换元法不易求得，但做适当的变量代换 $x = \varphi(t)$ 后，所得到的关于新变量 $t$ 的不定积分

$$\int f[\varphi(t)]\mathrm{d}\varphi(t) = \int f[\varphi(t)]\varphi'(t)\mathrm{d}t$$

可以用前面学过的方法求解，那么 $\int f(x)\mathrm{d}x$ 就得解了. 这样的积分方法称为第二类换元法.

**引例 2** 求 $\int \dfrac{x}{\sqrt[3]{x+3}}\mathrm{d}x$.

显然，原不定积分用直接积分法无法求得；其次，虽然被积函数中有复合函数 $(x+3)^{-\frac{1}{3}}$，但剩下的 $x\mathrm{d}x$ 不能凑成 $\mathrm{d}(x+3)$ 的形式，所以也不能用凑微分法来求. 观察到被积函数中有根式 $\sqrt[3]{x+3}$，令 $t = \sqrt[3]{x+3}$，得 $x = t^3 - 3$，此时 $\mathrm{d}x = \mathrm{d}(t^3 - 3) = 3t^2 \mathrm{d}t$，于是

$$\int \dfrac{x}{\sqrt[3]{x+3}}\mathrm{d}x = \int \dfrac{t^3 - 3}{t} \cdot 3t^2 \mathrm{d}t = 3\int (t^4 - 3t)\mathrm{d}t = \dfrac{3}{5}t^5 - \dfrac{9}{2}t^2 + C.$$

再将 $t = \sqrt[3]{x+3} = (x+3)^{\frac{1}{3}}$ 回代，整理得

$$\int \dfrac{x}{\sqrt[3]{x+3}}\mathrm{d}x = \dfrac{3}{5}(x+3)^{\frac{5}{3}} - \dfrac{9}{2}(x+3)^{\frac{2}{3}} + C.$$

一般地，有如下结论.

**定理 2（第二类换元法）** 设 $x = \varphi(t)$ 是单调、可导的函数，且 $\varphi'(t) \neq 0$. 若

$$\int f[\varphi(t)]\varphi'(t)\mathrm{d}t = F(t) + C,$$

则
$$\int f(x)\mathrm{d}x = \int f[\varphi(t)]\mathrm{d}\varphi(t) = \int f[\varphi(t)]\varphi'(t)\mathrm{d}t$$
$$= F(t) + C = F[\varphi^{-1}(x)] + C. \qquad (4-2-2)$$

第二类换元法的关键在于变量代换 $x = \varphi(t)$ 的表达式选择要得当，并使得以 $t$ 作为新变量的不定积分可以用直接积分法或凑微分法求出，求出结果后再将变量 $t$ 用 $t = \varphi^{-1}(x)$ 回代，得到变量 $x$ 的函数.

一般说来，被积函数含根式会给不定积分的求解带来困难. 如果简单变形或凑微分都不能使它变得可以套用公式，这时可以考虑对不定积分做变量代换 $x = \varphi(t)$，使得新不定积分的被积函数不再含根式，即由无理函数转化为有理函数. 关于被积函数中含根式的不定积分，下面主要介绍两种方法.

**1. 被积函数中含根式 $\sqrt[n]{ax+b}$ ($a \neq 0, b$ 为常数,$n > 1$ 且为正整数)**

这时可令 $t = \sqrt[n]{ax+b}$,即做变量代换 $x = \dfrac{1}{a}(t^n - b)$,此时有

$$\mathrm{d}x = \mathrm{d}\left[\dfrac{1}{a}(t^n - b)\right] = \left[\dfrac{1}{a}(t^n - b)\right]' \mathrm{d}t = \dfrac{n}{a}t^{n-1}\mathrm{d}t.$$

这种将根式整体代换的方法称为**根式代换法**.

**2. 被积函数中含根式 $\sqrt{a^2 - x^2}$ ($a > 0$)**

这时可做变量代换 $x = a\sin t$ $\left(-\dfrac{\pi}{2} \leqslant t \leqslant \dfrac{\pi}{2}\right)$ 或 $x = a\cos t$ $(0 \leqslant t \leqslant \pi)$,此时有

$$\mathrm{d}x = \mathrm{d}(a\sin t) = a\cos t\,\mathrm{d}t \quad \text{或} \quad \mathrm{d}x = \mathrm{d}(a\cos t) = -a\sin t\,\mathrm{d}t.$$

这个过程要利用到三角函数恒等式 $\sin^2 x + \cos^2 x = 1$.

**3. 被积函数中含根式 $\sqrt{x^2 + a^2}$ 或 $\sqrt{x^2 - a^2}$ ($a > 0$)**

这时可做变量代换 $x = a\tan t$ $\left(-\dfrac{\pi}{2} < t < \dfrac{\pi}{2}\right)$ 或 $x = a\sec t$ $\left(0 < t < \dfrac{\pi}{2}\right)$,此时有

$$\mathrm{d}x = \mathrm{d}(a\tan t) = a\sec^2 t\,\mathrm{d}t \quad \text{或} \quad \mathrm{d}x = \mathrm{d}(a\sec t) = a\sec t\tan t\,\mathrm{d}t.$$

这个过程要利用到三角函数恒等式 $1 + \tan^2 t = \sec^2 t$.

这种利用三角函数恒等式消去根式的方法称为**三角代换法**.

**例 13** 求 $\displaystyle\int \dfrac{\sqrt{x-1}}{x}\mathrm{d}x$.

**解** 令 $t = \sqrt{x-1}$,则 $x = t^2 + 1$,从而 $\mathrm{d}x = 2t\,\mathrm{d}t$,于是

$$\int \dfrac{\sqrt{x-1}}{x}\mathrm{d}x = \int \dfrac{t}{t^2+1} \cdot 2t\,\mathrm{d}t = 2\int \dfrac{(t^2+1)-1}{t^2+1}\mathrm{d}t$$

$$= 2\int \left(1 - \dfrac{1}{t^2+1}\right)\mathrm{d}t = 2(t - \arctan t) + C.$$

回代 $t = \sqrt{x-1}$,得

$$\int \dfrac{\sqrt{x-1}}{x}\mathrm{d}x = 2\sqrt{x-1} - 2\arctan\sqrt{x-1} + C.$$

**例 14** 求 $\displaystyle\int \dfrac{1}{\sqrt[3]{x} + \sqrt{x}}\mathrm{d}x$.

**解** 令 $t = \sqrt[6]{x}$,则 $x = t^6$,从而 $\mathrm{d}x = 6t^5\,\mathrm{d}t$,于是

$$\int \dfrac{1}{\sqrt[3]{x} + \sqrt{x}}\mathrm{d}x = \int \dfrac{1}{t^2 + t^3} \cdot 6t^5\,\mathrm{d}t = 6\int \dfrac{t^3}{1+t}\mathrm{d}t = 6\int \dfrac{t^3 + 1 - 1}{1+t}\mathrm{d}t$$

$$= 6\int \left(t^2 - t + 1 - \dfrac{1}{1+t}\right)\mathrm{d}t$$

$$= 2t^3 - 3t^2 + 6t - 6\ln|1+t| + C$$

$$= 2\sqrt{x} - 3\sqrt[3]{x} + 6\sqrt[6]{x} - 6\ln(1 + \sqrt[6]{x}) + C.$$

**例 15** 求 $\displaystyle\int \dfrac{1}{\sqrt{1+\mathrm{e}^x}}\mathrm{d}x$.

**解** 令 $t=\sqrt{1+\mathrm{e}^{x}}$，则 $x=\ln(t^{2}-1)$，从而 $\mathrm{d}x=\frac{2t}{t^{2}-1}\mathrm{d}t$，于是

$$\begin{aligned}\int\frac{1}{\sqrt{1+\mathrm{e}^{x}}}\mathrm{d}x&=\int\frac{1}{t}\cdot\frac{2t}{t^{2}-1}\mathrm{d}t=\int\frac{2}{(t+1)(t-1)}\mathrm{d}t=\int\left(\frac{1}{t-1}-\frac{1}{t+1}\right)\mathrm{d}t\\&=\ln|t-1|-\ln|t+1|+C=\ln\left|\frac{t-1}{t+1}\right|+C\\&=\ln\frac{\sqrt{1+\mathrm{e}^{x}}-1}{\sqrt{1+\mathrm{e}^{x}}+1}+C=\ln\frac{(\sqrt{1+\mathrm{e}^{x}}-1)^{2}}{\mathrm{e}^{x}}+C\\&=2\ln(\sqrt{1+\mathrm{e}^{x}}-1)-x+C.\end{aligned}$$

**例 16** 求 $\int\sqrt{a^{2}-x^{2}}\,\mathrm{d}x\ (a>0)$.

**解** 令 $x=a\sin t\left(-\frac{\pi}{2}\leqslant t\leqslant\frac{\pi}{2}\right)$，则 $\mathrm{d}x=a\cos t\mathrm{d}t$，于是

$$\begin{aligned}\int\sqrt{a^{2}-x^{2}}\,\mathrm{d}x&=\int\sqrt{a^{2}-a^{2}\sin^{2}t}\cdot a\cos t\mathrm{d}t=\int a\cos t\cdot a\cos t\mathrm{d}t=a^{2}\int\cos^{2}t\mathrm{d}t\\&=a^{2}\int\frac{1+\cos 2t}{2}\mathrm{d}t=\frac{a^{2}}{2}\left[\int\mathrm{d}t+\frac{1}{2}\int\cos 2t\mathrm{d}(2t)\right]\\&=\frac{a^{2}}{2}\left(t+\frac{1}{2}\sin 2t\right)+C=\frac{a^{2}}{2}(t+\sin t\cos t)+C.\end{aligned}$$

图 4-2

又 $\sin t=\frac{x}{a}$，作辅助直角三角形(见图 4-2)，显然 $\cos t=\frac{\sqrt{a^{2}-x^{2}}}{a}$，于是

$$\begin{aligned}\int\sqrt{a^{2}-x^{2}}\,\mathrm{d}x&=\frac{a^{2}}{2}\left(\arcsin\frac{x}{a}+\frac{x}{a}\cdot\frac{\sqrt{a^{2}-x^{2}}}{a}\right)+C\\&=\frac{a^{2}}{2}\arcsin\frac{x}{a}+\frac{x}{2}\sqrt{a^{2}-x^{2}}+C.\end{aligned}$$

**例 17** 求 $\int\frac{1}{\sqrt{a^{2}+x^{2}}}\mathrm{d}x\ (a>0)$.

**解** 令 $x=a\tan t\left(-\frac{\pi}{2}<t<\frac{\pi}{2}\right)$，则 $\mathrm{d}x=a\sec^{2}t\mathrm{d}t$，于是

$$\begin{aligned}\int\frac{1}{\sqrt{a^{2}+x^{2}}}\mathrm{d}x&=\int\frac{1}{\sqrt{a^{2}+a^{2}\tan^{2}t}}\cdot a\sec^{2}t\mathrm{d}t=\int\frac{1}{a\sec t}\cdot a\sec^{2}t\mathrm{d}t\\&=\int\sec t\mathrm{d}t=\ln|\sec t+\tan t|+C_{1}.\end{aligned}$$

又 $\tan t=\frac{x}{a}$，作辅助直角三角形(见图 4-3)，显然 $\sec t=\frac{1}{\cos t}=\frac{\sqrt{a^{2}+x^{2}}}{a}$，于是

$$\int\frac{1}{\sqrt{a^{2}+x^{2}}}\mathrm{d}x=\ln\left|\frac{\sqrt{a^{2}+x^{2}}}{a}+\frac{x}{a}\right|+C_{1}=\ln|x+\sqrt{a^{2}+x^{2}}|-\ln a+C_{1}.$$

图 4-3

令 $C=C_{1}-\ln a$，则 $C$ 仍为任意常数，所以

$$\int\frac{1}{\sqrt{a^{2}+x^{2}}}\mathrm{d}x=\ln|x+\sqrt{a^{2}+x^{2}}|+C.$$

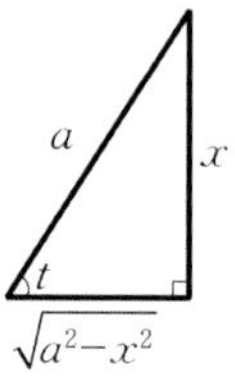

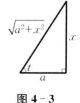

**例 18** 求 $\int \dfrac{1}{\sqrt{x^2-a^2}}dx \ (a>0)$.

**解** 令 $x=a\sec t\left(0<t<\dfrac{\pi}{2}\right)$，则 $dx=a\sec t\tan t\,dt$，于是

$$\int \dfrac{1}{\sqrt{x^2-a^2}}dx = \int \dfrac{1}{\sqrt{a^2\sec^2 t-a^2}}\cdot a\sec t\tan t\,dt$$

$$= \int \dfrac{1}{a\tan t}\cdot a\sec t\tan t\,dt$$

$$= \int \sec t\,dt = \ln|\sec t+\tan t|+C_1.$$

作辅助直角三角形（见图 4-4），则 $\sec t=\dfrac{1}{\cos t}=\dfrac{x}{a}$，$\tan t=\dfrac{\sqrt{x^2-a^2}}{a}$，于是

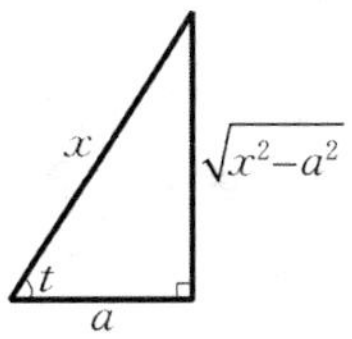

$$\int \dfrac{1}{\sqrt{x^2-a^2}}dx = \ln\left|\dfrac{x}{a}+\dfrac{\sqrt{x^2-a^2}}{a}\right|+C_1$$

$$= \ln|x+\sqrt{x^2-a^2}|+C \quad (C=C_1-\ln a).$$

图 4-4

另外，在含有根式的无理函数积分问题中，设 $m,n$ 分别是被积函数的分子与分母关于 $(x\pm a)$ 的最高次数，当 $n-m>1$ 时，建议采用倒代换的方法.

**例 19** 求 $\int \dfrac{1}{x^2\sqrt{1+x^2}}dx$.

**解** 令 $x=\dfrac{1}{t}$，则 $dx=-\dfrac{1}{t^2}dt$，于是

$$\int \dfrac{1}{x^2\sqrt{1+x^2}}dx = \int \dfrac{1}{\dfrac{1}{t^2}\sqrt{1+\dfrac{1}{t^2}}}\cdot\left(-\dfrac{1}{t^2}\right)dt = -\int \dfrac{t}{\sqrt{t^2+1}}dt$$

$$= -\dfrac{1}{2}\int (t^2+1)^{-\frac{1}{2}}d(t^2+1) = -(t^2+1)^{\frac{1}{2}}+C$$

$$= -\sqrt{\dfrac{1}{x^2}+1}+C = -\dfrac{\sqrt{1+x^2}}{x}+C.$$

例 19 可分为 $x>0$ 与 $x<0$ 两种情况加以讨论，其结果是相同的.

在本节的例题中，有几个不定积分是以后经常会遇到的，它们通常也被当作公式使用. 因此，常用的积分公式，除了基本积分表中的几个外，再增加以下几个（其中常数 $a>0$）:

(14) $\int \tan x\,dx = -\ln|\cos x|+C$;

(15) $\int \cot x\,dx = \ln|\sin x|+C$;

(16) $\int \sec x\,dx = \ln|\sec x+\tan x|+C$;

(17) $\int \csc x\,dx = \ln|\csc x-\cot x|+C$;

(18) $\int \dfrac{1}{a^2+x^2}\mathrm{d}x = \dfrac{1}{a}\arctan\dfrac{x}{a}+C$;

(19) $\int \dfrac{1}{x^2-a^2}\mathrm{d}x = \dfrac{1}{2a}\ln\left|\dfrac{x-a}{x+a}\right|+C$;

(20) $\int \dfrac{1}{\sqrt{x^2\pm a^2}}\mathrm{d}x = \ln|x+\sqrt{x^2\pm a^2}|+C$;

(21) $\int \dfrac{1}{\sqrt{a^2-x^2}}\mathrm{d}x = \arcsin\dfrac{x}{a}+C$.

### ■■■ 小结 ■■■

本节学习需注意以下几点：(1) 掌握第一类换元法（凑微分法）的基本原理和常见的凑微分公式；(2) 掌握第二类换元法的基本原理和常用的两种代换法；(3) 特别要注意换元不仅改变了被积函数，同时也改变了积分变量．

### ■■■ 应用导学 ■■■

(1) 计算不定积分，应首先考虑直接积分法，难以求解再考虑换元积分法．第一类换元法的关键是凑微分，要使得新积分变量与复合函数的中间变量一致才好换元；第二类换元法一般针对含有根式的不定积分，为了化去根式进行合理的换元．但最终求出不定积分的依据离不开基本积分表．(2) 记住常用的积分公式，因为在后续的积分计算中会常常碰到．

### 习题 4-2

**1.** 求下列不定积分：

(1) $\int (3-2x)^{10}\mathrm{d}x$;

(2) $\int \dfrac{1}{5-2x}\mathrm{d}x$;

(3) $\int \dfrac{\mathrm{d}x}{\sqrt[3]{7-x}}$;

(4) $\int \sin(3x+5)\mathrm{d}x$;

(5) $\int \dfrac{\mathrm{d}x}{x\ln^2 x}$;

(6) $\int \dfrac{\mathrm{e}^{\frac{1}{x}}}{x^2}\mathrm{d}x$;

(7) $\int \dfrac{x}{\sqrt{1-x^2}}\mathrm{d}x$;

(8) $\int \dfrac{x^7}{x^8-2}\mathrm{d}x$;

(9) $\int \dfrac{1}{\mathrm{e}^x+\mathrm{e}^{-x}}\mathrm{d}x$;

(10) $\int \dfrac{\mathrm{e}^{2\sqrt{x}}}{\sqrt{x}}\mathrm{d}x$;

(11) $\int \dfrac{1}{x(1+x)}\mathrm{d}x$;

(12) $\int \tan^3 x\,\mathrm{d}x$.

**2.** 求下列不定积分：

(1) $\int \sqrt[5]{x+3}\,dx$；

(2) $\int \dfrac{1}{1+\sqrt[3]{x+1}}\,dx$；

(3) $\int \dfrac{\sqrt{x}}{1+\sqrt[3]{x}}\,dx$；

(4) $\int \dfrac{1}{1+\sqrt{1-x^2}}\,dx$；

(5) $\int \dfrac{1}{\sqrt{(x^2+1)^5}}\,dx$；

(6) $\int \sqrt{1+e^x}\,dx$。

## 第三节　不定积分的分部积分法

前面介绍的直接积分法和换元积分法虽然可以解决不少积分问题，但对于某些不定积分，如 $\int xe^x dx, \int x\cos x\,dx, \int x^2\ln x\,dx, \int \arctan x\,dx$ 等仍求不出来。为了解决这类不定积分求解问题，本节利用两个函数乘积的微分公式和不定积分的性质，推出另一种积分方法——分部积分法。

**定理 1**　设函数 $u=u(x), v=v(x)$ 具有连续导数，则有下列公式成立：
$$\int u\,dv = uv - \int v\,du. \qquad (4-3-1)$$

公式 (4-3-1) 称为**分部积分公式**。

显然，由两个函数乘积的微分公式有 $d(uv)=u\,dv+v\,du$，即
$$u\,dv = d(uv) - v\,du.$$
对上式两边求不定积分，由不定积分的性质得
$$\int u\,dv = \int d(uv) - \int v\,du = uv - \int v\,du.$$

由以上推导过程不难发现，分部积分法实质上就是求两个函数乘积的微分的逆运算，关键在于如何将所给不定积分 $\int f(x)\,dx$ 化为 $\int u\,dv$ 的形式，虽然 $\int u\,dv$ 仍然难积，但是 $\int v\,du$ 容易求得结果，因此可通过右边的不定积分间接来求 $\int u\,dv$。下面通过例子来说明如何运用这个公式。

**例 1**　求 $\int xe^x\,dx$。

**解**　这个不定积分无论用直接积分法或换元积分法都不易求出，现在用分部积分法来求。令 $u=x, dv=e^x dx=d(e^x)$，则 $v=e^x$，由分部积分公式有
$$\int xe^x\,dx = \int x\,d(e^x) = xe^x - \int e^x\,dx = xe^x - e^x + C.$$

如果选择 $u=e^x, dv=x\,dx=d\left(\dfrac{1}{2}x^2\right)$，则 $v=\dfrac{1}{2}x^2$，由分部积分公式有
$$\int xe^x\,dx = \dfrac{1}{2}\int e^x\,d(x^2) = \dfrac{1}{2}\left[x^2 e^x - \int x^2\,d(e^x)\right] = \dfrac{1}{2}x^2 e^x - \dfrac{1}{2}\int x^2 e^x\,dx.$$

而 $\int x^2 e^x dx$ 显然比 $\int xe^x dx$ 更加难积. 从例 1 可以看出, 合理地选择 $u$ 是公式应用的关键, 若选择不当, 可能会使不定积分更加复杂难求.

熟悉分部积分法以后, 计算过程中 $u$ 的选择不一定要单独写出来, 只需把被积函数中的某部分看成 $u$, 而其余部分与 $dx$ 一起凑成 $dv$ 的形式即可. 这里不可避免要进行凑微分, 所以上一节的基本凑微分公式一定要熟悉.

**例 2** 求 $\int x\cos x dx$.

**解** $\int x\cos x dx = \int x d(\sin x) = x\sin x - \int \sin x dx = x\sin x + \cos x + C.$

一般地, 若被积函数是幂函数(指数为正整数)与指数函数或正(余)弦函数相乘, 可以设幂函数为 $u$, 而将其余部分凑进微分号得到相应的 $v$, 再应用分部积分公式.

**例 3** 求 $\int x^2 \ln x dx$.

**解** $\int x^2 \ln x dx = \int \ln x d\left(\dfrac{x^3}{3}\right) = \dfrac{1}{3}\left[x^3 \ln x - \int x^3 d(\ln x)\right] = \dfrac{1}{3}\left(x^3 \ln x - \int x^2 dx\right)$

$= \dfrac{1}{3} x^3 \ln x - \dfrac{1}{3}\int x^2 dx = \dfrac{x^3}{3}\ln x - \dfrac{1}{9}x^3 + C.$

**例 4** 求 $\int x\arctan x dx$.

**解** $\int x\arctan x dx = \dfrac{1}{2}\int \arctan x d(x^2) = \dfrac{1}{2}\left[x^2 \arctan x - \int x^2 d(\arctan x)\right]$

$= \dfrac{1}{2}\left(x^2 \arctan x - \int \dfrac{x^2}{1+x^2} dx\right)$

$= \dfrac{1}{2}\left(x^2 \arctan x - \int \dfrac{1+x^2-1}{1+x^2} dx\right)$

$= \dfrac{1}{2}(x^2 \arctan x - x + \arctan x) + C.$

一般地, 若被积函数是幂函数(指数为正整数)与对数函数或反三角函数相乘, 可以设对数函数或反三角函数为 $u$, 而将幂函数凑进微分号得到相应的 $v$, 再应用分部积分公式.

**例 5** 求 $\int e^x \cos x dx$.

**解** $\int e^x \cos x dx = \int \cos x d(e^x) = e^x \cos x - \int e^x d(\cos x) = e^x \cos x + \int e^x \sin x dx.$

对 $\int e^x \sin x dx$ 再一次地使用分部积分法, 此时 $u$ 和 $dv$ 的选择必须和前面的一致, 否则就走回上一步了, 即

$\int e^x \cos x dx = e^x \cos x + \int \sin x d(e^x) = e^x \cos x + e^x \sin x - \int e^x d(\sin x)$

$= e^x (\cos x + \sin x) - \int e^x \cos x dx.$

此时, 求 $\int e^x \cos x dx$, 只需把它当成未知数一样, 通过移项即可求得

$$\int e^x \cos x dx = \frac{1}{2}e^x(\cos x + \sin x) + C.$$

**注** 移项求解过程中没有出现任意常数 $C$，但不定积分的结果一定带有 $C$，所以最后必须添加进去。此题我们选 $\cos x$ 作为 $u$，其实也可以选 $e^x$ 作为 $u$，得出的结果是一样的，大家可以自行求解。一般地，若被积函数是指数函数与正(余)弦函数相乘，任选一个作为 $u$ 都可以，其余部分凑进微分号。

以下这个例子是通过适当变换或换元之后再用分部积分法才求出不定积分的。

**例 6** 求 $\int e^{\sqrt{x}} dx$.

**解** 令 $\sqrt{x} = t$，则 $x = t^2$，$dx = d(t^2) = 2tdt$，于是
$$\int e^{\sqrt{x}} dx = \int e^t \cdot 2t dt = 2\int t d(e^t) = 2\left(te^t - \int e^t dt\right)$$
$$= 2(te^t - e^t) + C = 2e^{\sqrt{x}}(\sqrt{x} - 1) + C.$$

### ■■■■ 小结 ■■■■

本节学习需注意以下几点：(1) 掌握分部积分公式的推导；(2) 实际应用中合理选择分部积分公式中的 $u$；(3) 需要的情况下可以反复使用分部积分法，或与换元法结合使用。

### ■■■■ 应用导学 ■■■■

(1) 对于分部积分法主要考虑的问题是，当被积函数是"反、对、幂、三、指"两两相乘的形式的时候，选择排在前面的函数作为公式中的 $u$，将剩余部分凑进微分号里确定 $v$，最后套用公式。(2) 当被积函数只有反三角函数或对数函数时，需利用分部积分法。

**1.** 求下列不定积分：

(1) $\int x \sin x dx$;

(2) $\int x^3 \ln x dx$;

(3) $\int \ln(1+x^2) dx$;

(4) $\int x^2 e^{-x} dx$;

(5) $\int \frac{\ln x}{x^2} dx$;

(6) $\int e^{-x} \sin x dx$;

(7) $\int \ln^2 x dx$;

(8) $\int \arctan x dx$;

(9) $\int \sec^3 x dx$.

**2.** 已知 $\frac{\sin x}{x}$ 是函数 $f(x)$ 的原函数，求 $\int x f'(x) dx$.

# 第四节 有理函数的不定积分

到目前为止，我们已经讨论了一些基本的求不定积分的方法，若灵活应用它们，就能求出大多数的不定积分. 下面讨论一种特殊类型初等函数的不定积分 —— **有理函数**的不定积分. 有理函数的一般形式为

$$R(x) = \frac{P(x)}{Q(x)} = \frac{a_0 x^m + a_1 x^{m-1} + \cdots + a_{m-1} x + a_m}{b_0 x^n + b_1 x^{n-1} + \cdots + b_{n-1} x + b_n},$$

其中 $m$ 和 $n$ 为非负整数，$a_0, a_1, \cdots, a_m$ 与 $b_0, b_1, \cdots, b_n$ 都是常数，且 $a_0 \neq 0, b_0 \neq 0$. 设分子与分母没有公因子，当 $m \geqslant n$ 时，称该有理函数为假分式；当 $n > m$ 时，称该有理函数为真分式. 由多项式的除法可知，任何一个假分式总可以化成一个多项式与一个真分式之和. 例如，

$$\frac{x^2 + 2x - 5}{x + 2} = x - \frac{5}{x + 2}.$$

由于多项式的不定积分容易计算，因此对于有理函数的不定积分，我们只要研究真分式的不定积分就可以了.

前面我们计算过 $\int \frac{1}{x^2 - a^2} \mathrm{d}x$，计算过程中先把分式 $\frac{1}{x^2 - a^2}$ 化为两个简单真分式的和，即

$$\frac{1}{x^2 - a^2} = \frac{1}{(x-a)(x+a)} = \frac{1}{2a}\left(\frac{1}{x-a} + \frac{-1}{x+a}\right).$$

而这两个简单真分式，其不定积分容易求得. 受这类问题的启发，我们自然而然地想到：真分式 $\frac{P(x)}{Q(x)}$ 的分母 $Q(x)$ 能否进行因式分解？真分式 $\frac{P(x)}{Q(x)}$ 能否拆分成几个简单真分式之和？回答是肯定的，并且有下面两个结论：

(1) $Q(x)$ 在实数范围内总可分解成一次因式和二次因式的乘积，即

$$Q(x) = b_0 (x-a)^\alpha \cdots (x-b)^\beta (x^2 + px + q)^\lambda \cdots (x^2 + rx + s)^\mu, \quad (4-4-1)$$

其中 $b_0, a, \cdots, b, p, q, \cdots, r, s$ 都为实数，且 $p^2 - 4q < 0, \cdots, r^2 - 4s < 0, \alpha, \cdots, \beta, \lambda, \cdots, \mu$ 为正整数.

(2) 真分式 $\frac{P(x)}{Q(x)}$ 可以分解成

$$\begin{aligned}
\frac{P(x)}{Q(x)} &= \frac{A_1}{x-a} + \frac{A_2}{(x-a)^2} + \cdots + \frac{A_\alpha}{(x-a)^\alpha} + \cdots \\
&\quad + \frac{B_1}{x-b} + \frac{B_2}{(x-b)^2} + \cdots + \frac{B_\beta}{(x-b)^\beta} \\
&\quad + \frac{C_1 x + D_1}{x^2 + px + q} + \frac{C_2 x + D_2}{(x^2 + px + q)^2} + \cdots + \frac{C_\lambda x + D_\lambda}{(x^2 + px + q)^\lambda} + \cdots \\
&\quad + \frac{E_1 x + F_1}{x^2 + rx + s} + \frac{E_2 x + F_2}{(x^2 + rx + s)^2} + \cdots + \frac{E_\mu x + F_\mu}{(x^2 + rx + s)^\mu},
\end{aligned} \quad (4-4-2)$$

其中 $A_1, \cdots, A_\alpha, \cdots, B_1, \cdots, B_\beta, C_1, D_1, \cdots, C_\lambda, D_\lambda, \cdots, E_1, F_1, \cdots, E_\mu, F_\mu$ 都是常数.

因此，求 $\frac{P(x)}{Q(x)}$ 的不定积分问题就转化为求简单真分式的不定积分问题，从而解决了有

理函数的不定积分问题. 例如,
$$\frac{2x+1}{x^2-6x+8} = \frac{2x+1}{(x-4)(x-2)} = \frac{A_1}{x-4} + \frac{B_1}{x-2},$$
$$\frac{x^2+2}{x(x-1)^2} = \frac{A_1}{x} + \frac{B_1}{x-1} + \frac{B_2}{(x-1)^2},$$
$$\frac{x^2+2x-1}{(x-1)(x^2-x+1)} = \frac{A_1}{x-1} + \frac{C_1 x + D_1}{x^2-x+1}.$$

上面各式的待定系数可用下面的两种方法求出:

(1) 比较系数法. 将分解式两边去分母,得出一个关于 $x$ 的恒等式,然后比较等式两边 $x$ 同次幂项的系数,可得到一组线性方程组,解这个方程组,即可求出待定系数.

例如,$\dfrac{2x+1}{x^2-6x+8} = \dfrac{2x+1}{(x-4)(x-2)} = \dfrac{A_1}{x-4} + \dfrac{B_1}{x-2}$,有
$$2x+1 = A_1(x-2) + B_1(x-4),$$
即
$$2x+1 = (A_1+B_1)x - (2A_1+4B_1).$$

上式两边 $x$ 同次幂项的系数和常数项必须对应相等,所以有
$$\begin{cases} A_1 + B_1 = 2, \\ -(2A_1 + 4B_1) = 1, \end{cases}$$
解得
$$A_1 = \frac{9}{2}, \quad B_1 = -\frac{5}{2}.$$

(2) 特殊取值法. 将两边消去分母后,令 $x$ 取适当的值代入等式,可得到一组线性方程组,解方程组即可求出待定系数. 如上例的恒等式
$$2x+1 = A_1(x-2) + B_1(x-4),$$
令 $x=2$,得 $B_1 = -\dfrac{5}{2}$;令 $x=4$,得 $A_1 = \dfrac{9}{2}$.

**例 1** 求 $\displaystyle\int \frac{2x+1}{x^2-6x+8} \mathrm{d}x$.

**解** 因为
$$\frac{2x+1}{x^2-6x+8} = \frac{2x+1}{(x-4)(x-2)} = \frac{\frac{9}{2}}{x-4} + \frac{-\frac{5}{2}}{x-2},$$
所以
$$\int \frac{2x+1}{x^2-6x+8} \mathrm{d}x = \int \left( \frac{\frac{9}{2}}{x-4} + \frac{-\frac{5}{2}}{x-2} \right) \mathrm{d}x = \frac{9}{2} \int \frac{1}{x-4} \mathrm{d}x - \frac{5}{2} \int \frac{1}{x-2} \mathrm{d}x$$
$$= \frac{9}{2} \ln|x-4| - \frac{5}{2} \ln|x-2| + C.$$

**例 2** 求 $\displaystyle\int \frac{x^2+2}{x(x-1)^2} \mathrm{d}x$.

**解** 因为
$$\frac{x^2+2}{x(x-1)^2} = \frac{A_1}{x} + \frac{B_1}{x-1} + \frac{B_2}{(x-1)^2},$$

将两边消去分母,得
$$x^2+2 = A_1(x-1)^2 + B_1 x(x-1) + B_2 x$$
$$= (A_1+B_1)x^2 - (2A_1+B_1-B_2)x + A_1.$$

用比较系数法解得 $A_1=2, B_1=-1, B_2=3$,即
$$\frac{x^2+2}{x(x-1)^2} = \frac{2}{x} + \frac{-1}{x-1} + \frac{3}{(x-1)^2},$$

所以
$$\int \frac{x^2+2}{x(x-1)^2} dx = \int \left[\frac{2}{x} + \frac{-1}{x-1} + \frac{3}{(x-1)^2}\right] dx$$
$$= 2\int \frac{1}{x} dx - \int \frac{1}{x-1} d(x-1) + 3\int \frac{1}{(x-1)^2} d(x-1)$$
$$= 2\ln|x| - \ln|x-1| - \frac{3}{x-1} + C.$$

**例 3** 求 $\int \frac{x^2+2x-1}{(x-1)(x^2-x+1)} dx$.

**解** 因为
$$\frac{x^2+2x-1}{(x-1)(x^2-x+1)} = \frac{A_1}{x-1} + \frac{C_1 x + D_1}{x^2-x+1},$$

将两边消去分母,得
$$x^2+2x-1 = A_1(x^2-x+1) + (C_1 x + D_1)(x-1)$$
$$= (A_1+C_1)x^2 - (A_1+C_1-D_1)x + (A_1-D_1).$$

用比较系数法解得 $A_1=2, C_1=-1, D_1=3$,即
$$\frac{x^2+2x-1}{(x-1)(x^2-x+1)} = \frac{2}{x-1} + \frac{-x+3}{x^2-x+1},$$

所以
$$\int \frac{x^2+2x-1}{(x-1)(x^2-x+1)} dx = \int \left(\frac{2}{x-1} + \frac{-x+3}{x^2-x+1}\right) dx$$
$$= 2\int \frac{1}{x-1} d(x-1) + \int \frac{\left(-x+\frac{1}{2}\right)+\frac{5}{2}}{x^2-x+1} dx$$
$$= 2\ln|x-1| - \frac{1}{2}\int \frac{2x-1}{x^2-x+1} dx + \frac{5}{2} \cdot \frac{4}{3}\int \frac{1}{\left(\frac{2x-1}{\sqrt{3}}\right)^2+1} dx$$
$$= 2\ln|x-1| - \frac{1}{2}\ln(x^2-x+1) + \frac{5}{2} \cdot \frac{2}{\sqrt{3}}\int \frac{1}{\left(\frac{2x-1}{\sqrt{3}}\right)^2+1} d\left(\frac{2x-1}{\sqrt{3}}\right)$$
$$= 2\ln|x-1| - \frac{1}{2}\ln(x^2-x+1) + \frac{5}{\sqrt{3}}\arctan\frac{2x-1}{\sqrt{3}} + C.$$

**例 4** 求 $\int \frac{2x}{(1+x)(1+x^2)^2} dx$.

**解** 因为

$$\frac{2x}{(1+x)(1+x^2)^2} = \frac{A_1}{1+x} + \frac{C_1 x + D_1}{1+x^2} + \frac{C_2 x + D_2}{(1+x^2)^2},$$

将两边消去分母,得
$$2x = A_1(1+x^2)^2 + (C_1 x + D_1)(1+x)(1+x^2) + (C_2 x + D_2)(1+x).$$

令 $x = -1$,得 $A_1 = -\frac{1}{2}$;

考察 $x^4$ 的系数有 $A_1 + C_1 = 0$,得 $C_1 = \frac{1}{2}$;

考察 $x^3$ 的系数有 $C_1 + D_1 = 0$,得 $D_1 = -\frac{1}{2}$;

考察 $x^2$ 的系数有 $2A_1 + D_1 + C_1 + C_2 = 0$,得 $C_2 = 1$;

考察常数项有 $A_1 + D_1 + D_2 = 0$,得 $D_2 = 1$.

于是
$$\frac{2x}{(1+x)(1+x^2)^2} = -\frac{1}{2(1+x)} + \frac{x-1}{2(1+x^2)} + \frac{x+1}{(1+x^2)^2},$$

故
$$\int \frac{2x}{(1+x)(1+x^2)^2} \mathrm{d}x$$
$$= -\frac{1}{2}\int \frac{1}{1+x}\mathrm{d}x + \frac{1}{2}\int \frac{x}{1+x^2}\mathrm{d}x - \frac{1}{2}\int \frac{1}{1+x^2}\mathrm{d}x + \int \frac{x}{(1+x^2)^2}\mathrm{d}x + \int \frac{1}{(1+x^2)^2}\mathrm{d}x$$
$$= -\frac{1}{2}\ln|1+x| + \frac{1}{4}\ln(1+x^2) - \frac{1}{2}\arctan x - \frac{1}{2(1+x^2)} + \int \frac{1}{(1+x^2)^2}\mathrm{d}x.$$

而
$$\int \frac{1}{(1+x^2)^2}\mathrm{d}x \xrightarrow{\text{令 }x = \tan t} \int \frac{1}{\sec^4 t} \cdot \sec^2 t \mathrm{d}t = \int \cos^2 t \mathrm{d}t$$
$$= \frac{1}{2}t + \frac{1}{2}\sin t \cos t + C \xrightarrow{\text{回代}} \frac{1}{2}\arctan x + \frac{x}{2(1+x^2)} + C,$$

代入原式并整理,得
$$\int \frac{2x}{(1+x)(1+x^2)^2}\mathrm{d}x = \frac{1}{4}\ln \frac{1+x^2}{(1+x)^2} + \frac{x-1}{2(1+x^2)} + C.$$

■■■■ 小结 ■■■■

本节学习需注意以下几点:(1)掌握有理函数的分解;(2)对于真分式的有理函数,掌握将其拆成简单真分式之和;(3)需要的情况下有理函数的不定积分可与换元积分法或分部积分法结合使用.

■■■■ 应用导学 ■■■■

对于有理函数的不定积分,主要考虑的问题是如何将有理函数拆分成简单真分式之和.在实际解题过程中,只有在熟悉典型例子应用基础上,能触类旁通,灵活应用,才能更好地求解有理函数的不定积分.

 习题 4-4

求下列不定积分：

(1) $\int \dfrac{x^3}{x-1}\,\mathrm{d}x$；

(2) $\int \dfrac{1}{1+x^3}\,\mathrm{d}x$；

(3) $\int \dfrac{x+1}{x^2-2x+5}\,\mathrm{d}x$；

(4) $\int \dfrac{x+4}{(x+2)(x^2-1)}\,\mathrm{d}x$；

(5) $\int \dfrac{1}{x(x^2+1)}\,\mathrm{d}x$；

(6) $\int \dfrac{x-3}{x^3-x}\,\mathrm{d}x$.

## 知识网络图

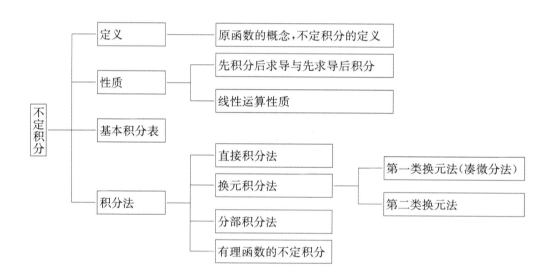

## 总习题四（A类）

1. 填空题：

(1) $\int x^2 \mathrm{e}^{-x^3}\,\mathrm{d}x = $ _____；

(2) $\int \dfrac{x}{\sqrt{1-x^4}}\,\mathrm{d}x = $ _____；

(3) 设 $\mathrm{e}^{-2x}$ 是 $f(x)$ 的一个原函数，则 $f'(x) = $ _____；

(4) 如果 $\int f(x)\,\mathrm{d}x = F(x)+C$，则 $\int \mathrm{e}^x f(\mathrm{e}^x)\,\mathrm{d}x = $ _____.

2. 判断题：

(1) $\mathrm{d}\int f(x)\,\mathrm{d}x = f(x)\,\mathrm{d}x$； (    )

(2) $\int \cos x \, dx = \sin x + C^2$;  ( )

(3) $\int f'(ax+b) \, dx = \dfrac{1}{a} f(ax+b) + C$;  ( )

(4) 若 $f(x) \leqslant g(x)$，则 $\int f(x) \, dx \leqslant \int g(x) \, dx$；  ( )

(5) 因为 $(e^{-x^2})' = -2x e^{-x^2}$，所以 $e^{-x^2}$ 是 $-2x e^{-x^2}$ 的不定积分；  ( )

(6) $\int e^x \left( \dfrac{1+x}{1+x^2} \right)^2 dx = \dfrac{e^x}{1+x^2} + C$.  ( )

3. 求下列不定积分：

(1) $\int \dfrac{x^2 + \sqrt{x^3} + 4}{\sqrt{x}} \, dx$;

(2) $\int \dfrac{x^4}{1+x^2} \, dx$;

(3) $\int \dfrac{x^2 + x + 1}{x(1+x^2)} \, dx$;

(4) $\int (e^x + x^e + e^e) \, dx$;

(5) $\int \sin^2 \dfrac{x}{2} \, dx$;

(6) $\int \dfrac{1}{\sin^2 \dfrac{x}{2} \cos^2 \dfrac{x}{2}} \, dx$;

(7) $\int \dfrac{(x+1)^3}{x^2} \, dx$;

(8) $\int \dfrac{e^{2x} - 1}{e^x - 1} \, dx$;

(9) $\int \dfrac{1}{x^2(1+x^2)} \, dx$.

4. 求下列不定积分：

(1) $\int (2-x)^{\frac{3}{2}} \, dx$;

(2) $\int \dfrac{1}{(2x-5)^2} \, dx$;

(3) $\int \dfrac{2x}{1+x^2} \, dx$;

(4) $\int x \sqrt{x^2 - 3} \, dx$;

(5) $\int \dfrac{\ln^2 x}{x} \, dx$;

(6) $\int \dfrac{e^x}{e^x - 1} \, dx$;

(7) $\int \dfrac{1}{x^2 + 4} \, dx$;

(8) $\int \cos^5 x \, dx$;

(9) $\int \dfrac{1}{\sin x \cos x} \, dx$.

5. 求下列不定积分：

(1) $\int x \sqrt{x-1} \, dx$;

(2) $\int \dfrac{1}{\sqrt{2x-1}+1} \, dx$;

(3) $\int (1-x^2)^{-\frac{3}{2}} \, dx$;

(4) $\int \dfrac{1}{(1+x^2)^2} \, dx$;

(5) $\int \dfrac{1}{\sqrt{1+e^x}} \, dx$;

(6) $\int \dfrac{\sqrt{x}}{1+x} \, dx$;

(7) $\int \dfrac{x^2}{\sqrt{a^2 - x^2}} \, dx$;

(8) $\int \dfrac{\sqrt{a^2 - x^2}}{x^4} \, dx$.

6. 求下列不定积分：

(1) $\int \ln(x^2-1)\mathrm{d}x$;

(2) $\int x\mathrm{e}^{-x}\mathrm{d}x$;

(3) $\int x^2 \arctan x \mathrm{d}x$;

(4) $\int x^3 \ln^2 x \mathrm{d}x$;

(5) $\int \dfrac{\ln \ln x}{x}\mathrm{d}x$;

(6) $\int \arcsin x \mathrm{d}x$;

(7) $\int \sin(\ln x)\mathrm{d}x$;

(8) $\int \mathrm{e}^{\sqrt[3]{x}}\mathrm{d}x$;

(9) $\int x \operatorname{arccos} x \mathrm{d}x$.

7. 求下列不定积分：

(1) $\int \dfrac{x^2}{x+4}\mathrm{d}x$;

(2) $\int \dfrac{1}{x^2-2x-8}\mathrm{d}x$;

(3) $\int \dfrac{2x+1}{x^2+4x+5}\mathrm{d}x$;

(4) $\int \dfrac{5x+4}{x^3+4x^2+4x}\mathrm{d}x$;

(5) $\int \dfrac{1}{(x+1)(x+2)^2}\mathrm{d}x$;

(6) $\int \dfrac{3x^2-x+3}{(x-1)(x^2+2x+2)}\mathrm{d}x$.

8. 已知某产品的边际成本(单位:元／单位)为 $C'(x)=2x+10$, 固定成本为 20 元, 求成本函数.

9. 某商场销售某产品的边际收入为 $R'(x)=78-1.2x$, 求收入函数.

## 总习题四（B类）

1. 求 $\int \ln\left(1+\sqrt{\dfrac{1+x}{x}}\right)\mathrm{d}x\ (x>0)$.

2. 求 $\int \dfrac{\arcsin \sqrt{x}+\ln x}{\sqrt{x}}\mathrm{d}x$.

3. 求 $\int \mathrm{e}^x \arcsin \sqrt{1-\mathrm{e}^{2x}}\mathrm{d}x$.

# 第五章 定积分及其应用

**本章导学**

在本章中我们将讨论高等数学中另外一个非常重要的概念——定积分.本章主要包含以下四个部分的内容:通过一些具体的问题引入定积分的概念及其性质;介绍微积分基本定理,该定理不仅给定积分提供了一个非常便捷的计算方法,还极大地扩展了定积分的应用,更重要的是实现了微分学与积分学的完美统一;介绍求定积分的计算方法,包括换元积分法及分部积分法;最后介绍定积分在几何学、经济学上的一些应用,其目的是通过这些具体应用,加深对定积分概念的理解.

**问题背景**

早在公元前 3 世纪,古希腊的阿基米德(Archimedes)在研究抛物弓形的面积、球和球冠面积及旋转体体积的问题中,就隐含了近代积分学的思想.随着作为微分学基础的极限理论的不断完善及成熟,到了 17 世纪,一些急需解决的科学问题最终促成了微积分理论的产生.这些问题大致包括:瞬时速度问题;曲线的切线问题;函数的最大值和最小值问题;曲线围成的面积、曲面围成的体积、物体的重心问题等.在这些问题中,瞬时速度、切线及最值问题属于微分学研究的范畴.而面积、体积及重心等问题最终导致了定积分理论的出现.17 世纪下半叶,在前人的工作基础上,英国科学家牛顿(Newton)和德国数学家莱布尼茨(Leibniz)分别完成了微积分理论的奠基性工作,把貌似毫无关系的微分、积分问题联系在一起,使得微积分成为一门正式的学科.

## 第一节 定积分的概念及其性质

在本节中,我们首先通过对一些具体问题的探讨引入定积分的概念,并在此基础上给出定积分的定义及一些简单的性质.

首先思考一个问题:给定一个连续函数 $y = f(x)$,其中 $f(x) > 0$(函数图形位于 $x$ 轴上方),求由曲线 $y = f(x)$ 与 $x$ 轴,直线 $x = a, x = b$ 所围成区域的面积(见图 5-1).

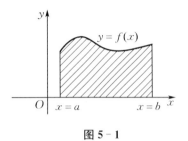

图 5-1

此外,在本节中我们还将讨论另一个问题:一辆小汽车沿直线行驶,其在 $t$ 时刻的速度为 $v(t)$,求该小汽车从 $t=a$ 时刻到 $t=b(b>a)$ 时刻所走过的路程.

上面所提到的两个问题具有不同的几何、物理背景,但是它们在数学上具有一些非常重要的共性.求解这类问题的一个通用做法是:先求它的近似值,然后进一步降低误差,如果能够使误差的极限趋于零,那么该问题就解决了.

## 一、定积分问题举例

**1. 曲边梯形面积问题**

给定连续函数 $y=f(x)$,其中 $f(x)>0$,求由曲线 $y=f(x)$ 与 $x$ 轴,直线 $x=a,x=b$ 所围成区域的面积(见图 5-2).

在已知的求面积公式中,没有任何公式可以直接计算该区域的面积.但是我们可以利用矩形的面积公式来近似计算该区域(此类区域称为**曲边梯形**)的面积.具体的做法是:首先将区间 $[a,b]$ 分为 $n$ 个小区间,第 $i$ 个小区间的长度为
$$\Delta x_i = x_i - x_{i-1}, \quad i=1,2,\cdots,n.$$
然后在区间 $[x_{i-1},x_i]$ 上任取一点 $\xi_i$,用 $f(\xi_i)$ 近似作为该小区间内的窄曲边梯形的高.用窄矩形面积 $f(\xi_i)\Delta x_i$ 近似作为窄曲边梯形的面积,用所有窄矩形面积的和近似作为整个曲边梯形的面积,这样就得到曲边梯形面积的近似值.当把 $[a,b]$ 无限细分时,如果每个小区间的长度都趋于零,所有窄矩形面积和的极限就称为曲边梯形的面积.以上过程具体步骤如下:

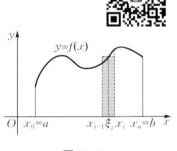

图 5-2

(1) **分割**:在区间 $[a,b]$ 内任意插入 $n-1$ 个分点 $x_1,x_2,\cdots,x_{n-1}$,令
$$a=x_0<x_1<x_2<\cdots<x_{n-1}<x_n=b,$$
这 $n-1$ 个分点把区间 $[a,b]$ 分为 $n$ 个小区间,第 $i$ 个小区间的长度为
$$\Delta x_i = x_i - x_{i-1} \quad (i=1,2,\cdots,n).$$

(2) **求近似**:在第 $i$ 个小区间上,任取一点 $\xi_i \in [x_{i-1},x_i]$,用 $f(\xi_i)\Delta x_i (i=1,2,\cdots,n)$ 作为该区间上窄曲边梯形面积的近似值,用和式 $\sum_{i=1}^{n} f(\xi_i)\Delta x_i$ 作为整个曲边梯形面积的近似值.

(3) **取极限**:记 $\lambda = \max_{1 \leqslant i \leqslant n}\{\Delta x_i\}$,当 $\lambda \to 0$ 时,上述和式的极限
$$\lim_{\lambda \to 0} \sum_{i=1}^{n} f(\xi_i)\Delta x_i$$
即为所求曲边梯形的面积.

**2. 变速直线运动的速度及路程问题**

假设一辆小汽车沿直线运动,其在 $t$ 时刻的速度为 $v(t)$,求该小汽车在 $[a,b]$ 时间段所走过的路程.

下面我们利用以上求曲边梯形面积的方法求该小汽车所走过的路程.

(1) **分割**：在区间$[a,b]$内任意插入$n-1$个分点$t_1,t_2,\cdots,t_{n-1}$,令
$$a=t_0<t_1<t_2<\cdots<t_{n-1}<t_n=b,$$
这$n-1$个分点把区间$[a,b]$分为$n$个小区间,第$i$个小区间的长度为
$$\Delta t_i=t_i-t_{i-1} \quad (i=1,2,\cdots,n).$$

(2) **求近似**：在第$i$个小区间上,任取一点$\xi_i\in[t_{i-1},t_i]$,用$v(\xi_i)\Delta t_i(i=1,2,\cdots,n)$作为小汽车在$[t_{i-1},t_i]$时间段内所走过路程的近似值,用和式$\sum_{i=1}^{n}v(\xi_i)\Delta t_i$作为小汽车在$[a,b]$时间段所走过路程的近似值.

(3) **取极限**：记$\lambda=\max\limits_{1\leqslant i\leqslant n}\{\Delta t_i\}$,当$\lambda\to 0$时,上述和式的极限
$$\lim_{\lambda\to 0}\sum_{i=1}^{n}v(\xi_i)\Delta t_i$$
即为小汽车所走过的路程.

虽然上面的两个例子具有不同的实际背景,但是解决问题的思路及数学方法却是相同的.如果抛开这些问题的具体意义,概括处理这些问题的一般数学方法,我们可以抽象出下述定积分的定义.

## 二、定积分的定义

抛开这些问题中具体的几何、物理背景,以上处理曲边梯形面积及路程问题方法的一般数学步骤如下：

(1) **分割**：给定区间$[a,b]$上的连续函数$f(x)$,在$[a,b]$内任意插入$n-1$个分点
$$a=x_0<x_1<x_2<\cdots<x_{n-1}<x_n=b,$$
把$[a,b]$分为$n$个小区间,其中第$i$个小区间的长度为$\Delta x_i=x_i-x_{i-1}(i=1,2,\cdots,n)$(在很多时候,为了便于计算,往往采用均分)；

(2) **求近似**：在第$i$个小区间$[x_{i-1},x_i]$上,任取一点$\xi_i\in[x_{i-1},x_i]$,用函数$f(x)$在该点的值$f(\xi_i)$乘以小区间的长度$\Delta x_i=x_i-x_{i-1}$,即计算$f(\xi_i)\Delta x_i(i=1,2,\cdots,n)$,然后计算和式$\sum_{i=1}^{n}f(\xi_i)\Delta x_i$；

(3) **取极限**：对和式$\sum_{i=1}^{n}f(\xi_i)\Delta x_i$求极限$\lim\limits_{\lambda\to 0}\sum_{i=1}^{n}f(\xi_i)\Delta x_i$,其中$\lambda=\max\limits_{1\leqslant i\leqslant n}\{\Delta x_i\}$(如果是等分,则条件$\lambda\to 0$与$n\to\infty$是等价的).

通过以上步骤,我们可以得到一类非常典型的极限问题：
$$\lim_{\lambda\to 0}\sum_{i=1}^{n}f(\xi_i)\Delta x_i. \tag{5-1-1}$$

一般地,称和式$\sum_{i=1}^{n}f(\xi_i)\Delta x_i$为函数$f(x)$在区间$[a,b]$上的**积分和**(**黎曼和**),(5-1-1)式为黎曼和的极限.在分割细度$\lambda\to 0$时,黎曼和极限本质上是无穷多个无穷小和的极限.在数学上,我们将此定义为如下的定积分问题.

**·定义1** 设$f(x)$为闭区间$[a,b]$上的有界函数,令

(1) $a=x_0<x_1<x_2<\cdots<x_{n-1}<x_n=b$；

(2) $\Delta x_i = x_i - x_{i-1}, i = 1, 2, \cdots, n$;
(3) $n \to \infty$ 时，$\lambda \to 0 (\lambda = \max\limits_{1 \leqslant i \leqslant n}\{\Delta x_i\})$；
(4) $x_{i-1} \leqslant \xi_i \leqslant x_i, i = 1, 2, \cdots, n$.

如果极限 $\lim\limits_{\lambda \to 0} \sum\limits_{i=1}^{n} f(\xi_i) \Delta x_i$ 存在，且与区间的分割方式及 $\xi_i$ 的选取方式无关，则称函数 $f(x)$ 在区间 $[a,b]$ 上**可积**，称该极限为 $f(x)$ 在区间 $[a,b]$ 上的**定积分**，记作

$$I = \int_a^b f(x) \mathrm{d}x = \lim\limits_{\lambda \to 0} \sum\limits_{i=1}^{n} f(\xi_i) \Delta x_i, \qquad (5-1-2)$$

其中 $f(x)$ 称为**被积函数**，$x$ 称为**积分变量**，$a$ 称为**积分下限**，$b$ 称为**积分上限**，$f(x)\mathrm{d}x$ 称为**被积表达式**，$\lambda$ 称为分割的**细度**.

下面我们讨论定积分的几何意义. 如果在 $[a,b]$ 上 $f(x) \geqslant 0$，我们知道定积分 $I = \int_a^b f(x) \mathrm{d}x$ 表示由曲线 $y = f(x)$，直线 $x = a, x = b$ 及 $x$ 轴所围成曲边梯形的面积；如果在 $[a,b]$ 上 $f(x) \leqslant 0$，则由曲线 $y = f(x), x = a, x = b$ 及 $x$ 轴所围成的曲边梯形位于 $x$ 轴下方，定积分 $I = \int_a^b f(x) \mathrm{d}x$ 表示该曲边梯形面积的相反数；如果在 $[a,b]$ 上 $f(x)$ 部分位于 $x$ 轴上方，部分位于 $x$ 轴下方，则 $I = \int_a^b f(x) \mathrm{d}x$ 表示 $x$ 轴上方平面图形的面积减去 $x$ 轴下方平面图形的面积.

定积分的定义式 (5-1-2) 已经给出了计算定积分的一种方法，即首先做积分和再求极限，但比较复杂. 若已知函数 $f(x)$ 在 $[a,b]$ 上可积，由极限的唯一性，该极限与区间 $[a,b]$ 的分割方式及 $\xi_i$ 的选取方式无关，为了便于计算，可做 $[a,b]$ 的一个特殊分割（如等分分割等），在 $[x_{i-1}, x_i]$ 上选取特殊的 $\xi_i$（如可以取左、右端点），做积分和，然后求极限，便可以得到 $f(x)$ 在 $[a,b]$ 上的定积分.

关于定积分，还有一个重要的问题：函数 $f(x)$ 在区间 $[a,b]$ 上满足怎样的条件时一定可积？关于这个问题，本书不做深入讨论，只给出下面两个定理.

**定理 1** 若函数 $f(x)$ 在区间 $[a,b]$ 上连续，则 $f(x)$ 在区间 $[a,b]$ 上可积.

**定理 2** 若函数 $f(x)$ 在区间 $[a,b]$ 上有界，且只有有限个间断点，则 $f(x)$ 在区间 $[a,b]$ 上可积.

由于初等函数在其定义区间内是连续的，故初等函数在其定义域内的闭区间上可积.

**例 1** 求在 $[0,1]$ 上以抛物线 $y = x^2$ 为曲边的曲边三角形的面积.

**解** 函数 $y = x^2$ 在 $[0,1]$ 上可积，为了便于计算，我们把 $[0,1]$ $n$ 等分，分点为 $x_i = \dfrac{i}{n}$，$i = 1, 2, \cdots, n-1$，其中每个小区间的长度为 $\Delta x_i = \dfrac{1}{n}$. 取 $\xi_i = x_i, i = 1, 2, \cdots, n$，则有

$$\sum_{i=1}^{n} f(\xi_i) \Delta x_i = \sum_{i=1}^{n} \xi_i^2 \cdot \frac{1}{n} = \sum_{i=1}^{n} x_i^2 \cdot \frac{1}{n} = \sum_{i=1}^{n} \left(\frac{i}{n}\right)^2 \cdot \frac{1}{n}$$
$$= \frac{1}{n^3} \cdot \frac{1}{6} n(n+1)(2n+1) = \frac{1}{6}\left(1 + \frac{1}{n}\right)\left(2 + \frac{1}{n}\right).$$

对上式求极限可得所求曲边三角形的面积为

$$\int_0^1 x^2 \mathrm{d}x = \lim_{n\to\infty} \frac{1}{6}\left(1+\frac{1}{n}\right)\left(2+\frac{1}{n}\right) = \frac{1}{3}.$$

由例 1 可知,通过定义直接求定积分是相当复杂的.关于定积分的计算问题,我们将在本章第二节中介绍.在此之前我们先介绍定积分的几个简单性质.

### 三、定积分的性质

为了便于定积分的计算及应用,下面对定积分做以下两点补充规定:

(1) 若 $a = b$,则 $\int_a^b f(x)\mathrm{d}x = 0$;

(2) 若 $b < a$,则 $\int_a^b f(x)\mathrm{d}x = -\int_b^a f(x)\mathrm{d}x$.

**注** 对于第一条补充规定,如果 $a=b$,则表明积分区间的长度为零,此时无论 $f(x)$ 为何值,$f(x)\Delta x = f(x) \cdot 0 = 0$;对于第二条补充规定,由于在定积分的定义中,我们假设 $b>a$,且分割是从 $x=a$ 开始到 $x=b$ 结束,这样的分割使得 $\Delta x_i > 0$,如果积分上限 $b$ 小于积分下限 $a$,则表明 $\Delta x_i < 0, i = 1,2,\cdots,n$,由定积分的定义即可得到该性质.

在下列定积分的性质中,我们均假设函数 $f(x)$ 在 $[a,b]$ 上的定积分存在,且对积分上、下限 $a,b$ 的大小不做限制.

**性质 1** 设函数 $f(x), g(x)$ 在 $[a,b]$ 上可积,$k_1, k_2$ 为任意常数,则

$$\int_a^b [k_1 f(x) \pm k_2 g(x)]\mathrm{d}x = k_1 \int_a^b f(x)\mathrm{d}x \pm k_2 \int_a^b g(x)\mathrm{d}x.$$

该性质可以通过定积分的定义式(5-1-2)直接计算得到,是定积分重要的线性运算性质.

**性质 2** 设函数 $f(x)$ 在区间 $I$ 上可积,$a,b,c$ 为 $I$ 中任意常数,则

$$\int_a^b f(x)\mathrm{d}x = \int_a^c f(x)\mathrm{d}x + \int_c^b f(x)\mathrm{d}x.$$

在上述性质中,对 $a,b,c$ 间的大小关系没有任何限制,该性质表明定积分对积分区间具有可加性.

**性质 3** 设 $M,m$ 分别为函数 $f(x)$ 在 $[a,b]$ 上的最大值和最小值,且 $f(x)$ 在 $[a,b]$ 上可积,则

$$m(b-a) \leqslant \int_a^b f(x)\mathrm{d}x \leqslant M(b-a).$$

该性质表明,由被积函数在积分区间上的最大值和最小值,可以估计定积分的大致范围.

**性质 4(积分中值定理)** 设函数 $f(x)$ 在 $[a,b]$ 上连续,则在 $[a,b]$ 上至少存在一点 $\xi$,使得

$$\int_a^b f(x)\mathrm{d}x = f(\xi)(b-a).$$

积分中值定理的几何解释:如果 $f(x)$ 在 $[a,b]$ 上连续,则在 $[a,b]$ 上至少存在一点 $\xi$,使得以区间 $[a,b]$ 为底,$y = f(x)$ 为曲边的曲边梯形的面积等于同一底边而高为 $f(\xi)$ 的矩形的面积(见图 5-3).我们也称 $f(\xi)$ 为函数

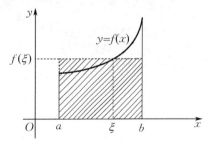

图 5-3

$f(x)$ 在 $[a,b]$ 上的均值, 即

$$f(\xi) = \frac{\int_a^b f(x)\,\mathrm{d}x}{b-a}. \tag{5-1-3}$$

■■■■ 小结 ■■■■

在本节中,我们通过对一些常见的几何、物理问题的探讨,建立了求解这类问题的一般数学模型,并在此基础上给出了定积分的定义. 虽然我们是通过计算面积及路程问题引入定积分的概念,但是定积分定义本身并不依赖于任何具体的几何或物理背景. 定积分本质是一类特殊和式的极限(黎曼和极限). 本节是本章的核心内容.

■■■■ 应用导学 ■■■■

在本节中,我们给出了定积分的定义,并且根据定积分的定义计算了一个简单的曲边三角形的面积. 但是,从计算过程不难发现:根据定义计算定积分是非常困难的. 实际上,很多时候是不可行的. 如果要使得定积分能够得到推广应用,我们需要找到一种简单、通用的求定积分的方法,这也是本章第二节所要解决的问题.

**习题 5-1**

**1.** 给定以下定积分:
$$\int_0^4 x\,\mathrm{d}x = 8,\ \int_0^1 x\,\mathrm{d}x = \frac{1}{2},\ \int_0^4 x^2\,\mathrm{d}x = \frac{64}{3},\ \int_0^2 x^2\,\mathrm{d}x = \frac{8}{3},\ \int_0^1 x^2\,\mathrm{d}x = \frac{1}{3}.$$
利用定积分的性质计算下列定积分:

(1) $\int_0^4 2x\,\mathrm{d}x$;

(2) $\int_1^4 4x\,\mathrm{d}x$;

(3) $\int_0^4 (4x^2 - 5x)\,\mathrm{d}x$;

(4) $\int_2^4 (x^2 + 4)\,\mathrm{d}x$;

(5) $\int_1^4 (9x^2 + x)\,\mathrm{d}x$;

(6) $\int_1^4 (x^2 + 7x + \cos a)\,\mathrm{d}x$.

**2.** 利用定积分的几何意义,求下列定积分:

(1) $\int_0^3 (2x+1)\,\mathrm{d}x$;

(2) $\int_{-2}^2 x\,\mathrm{d}x$;

(3) $\int_{-4}^4 \sqrt{16 - x^2}\,\mathrm{d}x$;

(4) $\int_{-2}^2 |x|\,\mathrm{d}x$.

# 第二节 微积分基本定理

在本章第一节中,我们通过曲边梯形的面积及变速直线运动物体的路程问题引入了定积分的定义,并给出了部分定积分的性质.但是,基于定积分的定义求定积分是非常困难的.在本节中,我们将通过一些具体实例,介绍高等数学中最重要的定理之一——微积分基本定理.该定理不仅极大地简化了定积分的计算问题,使定积分得到广泛应用,而且建立了微分学与积分学之间的联系.

下面我们思考:已知边际成本函数 $C'(x)$,求产量从 $x=a$ 增加到 $x=b(a<b)$ 所花费的成本问题.

若所有产品的单位成本一样,即 $C'(x)=C_1$,则产量从 $x=a$ 增加到 $x=b(a<b)$ 所花费的成本为 $C_1(b-a)$.但是,当边际成本函数 $C'(x)$ 不是常数函数时,产量从 $x=a$ 增加到 $x=b(a<b)$ 所花费的成本可以通过以下步骤计算(见图 5-4):

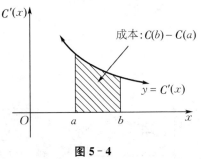

图 5-4

(1) 分割:把区间 $[a,b]$ 分为 $n$ 个小区间 $[x_{i-1},x_i]$,$i=1,2,\cdots,n$,且 $a=x_0<x_1<\cdots<x_{n-1}<x_n=b$,第 $i$ 个小区间的长度为 $\Delta x_i=x_i-x_{i-1}$,$i=1,2,\cdots,n$;

(2) 求近似:用和式 $\sum_{i=1}^{n}C'(x_i)\Delta x_i$ 近似产量从 $x=a$ 增加到 $x=b(a<b)$ 所花费的成本;

(3) 取极限:记 $\lambda=\max\limits_{1\leqslant i\leqslant n}\{\Delta x_i\}$,当 $\lambda \to 0$ 时,上述和式的极限 $\lim\limits_{\lambda \to 0}\sum_{i=1}^{n}C'(x_i)\Delta x_i$ 即为所求成本.

根据定积分的定义,增加的成本为

$$\lim_{\lambda \to 0}\sum_{i=1}^{n}C'(x_i)\Delta x_i = \int_{a}^{b}C'(x)\mathrm{d}x.$$

另外,根据成本函数 $C(x)$ 的定义,产量从 $x=a$ 增加到 $x=b(a<b)$ 所花费的成本为 $C(b)-C(a)$,所以

$$\lim_{\lambda \to 0}\sum_{i=1}^{n}C'(x_i)\Delta x_i = \int_{a}^{b}C'(x)\mathrm{d}x = C(b)-C(a).$$

如果不考虑以上边际函数及成本函数具体的经济意义,一般而言,假设 $F'(x)$ 表示函数 $F(x)$ 对 $x$ 的瞬时变化率(导数),那么 $\int_{a}^{b}F'(x)\mathrm{d}x$ 等于 $F(x)$ 从 $x=a$ 到 $x=b$ 的增量 $\Delta F = F(b)-F(a)$,即

$$\int_{a}^{b}F'(x)\mathrm{d}x = F(b)-F(a).$$

以上结论即为高等数学中最重要的结论之一——微积分基本定理 1.

**微积分基本定理 1** 若 $f(x)$ 为区间 $[a,b]$ 上的连续函数,$F(x)$ 为 $f(x)$ 的任一原函

数,即 $F'(x)=f(x)$,则

$$\int_a^b f(x)\mathrm{d}x = F(x)\Big|_a^b = F(b)-F(a). \tag{5-2-1}$$

公式(5-2-1)称为**牛顿-莱布尼茨公式**,该公式揭示了 $f(x)$ 在区间 $[a,b]$ 上的定积分 $\int_a^b f(x)\mathrm{d}x$ 与被积函数的原函数 $F(x)$ 之间的关系,表明一个连续函数在闭区间 $[a,b]$ 上的定积分等于该函数的任一原函数在区间 $[a,b]$ 两端点的差值(或称为原函数在区间 $[a,b]$ 上的增量). 牛顿-莱布尼茨公式给定积分的计算提供了一个简洁的方法,极大地简化了定积分的计算问题. 同时,根据不定积分部分内容,我们知道,如果 $F(x)$ 为 $f(x)$ 的某一原函数,那么 $F(x)+C$ 也是 $f(x)$ 的原函数. 对于定积分问题,为了便于计算,通常令常数 $C=0$.

**例 1** 求 $\int_1^2\left(2+x^{\frac{5}{2}}+3\mathrm{e}^x+\frac{1}{x}\right)\mathrm{d}x$.

**解**

$$\begin{aligned}\int_1^2\left(2+x^{\frac{5}{2}}+3\mathrm{e}^x+\frac{1}{x}\right)\mathrm{d}x &= \int_1^2 2\mathrm{d}x+\int_1^2 x^{\frac{5}{2}}\mathrm{d}x+\int_1^2 3\mathrm{e}^x\mathrm{d}x+\int_1^2\frac{1}{x}\mathrm{d}x \\ &= 2x\Big|_1^2+\frac{2}{7}x^{\frac{7}{2}}\Big|_1^2+3\mathrm{e}^x\Big|_1^2+\ln|x|\Big|_1^2 \\ &= 2+\frac{2}{7}(8\sqrt{2}-1)+3(\mathrm{e}^2-\mathrm{e})+\ln 2.\end{aligned}$$

**例 2** 求由曲线 $y=\sin x(x\in[0,\pi])$ 与 $x$ 轴所围成平面图形的面积(见图 5-5).

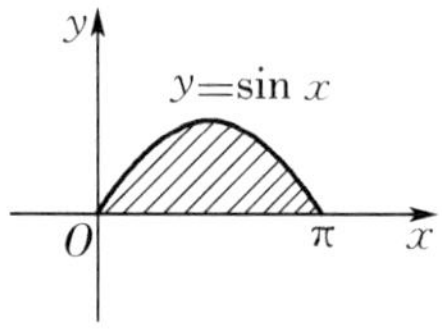

图 5-5

**解** 记图中阴影部分面积为 $A$,则

$$A=\int_0^{\pi}\sin x\mathrm{d}x=-\cos x\Big|_0^{\pi}=-\cos\pi+\cos 0=2.$$

**例 3** 假设某自行车生产厂每月生产自行车 $x$ 辆,其边际利润(月度,单位:元/辆)为

$$L'(x)=160-0.01x,\quad 0\leqslant x\leqslant 3\,000.$$

该厂目前每月生产自行车 1 500 辆,计划将产量增加到每月生产 2 500 辆,求该厂扩大生产规模后的利润及通过扩大生产规模所带来的利润.

**解** 扩产后的利润(月度,单位:元)为

$$\begin{aligned}L(2\,500)&=\int_0^{2\,500}(160-0.01x)\mathrm{d}x=\left(160x-\frac{1}{200}x^2\right)\Big|_0^{2\,500}\\&=400\,000-31\,250=368\,750,\end{aligned}$$

扩产带来的利润(月度,单位:元)为

$$\begin{aligned}L(2\,500)-L(1\,500)&=\int_{1\,500}^{2\,500}(160-0.01x)\mathrm{d}x=\left(160x-\frac{1}{200}x^2\right)\Big|_{1\,500}^{2\,500}\\&=160\,000-20\,000=140\,000.\end{aligned}$$

对于变速直线运动物体的路程问题,如果已知物体的速度函数为 $v(t)$,路程函数为 $s(t)$,那么我们可以计算出物体从 $t=a$ 时刻运动到 $t=b$ 时刻所经过的路程为 $s(b)-s(a)=\int_a^b v(t)\mathrm{d}t$,该路程由 $a,b$ 的值及 $v(t)$ 共同确定. 在以上三个因素都固定的情况下,该路程为一定值(常数). 实际上,在上述问题中,我们更关心的问题是从 $t=a$ 时刻出发,到任意 $t=x$ 时

刻，物体所经过的路程是多少？即以下积分问题：

$$s(x) = \int_a^x v(t)dt. \quad (5-2-2)$$

我们称表达式(5-2-2)为**变上限积分**，即积分下限 $t=a$ 和被积函数 $v(t)$ 确定，积分上限为变量 $x$. 显然，该积分是一个以 $x$ 为变量的函数，下面的微积分基本定理2将告诉我们变上限积分的一个重要性质.

○ **微积分基本定理2** 若函数 $f(t)$ 在区间 $[a,b]$ 上连续，则变上限积分 $\Phi(x) = \int_a^x f(t)dt$ 在 $[a,b]$ 上可导，且导数为

$$\frac{d\Phi(x)}{dx} = \frac{d\left(\int_a^x f(t)dt\right)}{dx} = f(x). \quad (5-2-3)$$

例如，在上述路程问题中，如果我们知道该物体在任意 $t=x$ 时刻的路程 $\int_a^x f(t)dt$，那么该物体在 $t=x$ 时刻的速度为

$$v(x) = \frac{ds(x)}{dx} = \frac{d\left(\int_a^x v(t)dt\right)}{dx}.$$

事实上，微积分基本定理1与微积分基本定理2是等价的，它们只是采用了不同的表达形式. 例如，很容易通过微积分基本定理1推导出微积分基本定理2：

$$\frac{d\Phi(x)}{dx} = \frac{d\left(\int_a^x f(t)dt\right)}{dx} = \frac{d[F(x)-F(a)]}{dx}$$

$$= \frac{d[F(x)]}{dx} - \frac{d[F(a)]}{dx} = f(x) - 0 = f(x).$$

**例4** 求函数 $\Phi(x) = \int_1^x \frac{1}{t^2}dt$ 的导数.

**解** 根据微积分基本定理2，有

$$\frac{d\Phi(x)}{dx} = \frac{d\left(\int_1^x \frac{1}{t^2}dt\right)}{dx} = \frac{1}{x^2}.$$

**例5** 求函数 $\Phi(x) = \int_1^{x^2} \frac{1}{t^2}dt$ 的导数.

**解** 设 $F(t)$ 为 $f(t) = \frac{1}{t^2}$ 的某个原函数，根据微积分基本定理1，有

$$\Phi(x) = \int_1^{x^2} \frac{1}{t^2}dt = F(t)\Big|_1^{x^2} = F(x^2) - F(1),$$

所以

$$\frac{d\Phi(x)}{dx} = \frac{d[F(x^2)-F(1)]}{dx} = \frac{d[F(x^2)]}{dx} - \frac{d[F(1)]}{dx}$$

$$= f(x^2)\frac{d(x^2)}{dx} - 0 = 2xf(x^2) = 2x \cdot \frac{1}{x^4} = \frac{2}{x^3}.$$

**例6** 求函数 $\Phi(x) = \int_{\cos x}^{\sin x} e^{t^2} dt$ 的导数.

**解** 设 $F(t)$ 为 $f(t) = e^{t^2}$ 的某个原函数,根据微积分基本定理1,有
$$\Phi(x) = \int_{\cos x}^{\sin x} e^{t^2} dt = F(t) \Big|_{\cos x}^{\sin x} = F(\sin x) - F(\cos x),$$
所以
$$\frac{d\Phi(x)}{dx} = \frac{d[F(\sin x) - F(\cos x)]}{dx} = \frac{d[F(\sin x)]}{dx} - \frac{d[F(\cos x)]}{dx}$$
$$= f(\sin x) \frac{d(\sin x)}{dx} - f(\cos x) \frac{d(\cos x)}{dx}$$
$$= e^{\sin^2 x} \cos x - e^{\cos^2 x}(-\sin x)$$
$$= e^{\sin^2 x} \cos x + e^{\cos^2 x} \sin x.$$

根据微积分基本定理2,可以得到以下更一般的结论.

**推论1** 设函数 $f(t)$ 在区间 $[a,b]$ 上连续,函数 $\varphi_1(x), \varphi_2(x)$ 可导.若 $\Phi(x) = \int_{\varphi_1(x)}^{\varphi_2(x)} f(t) dt$,则
$$\frac{d\Phi(x)}{dx} = f[\varphi_2(x)]\varphi_2'(x) - f[\varphi_1(x)]\varphi_1'(x). \tag{5-2-4}$$

■■■■ **小结** ■■■■

微积分基本定理1中的牛顿-莱布尼茨公式是一种非常方便的定积分计算方法,需要熟练掌握.另外,微积分基本定理1与微积分基本定理2将看似无关的两类数学运算——微分和积分巧妙地联系起来,并揭示了它们之间最本质的联系.

■■■■ **应用导学** ■■■■

本节介绍的微积分基本定理建立了不定积分与定积分间的联系.牛顿-莱布尼茨公式将求定积分问题转化为对应的不定积分问题.在本章第三节中,我们将在此基础上结合不定积分的换元积分法与分部积分法,给出定积分的换元积分法与分部积分法.

**习题 5-2**

**1.** 计算下列定积分:

(1) $\int_{-e-1}^{-2} \frac{1}{1+x} dx$;  (2) $\int_0^{2\pi} |\sin x| dx$;

(3) $\int_0^2 |1-x| dx$;  (4) $\int_a^b x^n dx$ ($n$ 为正整数);

(5) $\int_0^3 f(x) dx$,其中 $f(x) = \begin{cases} x^2 + 1, & 0 \leqslant x \leqslant 1, \\ 3 - x, & 1 < x \leqslant 3; \end{cases}$  (6) $\int_0^1 \frac{e^x - e^{-x}}{2} dx$.

(7) $\int_4^9 \left(\sqrt{x} + \dfrac{1}{\sqrt{x}}\right) dx$;  (8) $\int_0^1 \dfrac{1-x^2}{1+x^2} dx$.

**2.** 新产品的价格会随着时间的增加而贬值,但是贬值率会逐渐递减. 例如,某公司生产"糯米"牌手机,其上市价格 $V(0) = 1\,999$ 元,假设 $V(t)$ 的变化率为
$$V'(t) = 5(t - 24), \quad 0 \leqslant t \leqslant 24 \ (t \text{ 的单位为:月}),$$
其中 $V(t)$ 表示该手机上市 $t$ 月后的价格. 建立恰当的模型,求:

(1) 该手机上市第一年内的折价;

(2) 该手机上市第二年内的折价.

**3.** 房屋的维护费用 $M(t)$(单位:元)会随使用年限 $t$(单位:年)的增加而递增,且递增率越来越大. 假设某财经学院新建了一栋图书馆,其维护费用的变化率为
$$M'(t) = 100t^2 + 50\,000.$$
试通过适当的定积分计算该图书馆从开始使用的第 2 年年末到第 8 年年初的维护费用.

**4.** 假设某品牌电脑的价格-供给函数为 $P = S(x) = 5\,000(3 - e^{0.002x})$ ($x$ 的单位:台,$P$ 的单位:元/台),求该电脑在产量为 $[200, 300]$ 中的平均供给价格.

**5.** 利用微积分基本定理 2,求下列导数或极限:

(1) $\dfrac{d}{dx}\left[\int_0^x \sin(at) dt\right]$;  (2) $\dfrac{d}{dx}\left[\int_0^x \sin^{\frac{2}{3}}(at) dt\right]$;

(3) $\dfrac{d}{dx}\left[\int_1^{x^2} \sin^{\frac{2}{3}}(at) dt\right]$;  (4) $\dfrac{d}{dx}\left(\int_2^x e^t dt\right)$;

(5) $\dfrac{d}{dx}\left(\int_2^x e^{t^2} dt\right)$;  (6) $\dfrac{d}{dx}\left(\int_{x^2}^x e^{t^2} dt\right)$;

(7) $\dfrac{d}{dx}\left(\int_2^x e^{2t} \ln t^2 \, dt\right)$;  (8) $\lim\limits_{x \to 0^+} \dfrac{\dfrac{d}{dx}\left(\int_0^{x-\sin x} 2e^{t^2} dt\right)}{x^2}$.

**6.** 求极限 $\lim\limits_{x \to +\infty} \dfrac{\int_1^x [t^2(e^{\frac{1}{t}} - 1) - t] dt}{x^2 \ln\left(1 + \dfrac{1}{x}\right)}$.

**7.** 设函数 $f(x)$ 连续,函数 $\varphi(x) = \int_0^{x^2} xf(t) dt$. 若 $\varphi(1) = 1, \varphi'(1) = 5$,求 $f(1)$.

# 第三节 定积分的计算

根据微积分基本定理 1,计算定积分 $\int_a^b f(x) dx$ 可以通过以下步骤完成:

(1) 求被积函数 $f(x)$ 的原函数 $F(x)$;

(2) 计算 $F(x)$ 在区间 $[a, b]$ 上的增量 $F(b) - F(a)$.

由此可知,所有求函数 $f(x)$ 的原函数 $F(x)$ 的方法都可以应用于定积分的计算问题,即

求不定积分 $\int f(x)\mathrm{d}x$ 的方法都适用于求定积分 $\int_a^b f(x)\mathrm{d}x$. 但是在具体计算过程中,还是有所差别. 本节我们主要讨论两类常用的求定积分的方法:换元积分法与分部积分法. 另外,我们将在本节中简要介绍反常积分的概念及计算方法.

## 一、定积分的换元积分法

**例 1** 计算定积分 $\int_0^2 x\sin x^2 \mathrm{d}x$.

**解** 利用微积分基本定理 1,有
$$\int_0^2 x\sin x^2 \mathrm{d}x = \frac{1}{2}\int_0^2 \sin x^2 \mathrm{d}(x^2) = \frac{1}{2}(-\cos x^2)\Big|_0^2$$
$$= \frac{1}{2}[-\cos 2^2 - (-\cos 0)] = \frac{1}{2}(1-\cos 4).$$

该方法是先求被积函数的原函数,然后再计算原函数在积分区间上的增量. 在整个计算过程中,积分变量及积分上、下限都没有变化.

事实上,在定积分的计算过程中,如果对积分变量及积分上、下限做相应的变换,那么很多时候都可以简化定积分的计算. 下面我们介绍定积分的换元积分法.

**定理 1** 设函数 $f(x)$ 在区间 $[a,b]$ 上连续. 若函数 $x=\varphi(t)$ 满足条件:
(1) $\varphi(\alpha)=a, \varphi(\beta)=b$;
(2) $\varphi(t)$ 在 $[\alpha,\beta]$ 上具有连续导数,且值域 $R_\varphi \subset [a,b]$,
则有
$$\int_a^b f(x)\mathrm{d}x = \int_\alpha^\beta f[\varphi(t)]\varphi'(t)\mathrm{d}t. \tag{5-3-1}$$

公式(5-3-1)称为**定积分的换元公式**. 应用定积分的换元公式时,需要注意以下几点:
(1) 用 $x=\varphi(t)$ 把原积分变量 $x$ 变换为新积分变量 $t$ 时,原积分上、下限也要相应地变换为新积分变量 $t$ 的积分上、下限;
(2) 求出新的被积函数 $f[\varphi(t)]\varphi'(t)$ 的某个原函数 $\Phi(t)$ 后,不必像不定积分那样把 $\Phi(t)$ 换为原变量 $x$ 的函数,只需要计算 $\Phi(t)$ 在区间 $[\alpha,\beta]$ 上的增量 $\Phi(\beta)-\Phi(\alpha)$,即
$$\int_a^b f(x)\mathrm{d}x = \int_\alpha^\beta f[\varphi(t)]\varphi'(t)\mathrm{d}t = \Phi(\beta)-\Phi(\alpha);$$
(3) 公式 $\int_a^b f(x)\mathrm{d}x = \int_\alpha^\beta f[\varphi(t)]\varphi'(t)\mathrm{d}t$ 同样可以表示为
$$\int_\alpha^\beta f[\varphi(t)]\varphi'(t)\mathrm{d}t = \int_\alpha^\beta f[\varphi(t)]\mathrm{d}\varphi(t) = \int_a^b f(x)\mathrm{d}x.$$

在实际计算中,需要灵活掌握以上两种不同的方法. 例如,我们还可以用以下方法求解例 1 中的定积分:
$$\int_0^2 x\sin x^2 \mathrm{d}x = \frac{1}{2}\int_0^2 \sin x^2 \mathrm{d}(x^2).$$
令 $u=x^2$,则当 $x=0$ 时,$u=0$;当 $x=2$ 时,$u=4$. 于是

$$\int_0^2 x\sin x^2\,\mathrm{d}x = \frac{1}{2}\int_0^2 \sin x^2\,\mathrm{d}(x^2) = \frac{1}{2}\int_0^4 \sin u\,\mathrm{d}u$$
$$= \frac{1}{2}(-\cos u)\Big|_0^4 = \frac{1}{2}(1-\cos 4).$$

**例 2** 计算定积分 $\int_0^a \sqrt{a^2-x^2}\,\mathrm{d}x$ $(a>0)$.

**解** 令 $x=a\sin t$,则 $\mathrm{d}x=a\cos t\,\mathrm{d}t$,且当 $x=0$ 时,$t=0$;当 $x=a$ 时,$t=\frac{\pi}{2}$.于是

$$\int_0^a \sqrt{a^2-x^2}\,\mathrm{d}x = a^2\int_0^{\frac{\pi}{2}}\cos^2 t\,\mathrm{d}t = a^2\int_0^{\frac{\pi}{2}}\frac{1+\cos 2t}{2}\,\mathrm{d}t$$
$$= \frac{a^2}{2}\left(t+\frac{1}{2}\sin 2t\right)\Big|_0^{\frac{\pi}{2}} = \frac{\pi a^2}{4}.$$

**例 3** 计算定积分 $\int_1^4 e^{\sin x}\cos x\,\mathrm{d}x$.

**解** $\int_1^4 e^{\sin x}\cos x\,\mathrm{d}x = \int_1^4 e^{\sin x}\,\mathrm{d}(\sin x) = e^{\sin x}\Big|_1^4 = e^{\sin 4} - e^{\sin 1}$.

**例 4** 计算定积分 $\int_{\frac{3}{4}}^1 \frac{1}{\sqrt{1-x}-1}\,\mathrm{d}x$.

**解** 令 $\sqrt{1-x}=u$,则 $x=1-u^2$,$\mathrm{d}x=-2u\,\mathrm{d}u$,且当 $x=\frac{3}{4}$ 时,$u=\frac{1}{2}$;当 $x=1$ 时,$u=0$.于是

$$\int_{\frac{3}{4}}^1 \frac{1}{\sqrt{1-x}-1}\,\mathrm{d}x = -2\int_{\frac{1}{2}}^0 \frac{u}{u-1}\,\mathrm{d}u = -2\int_{\frac{1}{2}}^0 \left(1+\frac{1}{u-1}\right)\mathrm{d}u$$
$$= -2(u+\ln|u-1|)\Big|_{\frac{1}{2}}^0 = 1-2\ln 2.$$

**例 5** 计算定积分 $\int_1^{e^2} \frac{1}{x\sqrt{1+\ln x}}\,\mathrm{d}x$.

**解** $\int_1^{e^2} \frac{1}{x\sqrt{1+\ln x}}\,\mathrm{d}x = \int_1^{e^2} \frac{1}{\sqrt{1+\ln x}}\cdot\frac{1}{x}\,\mathrm{d}x = \int_1^{e^2} \frac{1}{\sqrt{1+\ln x}}\,\mathrm{d}(\ln x)$
$$= \frac{(1+\ln x)^{-\frac{1}{2}+1}}{-\frac{1}{2}+1}\Big|_1^{e^2} = 2\sqrt{3}-2.$$

**例 6** 证明:若函数 $f(x)$ 在 $[-a,a]$ 上连续,则

$$\int_{-a}^a f(x)\,\mathrm{d}x = \begin{cases} 2\int_0^a f(x)\,\mathrm{d}x, & f(x) \text{ 为偶函数,} \\ 0, & f(x) \text{ 为奇函数.} \end{cases}$$

**证** 由定积分的性质 2,有

$$\int_{-a}^a f(x)\,\mathrm{d}x = \int_{-a}^0 f(x)\,\mathrm{d}x + \int_0^a f(x)\,\mathrm{d}x.$$

对定积分 $\int_{-a}^0 f(x)\,\mathrm{d}x$,令 $x=-t$,则 $\mathrm{d}x=-\mathrm{d}t$,且当 $x=-a$ 时,$t=a$;当 $x=0$ 时,$t=0$.于是

$$\int_{-a}^0 f(x)\,\mathrm{d}x = \int_a^0 f(-t)(-\mathrm{d}t) = \int_0^a f(-t)\,\mathrm{d}t = \int_0^a f(-x)\,\mathrm{d}x,$$

从而
$$\int_{-a}^{a}f(x)\mathrm{d}x=\int_{0}^{a}[f(-x)+f(x)]\mathrm{d}x.$$

当 $f(x)$ 为奇函数时,$f(-x)+f(x)=0$,因此 $\int_{-a}^{a}f(x)\mathrm{d}x=0$;

当 $f(x)$ 为偶函数时,$f(-x)=f(x)$,即 $f(-x)+f(x)=2f(x)$,于是
$$\int_{-a}^{a}f(x)\mathrm{d}x=2\int_{0}^{a}f(x)\mathrm{d}x.$$

## 二、定积分的分部积分法

根据不定积分的分部积分法,相应地有如下定积分的分部积分法.

**定理 2** 设函数 $u(x),v(x)$ 在 $[a,b]$ 上具有连续导数,则
$$\int_{a}^{b}u(x)v'(x)\mathrm{d}x=u(x)v(x)\Big|_{a}^{b}-\int_{a}^{b}v(x)u'(x)\mathrm{d}x, \tag{5-3-2}$$

或记作
$$\int_{a}^{b}u(x)\mathrm{d}v(x)=u(x)v(x)\Big|_{a}^{b}-\int_{a}^{b}v(x)\mathrm{d}u(x). \tag{5-3-3}$$

**例 7** 计算定积分 $\int_{1}^{4}\ln x\mathrm{d}x$.

**解** 令 $u(x)=\ln x,v(x)=x$,有
$$\int_{1}^{4}\ln x\mathrm{d}x=x\ln x\Big|_{1}^{4}-\int_{1}^{4}x\mathrm{d}(\ln x)=4\ln 4-\int_{1}^{4}x\cdot\frac{1}{x}\mathrm{d}x$$
$$=4\ln 4-x\Big|_{1}^{4}=4\ln 4-3.$$

**例 8** 计算定积分 $\int_{0}^{4}\mathrm{e}^{\sqrt{x}}\mathrm{d}x$.

**解** 先使用换元积分法,令 $t=\sqrt{x}$,则 $x=t^2$,$\mathrm{d}x=2t\mathrm{d}t$,且当 $x=0$ 时,$t=0$;当 $x=4$ 时,$t=2$. 于是
$$\int_{0}^{4}\mathrm{e}^{\sqrt{x}}\mathrm{d}x=\int_{0}^{2}\mathrm{e}^{t}\cdot 2t\mathrm{d}t=2\int_{0}^{2}t\mathrm{e}^{t}\mathrm{d}t=2\int_{0}^{2}t\mathrm{d}(\mathrm{e}^{t})$$
$$=2\left(t\mathrm{e}^{t}\Big|_{0}^{2}-\int_{0}^{2}\mathrm{e}^{t}\mathrm{d}t\right)=2(t\mathrm{e}^{t}-\mathrm{e}^{t})\Big|_{0}^{2}=2(\mathrm{e}^{2}+1).$$

**例 9** 计算定积分 $\int_{1}^{\mathrm{e}}\sin(\ln x)\mathrm{d}x$.

**解** 令 $u(x)=\sin(\ln x),v(x)=x$,则
$$\int_{1}^{\mathrm{e}}\sin(\ln x)\mathrm{d}x=x\sin(\ln x)\Big|_{1}^{\mathrm{e}}-\int_{1}^{\mathrm{e}}x\mathrm{d}[\sin(\ln x)]$$
$$=\mathrm{e}\sin 1-\sin 0-\int_{1}^{\mathrm{e}}x\cos(\ln x)\cdot\frac{1}{x}\mathrm{d}x$$
$$=\mathrm{e}\sin 1-\int_{1}^{\mathrm{e}}\cos(\ln x)\mathrm{d}x.$$

再对 $\int_{1}^{\mathrm{e}}\cos(\ln x)\mathrm{d}x$ 应用一次分部积分法,可得

$$\int_1^e \sin(\ln x)\mathrm{d}x = e\sin 1 - \int_1^e \cos(\ln x)\mathrm{d}x$$
$$= e\sin 1 - \left[x\cos(\ln x)\Big|_1^e - \int_1^e x\mathrm{d}[\cos(\ln x)]\right]$$
$$= e\sin 1 - e\cos 1 + 1 + \int_1^e (-x)\sin(\ln x)\cdot\frac{1}{x}\mathrm{d}x$$
$$= e(\sin 1 - \cos 1) + 1 - \int_1^e \sin(\ln x)\mathrm{d}x,$$

整理得
$$\int_1^e \sin(\ln x)\mathrm{d}x = \frac{e(\sin 1 - \cos 1) + 1}{2}.$$

## 三、反常积分

在本章前面的内容中,定积分的积分区间是有限的,且被积函数在积分区间上是有界的. 但在实际问题中,尤其是一些几何、概率问题,会遇到一些积分区间为无限区间或被积函数在积分区间上无界的情况. 因此,我们有必要对此类积分 —— 反常积分进行简要地讨论. 这里,我们仅对两类常见的反常积分的概念及计算方法进行简单讨论.

**1. 无限区间上的反常积分**

**定义 1** 设函数 $f(x)$ 在区间 $[a, +\infty)$ 上连续. 令 $t > a$,如果极限
$$\lim_{t\to+\infty}\int_a^t f(x)\mathrm{d}x$$
存在,则称此极限值为函数 $f(x)$ 在区间 $[a, +\infty)$ 上的**反常积分**,记作 $\int_a^{+\infty} f(x)\mathrm{d}x$,即
$$\int_a^{+\infty} f(x)\mathrm{d}x = \lim_{t\to+\infty}\int_a^t f(x)\mathrm{d}x.$$

此时也称反常积分 $\int_a^{+\infty} f(x)\mathrm{d}x$ **收敛**. 如果该极限不存在,则称反常积分 $\int_a^{+\infty} f(x)\mathrm{d}x$ **发散**.

采用类似的方法,我们还可以定义 $f(x)$ 在 $(-\infty, a]$ 上的反常积分.

**定义 2** 设函数 $f(x)$ 在区间 $(-\infty, a]$ 上连续. 令 $t < a$,如果极限
$$\lim_{t\to-\infty}\int_t^a f(x)\mathrm{d}x$$
存在,则称此极限值为函数 $f(x)$ 在区间 $(-\infty, a]$ 上的**反常积分**,记作 $\int_{-\infty}^a f(x)\mathrm{d}x$,即
$$\int_{-\infty}^a f(x)\mathrm{d}x = \lim_{t\to-\infty}\int_t^a f(x)\mathrm{d}x.$$

此时也称反常积分 $\int_{-\infty}^a f(x)\mathrm{d}x$ **收敛**. 如果该极限不存在,则称反常积分 $\int_{-\infty}^a f(x)\mathrm{d}x$ **发散**.

设函数 $f(x)$ 在区间 $(-\infty, +\infty)$ 上连续. 如果对于任一 $a \in (-\infty, +\infty)$,反常积分 $\int_{-\infty}^a f(x)\mathrm{d}x$ 与 $\int_a^{+\infty} f(x)\mathrm{d}x$ 都收敛,则反常积分 $\int_{-\infty}^{+\infty} f(x)\mathrm{d}x$ 收敛,且
$$\int_{-\infty}^{+\infty} f(x)\mathrm{d}x = \int_{-\infty}^a f(x)\mathrm{d}x + \int_a^{+\infty} f(x)\mathrm{d}x.$$

下面我们利用牛顿-莱布尼茨公式计算无限区间上的反常积分. 设函数 $f(x)$ 在 $[a,+\infty)$ 上的反常积分 $\int_a^{+\infty} f(x)dx$ 存在. 若 $F(x)$ 是 $f(x)$ 的某个原函数, 则对任意 $t>a$, 有 $\int_a^t f(x)dx = F(t)-F(a)$, 所以

$$\int_a^{+\infty} f(x)dx = \lim_{t\to+\infty}\int_a^t f(x)dx = \lim_{t\to+\infty}[F(t)-F(a)] = \lim_{t\to+\infty}F(t) - F(a).$$

类似地, 如果 $\int_{-\infty}^a f(x)dx$ 存在, 则

$$\int_{-\infty}^a f(x)dx = \lim_{t\to-\infty}\int_t^a f(x)dx = \lim_{t\to-\infty}[F(a)-F(t)] = F(a) - \lim_{t\to-\infty}F(t).$$

如果 $\int_{-\infty}^{+\infty} f(x)dx$ 存在, 则对于任一 $a\in(-\infty,+\infty)$, 有

$$\int_{-\infty}^{+\infty} f(x)dx = \int_{-\infty}^a f(x)dx + \int_a^{+\infty} f(x)dx = \lim_{t\to+\infty}F(t) - \lim_{t\to-\infty}F(t).$$

**例 10** 计算反常积分 $\int_0^{+\infty} \frac{1}{x^2+1}dx$.

**解**
$$\int_0^{+\infty} \frac{1}{x^2+1}dx = \lim_{t\to+\infty}\int_0^t \frac{1}{x^2+1}dx = \lim_{t\to+\infty}(\arctan t - \arctan 0)$$
$$= \lim_{t\to+\infty}\arctan t - \arctan 0 = \frac{\pi}{2} - 0 = \frac{\pi}{2}.$$

**例 11** 讨论反常积分 $\int_1^{+\infty} \frac{1}{x^p}dx$ 的敛散性.

**解** 如果 $p=1$, 由牛顿-莱布尼茨公式可得

$$\int_1^{+\infty} \frac{1}{x}dx = \lim_{t\to+\infty}\int_1^t \frac{1}{x}dx = \lim_{t\to+\infty}\ln t - \ln 1.$$

因为 $\lim_{t\to+\infty}\ln t$ 不存在, 所以该反常积分发散.

如果 $p\neq 1$, 由牛顿-莱布尼茨公式可得

$$\int_1^{+\infty} \frac{1}{x^p}dx = \lim_{t\to+\infty}\int_1^t \frac{1}{x^p}dx = \lim_{t\to+\infty}\frac{t^{1-p}}{1-p} - \frac{1}{1-p}.$$

当 $p<1$ 时, 因为 $\lim_{t\to+\infty}\frac{t^{1-p}}{1-p}$ 不存在, 所以反常积分 $\int_1^{+\infty} \frac{1}{x^p}dx$ 发散;

当 $p>1$ 时, 因为 $\lim_{t\to+\infty}\frac{t^{1-p}}{1-p} = 0$, 所以反常积分 $\int_1^{+\infty} \frac{1}{x^p}dx = \frac{1}{p-1}$, 此时该反常积分收敛.

**2. 无界函数的反常积分(瑕积分)**

在牛顿-莱布尼茨公式中, 一个前提条件是被积函数 $f(x)$ 在区间 $[a,b]$ 上有界. 如果被积函数 $f(x)$ 在区间 $[a,b]$ 上存在**瑕点**($c\in[a,b]$, 如果 $f(x)$ 在点 $c$ 的任一邻域内都无界, 则称 $c$ 为 $f(x)$ 的瑕点), 那么任何包含瑕点的积分统称为**瑕积分**.

一般而言, 函数 $f(x)$ 的瑕点可能是积分区间的左、右端点或区间内任一点. 下面我们给出这三种情形下的瑕积分的定义及计算方法.

**定义 3** (1) 设 $a$ 为函数 $f(x)$ 的瑕点, 且 $f(x)$ 在 $(a,b]$ 上连续. 令 $\varepsilon>0$, 如果极限

$$\lim_{\varepsilon\to 0^+}\int_{a+\varepsilon}^b f(x)dx$$

存在,则称此极限值为函数 $f(x)$ 在 $(a,b]$ 上的**瑕积分**,记作 $\int_a^b f(x)\mathrm{d}x$,即

$$\int_a^b f(x)\mathrm{d}x = \lim_{\varepsilon \to 0^+} \int_{a+\varepsilon}^b f(x)\mathrm{d}x.$$

此时也称瑕积分 $\int_a^b f(x)\mathrm{d}x$ **收敛**. 如果极限不存在,则称瑕积分 $\int_a^b f(x)\mathrm{d}x$ **发散**.

(2) 设 $b$ 为函数 $f(x)$ 的瑕点,且 $f(x)$ 在 $[a,b)$ 上连续. 令 $\varepsilon > 0$,如果极限

$$\lim_{\varepsilon \to 0^+} \int_a^{b-\varepsilon} f(x)\mathrm{d}x$$

存在,则称此极限值为函数 $f(x)$ 在 $[a,b)$ 上的**瑕积分**,记作 $\int_a^b f(x)\mathrm{d}x$,即

$$\int_a^b f(x)\mathrm{d}x = \lim_{\varepsilon \to 0^+} \int_a^{b-\varepsilon} f(x)\mathrm{d}x.$$

(3) 设 $c \in (a,b)$ 为函数 $f(x)$ 在区间 $[a,b]$ 上唯一的瑕点. 如果瑕积分 $\int_a^c f(x)\mathrm{d}x$ 和 $\int_c^b f(x)\mathrm{d}x$ 同时收敛,则称上述两个瑕积分的和 $\int_a^c f(x)\mathrm{d}x + \int_c^b f(x)\mathrm{d}x$ 为 $f(x)$ 在区间 $[a,b]$ 上的**瑕积分**,记作 $\int_a^b f(x)\mathrm{d}x$,即

$$\int_a^b f(x)\mathrm{d}x = \lim_{\varepsilon \to 0^+} \int_a^{c-\varepsilon} f(x)\mathrm{d}x + \lim_{\varepsilon \to 0^+} \int_{c+\varepsilon}^b f(x)\mathrm{d}x.$$

**例 12** 计算瑕积分 $\int_0^a \dfrac{1}{x^p}\mathrm{d}x\ (p>0, a\neq 0)$.

**解** 由于 $x=0$ 是 $\dfrac{1}{x^p}$ 的瑕点,下面分两种情况讨论:

(1) 当 $p=1$ 时,$\int_0^a \dfrac{1}{x}\mathrm{d}x = \lim\limits_{\varepsilon \to 0^+}(\ln a - \ln \varepsilon) = +\infty$;

(2) 当 $p \neq 1$ 时,$\int_0^a \dfrac{1}{x^p}\mathrm{d}x = \lim\limits_{\varepsilon \to 0^+}\left(\dfrac{a^{1-p}}{1-p} - \dfrac{\varepsilon^{1-p}}{1-p}\right) = \begin{cases} +\infty, & p>1, \\ \dfrac{a^{1-p}}{1-p}, & p<1. \end{cases}$

■■■■ 小结 ■■■■

根据牛顿-莱布尼茨公式,定积分的计算可以转化为相应的不定积分的计算. 但是定积分的换元积分法与不定积分的换元积分法还是略有不同. 另外,我们还简要地介绍了一类特殊的定积分——反常积分. 通过本节的学习,要求大家熟练掌握求定积分的方法,且通过计算进一步加深对定积分概念的理解.

■■■■ 应用导学 ■■■■

定积分在几何学、物理学、经济学等方面都有广泛的应用,并且对多元函数的重积分(见下册第八章)有重要影响.

**习题 5-3**

**1.** 用定积分的换元积分法计算下列定积分：

(1) $\int_{0}^{\frac{\pi}{2}} \sin\left(x+\frac{\pi}{2}\right) dx$；

(2) $\int_{0}^{\frac{\pi}{2}} \cos\left(2x-\frac{\pi}{2}\right) dx$；

(3) $\int_{\frac{\pi}{6}}^{\frac{\pi}{2}} \cos^2 x \, dx$；

(4) $\int_{1}^{e^3} \frac{1}{x\sqrt[3]{1+\ln x}} dx$；

(5) $\int_{-1}^{1} \frac{x}{(1+x^2)^3} dx$；

(6) $\int_{2}^{4} \frac{x}{e^{x^2}} dx$；

(7) $\int_{0}^{3} \frac{2x-3}{(x^2-3x+1)} dx$；

(8) $\int_{0}^{\sqrt{3}} \sqrt{3-x^2} \, dx$；

(9) $\int_{\frac{3}{4}}^{1} \frac{1}{\sqrt{1-x}-1} dx$；

(10) $\int_{-\frac{\pi}{2}}^{\frac{\pi}{2}} \sin^4 x \cos x \, dx$.

**2.** 用定积分的分部积分法计算下列定积分：

(1) $\int_{1}^{3} x e^x \, dx$；

(2) $\int_{1}^{3} x e^{-x} \, dx$；

(3) $\int_{e^2}^{e} x \ln x \, dx$；

(4) $\int_{e}^{e^2} x \ln^2 x \, dx$；

(5) $\int_{0}^{\frac{\pi}{3}} e^{3x} \cos x \, dx$；

(6) $\int_{0}^{1} x \arctan x \, dx$.

**3.** 设 $f\left(x+\frac{1}{x}\right) = \frac{x+x^3}{1+x^4}$，求 $\int_{2}^{2\sqrt{2}} f(x) dx$.

**4.** 求 $\int_{1}^{+\infty} \frac{\ln x}{(1+x)^2} dx$.

**5.** 求 $\int_{-\pi}^{\pi} (\sin^3 x + \sqrt{\pi^2 - x^2}) dx$.

**6.** 已知函数 $f(x) = \int_{1}^{x} \sqrt{1+t^4} \, dt$，求 $\int_{0}^{1} x^2 f(x) dx$.

# 第四节　定积分的应用

在本节中，我们将应用前面所介绍的定积分理论来分析、解决一些简单的几何学、经济学中的问题.

## 一、微元法

在前面的导数及微分部分中，我们学习了微分的概念及计算. 回顾一下，若函数 $F(x)$ 在区间 $[a,b]$ 上可导且 $F'(x) = f(x)$，则对于任意 $x \in [a,b]$，都有
$$dF(x) = F'(x)dx = f(x)dx.$$

根据微分的定义，$\mathrm{d}F(x) \approx \Delta F$，确切地说，$F(x)$ 的微分 $\mathrm{d}F(x)$ 是其增量 $\Delta F$ 的一阶线性近似，即 $\mathrm{d}F(x) - \Delta F = o(\Delta x)$，$o(\Delta x)$ 为自变量增量的高阶无穷小. 如果把区间 $[a,b]$ 分为 $n$ 个小区间 $[x_{i-1}, x_i]$，$i = 1, 2, \cdots, n$，其中 $x_0 = a, x_n = b$，那么 $F(x)$ 在 $[a,b]$ 上的增量

$$\Delta F = F(b) - F(a) = \sum_{i=1}^{n} \Delta F_i = \sum_{i=1}^{n} [F(x_i) - F(x_{i-1})].$$

而 $\Delta F_i \approx \mathrm{d}F_i = f(x_i)\mathrm{d}x_i$，则

$$F(b) - F(a) = \sum_{i=1}^{n} \Delta F_i \approx \sum_{i=1}^{n} \mathrm{d}F_i = \sum_{i=1}^{n} f(x_i)\mathrm{d}x_i.$$

根据牛顿-莱布尼茨公式，对于在 $[a,b]$ 上的连续函数 $f(x)$，只要区间分割得足够细（$\lambda = \max\limits_{1 \leqslant i \leqslant n}\{\Delta x_i\} \to 0$），则有

$$F(b) - F(a) = \lim_{\lambda \to 0} \sum_{i=1}^{n} f(x_i)\mathrm{d}x_i.$$

所谓**微元法**，就是把一个待求量放入一个给定的坐标系，然后对它沿某个方向进行分割，求出每个分割部分的微分（**微元**），再进行求和、取极限，把其变为一个定积分问题，最后利用牛顿-莱布尼茨公式求出该定积分的值.

一般来说，如果一个待求量 $A$ 满足以下条件：

(1) $A$ 可以放入一个给定坐标系（二维或三维、直角坐标或极坐标），且 $A$ 与该坐标系中变量 $x$ 的某个变化区间 $[a,b]$ 有关；

(2) $A$ 对于区间 $[a,b]$ 具有可加性，具体而言，若把区间 $[a,b]$ 分为 $n$ 个小区间，则 $A$ 相应地被分为 $n$ 个部分量 $\Delta A_i$，$i = 1, 2, \cdots, n$，且 $A$ 等于所有部分量之和，即 $A = \sum_{i=1}^{n} \Delta A_i$；

(3) 部分量 $\Delta A_i$ 可以用 $f(x_i)\Delta x_i$ 近似，且误差为 $\Delta x_i$ 的高阶无穷小，

那么待求量 $A$ 的求解问题就可以转化为定积分问题.

一般地，可以通过以下步骤给出 $A$ 的定积分表达式：

(1) 根据具体问题，构造坐标系，并选择积分变量 $x$ 和积分区间 $[a,b]$；

(2) 把区间 $[a,b]$ 分为 $n$ 个小区间，取其中任意一个小区间记作 $[x, x+\mathrm{d}x]$，求出相对于该小区间的部分量 $\Delta A$ 的近似值，如果 $\Delta A$ 的近似值能表示为在 $[a,b]$ 上连续的函数 $f(x)$ 与 $\mathrm{d}x$ 的乘积 $f(x)\mathrm{d}x$，使得 $\Delta A - f(x)\mathrm{d}x = o(\mathrm{d}x)$，则有

$$\mathrm{d}A = f(x)\mathrm{d}x;$$

(3) 以 $f(x)\mathrm{d}x$ 为被积表达式，在区间 $[a,b]$ 上做定积分，可得

$$A = \int_a^b f(x)\mathrm{d}x.$$

下面我们通过一个具体的例子讲解以上过程.

**引例 1**　求半径为 $r$ 的圆的面积（见图 5-6）.

(1) 构造一个直角坐标系，把圆放入该坐标系中，并令圆心位于该坐标系的原点；

(2) 根据圆的特点，我们用 $n-1$ 个同心圆将圆分割为 $n$ 个环形区域（见图 5-7），第 $i$ 个环形区域的面积记作 $\Delta A_i$，$i = 1, 2, \cdots, n$. 令自变量为 $x$，其取值范围为 $[0, r]$，则圆的面积 $A$ 为所有环形区域面积的和，

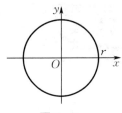

**图 5-6**

即 $A = \sum_{i=1}^{n} \Delta A_i$,且有

$$2\pi x_i \Delta x_i \leqslant \Delta A_i \leqslant 2\pi x_{i+1} \Delta x_i = 2\pi(x_i + \Delta x_i)\Delta x_i = 2\pi x_i \Delta x_i + 2\pi(\Delta x_i)^2.$$

如果用 $2\pi x_i \Delta x_i$ 近似 $\Delta A_i$,其误差小于 $2\pi(\Delta x_i)^2$,该误差为自变量增量 $\Delta x_i$ 的高阶无穷小,那么有

$$\mathrm{d}A = 2\pi x_i \Delta x_i = 2\pi x_i \mathrm{d} x_i.$$

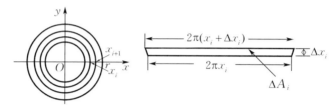

**图 5-7**

(3) 令 $\lambda = \max\{\Delta x_1, \Delta x_2, \cdots, \Delta x_n\}$,求和、取极限 $\lambda \to 0$,得

$$A = \lim_{\lambda \to 0} \sum_{i=1}^{n} \mathrm{d}A_i = \lim_{\lambda \to 0} \sum_{i=1}^{n} 2\pi x_i \Delta x_i = \int_0^r 2\pi x \mathrm{d}x = \pi x^2 \Big|_0^r = \pi r^2.$$

**注** 上述方法并不是求圆面积的唯一方法. 对于圆的面积问题,还可以采用不同的分割方式构造相应的定积分,如后面介绍的用垂直于 $x$ 轴的直线对圆进行分割也可以求出圆的面积.

## 二、定积分在几何学中的应用

### 1. 平面图形的面积

如图 5-8 所示,设曲线 $y = f(x)$,$y = g(x)$ 围成一平面图形 $D$,求该平面图形的面积 $A$.

(1) 根据函数 $y = f(x)$,$y = g(x)$ 求出两条曲线的交点,并根据平面图形的特点,选定积分变量(如 $x$),确定其取值范围,设为 $[a, b]$;

(2) 对该平面图形进行分割:把区间 $[a, b]$ 分为 $n$ 个小区间,相应地用垂直于 $x$ 轴的系列直线把该平面图形分为 $n$ 个小区域,取其中任意一个小区间 $[x, x+\mathrm{d}x]$,从而得到面积微元为

$$\mathrm{d}A = |f(x) - g(x)|\mathrm{d}x;$$

(3) 以 $|f(x) - g(x)|\mathrm{d}x$ 为被积表达式,在区间 $[a, b]$ 上做定积分,即得所求平面图形 $D$ 的面积为

$$A = \int_a^b |f(x) - g(x)| \mathrm{d}x.$$

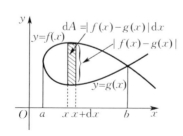
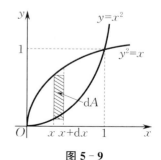

**图 5-8**      **图 5-9**

**例 1** 求由抛物线 $y^2 = x$ 与 $y = x^2$ 所围成平面图形的面积 $A$(见图 5-9).

**解** 根据函数 $y^2 = x, y = x^2$ 求出两条曲线的交点,即解方程组

$$\begin{cases} y^2 = x, \\ y = x^2, \end{cases}$$

可得交点为 $(0,0), (1,1)$.

根据该平面图形的特点,取 $x$ 为积分变量,其取值范围为 $[0,1]$. 在 $[0,1]$ 上任取一个小区间 $[x, x+dx]$,从而得到面积微元为 $dA = (\sqrt{x} - x^2)dx$,以 $(\sqrt{x} - x^2)dx$ 为被积表达式,在 $[0,1]$ 上做定积分,可得

$$A = \int_0^1 (\sqrt{x} - x^2) dx = \left( \frac{2}{3} x^{\frac{3}{2}} - \frac{1}{3} x^3 \right) \Big|_0^1 = \frac{1}{3}.$$

采用以上做法,对于平面图形面积问题,我们有如下更一般的结论.

**平面图形的面积公式** 如果 $y = f(x), y = g(x)$ 为区间 $[a,b]$ 上的连续函数,那么由曲线 $y = f(x), y = g(x)$ 及直线 $x = a, x = b$ 所围成平面图形(见图 5-10)的面积为

$$A = \int_a^b | f(x) - g(x) | dx. \tag{5-4-1}$$

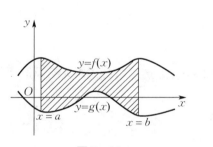

图 5-10

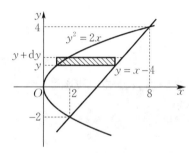

图 5-11

**例 2** 求由抛物线 $y^2 = 2x$ 与直线 $y = x - 4$ 所围成平面图形的面积 $A$(见图 5-11).

**解** 为了定出该平面图形所在的范围,先求出所给抛物线与直线的交点. 解方程组 $\begin{cases} y^2 = 2x, \\ y = x - 4, \end{cases}$ 可得交点为 $(2, -2), (8, 4)$,从而该平面图形在 $y = -2$ 与 $y = 4$ 之间.

根据该平面图形的特点,取 $y$ 为积分变量,其取值范围为 $[-2, 4]$(请思考:为什么不取 $x$ 为积分变量). 在 $[-2, 4]$ 上任取一个小区间 $[y, y+dy]$,从而得到面积微元为 $dA = \left( y + 4 - \frac{1}{2} y^2 \right) dy$,以 $\left( y + 4 - \frac{1}{2} y^2 \right) dy$ 为被积表达式,在 $[-2, 4]$ 上以 $y$ 为积分变量做定积分,可得

$$A = \int_{-2}^{4} \left( y + 4 - \frac{1}{2} y^2 \right) dy = \left( \frac{1}{2} y^2 + 4y - \frac{1}{6} y^3 \right) \Big|_{-2}^{4} = 18.$$

在例 1 和例 2 中,我们根据所求平面图形的特点,选取适当的积分变量,这样可以简便计算. 下面我们给出求由若干条曲线所围成平面图形面积的一般步骤:

(1) 画出草图,在平面直角坐标系中,画出有关曲线,确定平面图形由哪几部分组成;

(2) 求曲线交点的坐标,求解每两条曲线方程所构成的方程组,得到各交点的坐标;

(3) 选择适当的积分变量,确定其取值范围及积分表达式;

(4) 求面积,计算平面图形面积的定积分表达式,得出所求面积.

**2. 平面曲线的弧长**

下面我们将讨论如何利用定积分求一般曲线的弧长问题. 如图 5-12 所示, 求曲线 $y = f(x)$ 在区间 $[a,b]$ 上的弧长 $L_{ab}$, 具体做法如下:

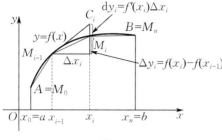

图 5-12

(1) 把区间 $[a,b]$ 分为 $n$ 个小区间, 第 $i$ 个小区间的长度为 $\Delta x_i = x_i - x_{i-1}(i = 1, 2, \cdots, n)$, 其中 $x_0 = a$, $x_n = b$, 相应地, 把曲线 $y = f(x)$ 分为 $n$ 段 $\overgroup{M_{i-1}M_i}$;

(2) 在第 $i$ 个小区间上计算直线段 $M_{i-1}M_i$ 的近似距离. 因为

$$d_{M_{i-1}M_i} = \sqrt{(\Delta x_i)^2 + (\Delta y_i)^2},$$
$$\Delta y_i \approx \mathrm{d}y_i = f'(x_i)\Delta x_i,$$

所以

$$d_{M_{i-1}M_i} \approx \sqrt{(\Delta x_i)^2 + [f'(x_i)\Delta x_i]^2} = \sqrt{1 + [f'(x_i)]^2}\Delta x_i;$$

(3) 令 $\lambda = \max\{\Delta x_1, \Delta x_2, \cdots, \Delta x_n\}$, 求和、取极限 $\lambda \to 0$, 得

$$L_{ab} = \lim_{\lambda \to 0}\sum_{i=1}^{n}\sqrt{1 + [f'(x_i)]^2}\Delta x_i = \int_a^b \sqrt{1 + [f'(x)]^2}\,\mathrm{d}x.$$

通过以上讨论, 我们可以得到如下结论.

**平面曲线的弧长公式** 若函数 $y = f(x)$ 在 $[a,b]$ 上连续可导, 则 $y = f(x)$ 所对应曲线在 $[a,b]$ 上的弧长为

$$L_{ab} = \int_a^b \sqrt{1 + [f'(x)]^2}\,\mathrm{d}x. \tag{5-4-2}$$

**例 3** 计算抛物线 $y^2 = 2px\ (p > 0)$ 在 $[0, c]$ 上的弧长 $L$(见图 5-13).

**解** 由抛物线的对称性及弧长公式, 只需求 $y > 0$ 部分的弧长, 而

$$y = \sqrt{2px},\quad y' = \frac{\sqrt{2p}}{2\sqrt{x}},$$

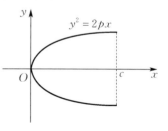

图 5-13

从而所求弧长为

$$L = 2\int_0^c \sqrt{1 + [f'(x)]^2}\,\mathrm{d}x$$

$$= 2\int_0^c \sqrt{1 + \frac{p}{2x}}\,\mathrm{d}x = 2\int_0^c \sqrt{\frac{x + \frac{p}{2}}{x}}\,\mathrm{d}x.$$

由不定积分公式

$$\int \sqrt{\frac{x-a}{x-b}}\,\mathrm{d}x = (x-b)\sqrt{\frac{x-a}{x-b}} + (b-a)\ln(\sqrt{|x-a|} + \sqrt{|x-b|}) + C,$$

令 $b = 0, a = -\dfrac{p}{2}$, 可得

$$L = 2\int_0^c \sqrt{\frac{x+\frac{p}{2}}{x}}\,dx$$

$$= 2\left[x\sqrt{\frac{x+\frac{p}{2}}{x}} + \frac{p}{2}\ln\left(\sqrt{x+\frac{p}{2}}+\sqrt{x}\right)\right]\Big|_0^c$$

$$= 2\sqrt{c^2+\frac{cp}{2}} + p\left[\ln\left(\sqrt{c+\frac{p}{2}}+\sqrt{c}\right) - \ln\sqrt{\frac{p}{2}}\right].$$

**3. 旋转体体积问题**

一平面图形绕此平面中的某条直线旋转一周得到的立体称为**旋转体**,该直线称为**旋转轴**.下面我们将通过定积分计算由连续曲线 $y=f(x)$,直线 $x=a$,$x=b$ 及 $x$ 轴所围成的平面图形绕 $x$ 轴旋转一周得到的旋转体体积(见图 5-14).

取 $x$ 为积分变量,其取值范围为 $[a,b]$.在 $[a,b]$ 上任取一个小区间 $[x,x+dx]$,该小区间对应的窄曲边梯形绕 $x$ 轴旋转一周得到的薄片可以近似看成圆柱体,其底面半径为 $f(x)$,高为 $dx$,所以得到体积微元为

$$dV = \pi f^2(x)dx.$$

根据微元法,该旋转体的体积公式为

$$V = \int_a^b \pi f^2(x)dx. \qquad (5-4-3)$$

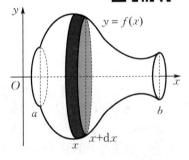

图 5-14

**例 4** 求半径为 $R$ 的球体体积.

**解** 该球体可以看作由曲线 $y=f(x)=\sqrt{R^2-x^2}$,直线 $x=-R$,$x=R$ 及 $x$ 轴所围成的平面图形绕 $x$ 轴旋转一周得到.取 $x$ 为积分变量,其取值范围为 $[-R,R]$.根据公式(5-4-3)可得

$$V_{球} = \int_{-R}^R \pi f^2(x)dx$$

$$= \int_{-R}^R \pi(R^2-x^2)dx$$

$$= \left(\pi R^2 x - \frac{\pi x^3}{3}\right)\Big|_{-R}^R$$

$$= \frac{4}{3}\pi R^3.$$

类似地,由连续曲线 $x=\varphi(y)\geqslant 0$,直线 $y=c$,$y=d$ 及 $y$ 轴所围成的曲边梯形绕 $y$ 轴旋转一周得到的旋转体(见图 5-15)体积为

$$V = \int_c^d \pi \varphi^2(y)dy. \qquad (5-4-4)$$

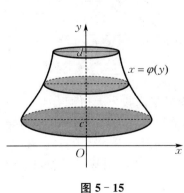

图 5-15

**4. 已知平行截面面积的立体体积**

设有一个立体，夹在两个垂直于 $x$ 轴的平面 $x=a, x=b$ 之间（见图 5-16），垂直于 $x$ 轴的平面与该立体相截所得的截面面积 $A(x)(a \leqslant x \leqslant b)$ 为已知的连续函数. 取 $x$ 为积分变量，其取值范围为 $[a,b]$. 在 $[a,b]$ 上任取一个小区间 $[x, x+\mathrm{d}x]$，位于该小区间上的薄片的体积近似于底面积为 $A(x)$，高为 $\mathrm{d}x$ 的圆柱体的体积，从而得到体积微元为

$$\mathrm{d}V = A(x)\mathrm{d}x.$$

根据微元法，所求立体的体积为

$$V = \int_a^b A(x)\mathrm{d}x. \tag{5-4-5}$$

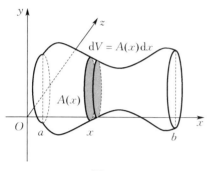

图 5-16

## 三、定积分在经济学中的应用

下面我们将讨论定积分在经济学中的若干应用. 该部分内容包含如下相互独立的问题：收入分配问题，消费者剩余与生产者剩余问题，最大利润问题及连续复利问题等.

**1. 收入分配问题**

《论语·季氏》第 16 篇中孔子曾说过："丘也闻有国有家者，不患寡而患不均，不患贫而患不安."他提出的"不患寡而患不均，不患贫而患不安"的思想对后人的影响很大. 现实生活也告诉我们，收入分配的公平程度对社会安定及人民的幸福感有很大的影响. 经济学中通常用洛伦兹曲线及基尼系数来衡量一个社会收入分配的公平程度.

洛伦兹曲线先将一国人口按收入由低到高排序，然后考虑不同收入的人口百分比所对应的收入百分比，将这样的人口累计百分比和收入累计百分比的对应关系描绘在图形上，即得到洛伦兹曲线（见图 5-17）. 在图 5-17 中，$x$ 轴表示人口累计百分比，$y$ 轴表示收入累计百分比，$y=f(x)$ 称为**洛伦兹曲线**. 如果社会收入绝对平等，那么对应的洛伦兹曲线为 $y=x$，即 5% 的人口拥有 5% 的收入，25% 的人口拥有 25% 的收入，71% 的人口拥有 71% 的收入，等等. 由于收入分配的不公平，实际的洛伦兹曲线一般处于直线 $y=x$ 下方且为凹的. 例如，美国 1997 年统计数据为：20% 的最低收入人口拥有 4% 的收入，20% 的最高收入人口拥有 47% 的收入. 北京大学中国社会科学调查中心发布的《中国民生发展报告 2014》称中国 2012 年顶端 1% 的家庭占有全国三分之一以上的财产，底端 25% 的家庭拥有的财产总量仅在 1% 左右. 尽管这样的数据能够大致反映一个社会的收入分配情况，但是国际上通常用基尼系数来作为一个社会总体收入分配的衡量指标.

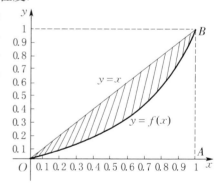

图 5-17

基尼系数，是 20 世纪初意大利经济学家基尼（Gini）根据洛伦兹曲线所定义的判断收入分配公平程度的指标. 是国际上用来综合考察居民内部收入分配差异状况的一个重要分析指标. 在图 5-17 中，由直线 $y=x$ 与曲线 $y=f(x)$ 所围成的平面图形面积（图中阴影部分面积）

越大,则说明收入分配越不公平. 图中阴影部分面积在三角形 $OAB$ 中所占比例称为**基尼系数**. 由于三角形 $OAB$ 的面积为 $\frac{1}{2}$,因此基尼系数为

$$2\int_0^1 [x-f(x)]dx.$$

若该系数越接近 0,则表明收入分配越公平;若越接近 1,则表明收入分配越不公平. 例如,若该系数为 1,则表明最富有的一个人占有了全部的收入. 实际上,要得到洛伦兹曲线 $y=f(x)$ 是非常困难的,该曲线只能通过数据拟合等办法近似估计.

**例 5** 假设通过数据拟合得到某国 1990 年的洛伦兹曲线为 $f(x)=x^{2.6}$,2010 年的洛伦兹曲线为 $f(x)=x^{1.8}$,求该国在 1990,2010 两年的基尼系数并分析该国收入分配的变化情况.

**解** 1990 年的基尼系数为

$$2\int_0^1 [x-f(x)]dx = 2\int_0^1 (x-x^{2.6})dx = 2\left(\frac{1}{2}x^2 - \frac{1}{3.6}x^{3.6}\right)\bigg|_0^1 \approx 0.44.$$

2010 年的基尼系数为

$$2\int_0^1 [x-f(x)]dx = 2\int_0^1 (x-x^{1.8})dx = 2\left(\frac{1}{2}x^2 - \frac{1}{2.8}x^{2.8}\right)\bigg|_0^1 \approx 0.29.$$

以上数据表明,相比于 1990 年,2010 年该国的收入分配更加公平.

**2. 消费者剩余与生产者剩余问题**

下面我们利用定积分讨论经济学中消费者剩余与生产者剩余问题. 设函数 $p=D(x)$ 为市场上某产品的价格-需求函数,$x$ 是所有消费者在产品价格为 $p$ 时对该产品的需求量. 例如,某电视机的价格-需求函数为 $p=1\,000-0.5x$,由此函数可知(忽略具体单位),当该电视机的价格为 $p=500$ 时,需求量为 $x=1\,000$;当该电视机的价格为 $p=400$ 时,需求量为 $x=1\,200$. 对一般商品而言,价格越低需求量越大,所以该函数关于变量 $x$ 是单调减少函数.

如图 5-18 所示,假设某产品当前价格为 $\bar{p}$,在当前价格下,该产品对应的需求量为 $\bar{x}$. 从图 5-18 可知,如果该产品的定价 $p$ 高于当前价格 $\bar{p}$,则其需求量 $x$ 将小于当前需求量 $\bar{x}$. 但是,仍然会有消费者愿意以高于当前价格 $\bar{p}$ 的价格购买该产品. 对于愿意以高于当前价格 $\bar{p}$ 购买该产品的那些消费者,现在能以价格 $\bar{p}$ 购买该产品,则这部分消费者将获得了收益(节约了成本).

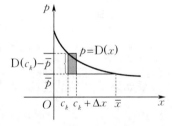

**图 5-18**

下面我们讨论以下问题:那些愿意以价格 $p > \bar{p}$ 购买该产品却能够以价格 $\bar{p}$ 买到该产品的所有消费者,他们总的收益(这里可以理解为节约的钱)是多少? 就单个消费者而言:例如,某消费者对某品牌手机的可接受价格为 6 000 元,如果当前该品牌手机的价格为 4 500 元,那么该消费者获得的收益为 1 500 元,称为该消费者的剩余.

所谓**消费者剩余**,就是所有消费者的剩余之和. 为了计算出消费者剩余,利用定积分思想,将区间 $[0,\bar{x}]$ 等分为 $n$ 份,每个区间的长度为 $\Delta x = \frac{\bar{x}}{n}$. 对于不同的 $c_k \in [0,\bar{x}]$,其对应的可接受价格 $p=D(c_k)$ 不同. 在区间 $[c_k, c_k+\Delta x]$ 上,该部分的消费者剩余应该近似等于

$$[D(c_k)-\bar{p}]\Delta x \quad (k=1,2,\cdots,n),$$

其值等于图 5-18 中矩形面积；在 $[0,\bar{x}]$ 上，所有消费者剩余应该近似等于
$$[D(c_1)-\bar{p}]\Delta x+[D(c_2)-\bar{p}]\Delta x+\cdots+[D(c_n)-\bar{p}]\Delta x.$$
令 $n\to\infty$，即得在当前价格 $\bar{p}$ 下，消费者剩余（记作 CS）为
$$CS=\int_0^{\bar{x}}[D(x)-\bar{p}]dx.$$

与价格-需求函数对应的是价格-供给函数. 对于生产者而言，价格越高，供给量越大. 设某产品的价格-供给函数为 $p=S(x)$，其中 $p$ 为产品价格，$x$ 为产品的供给量. 假设当前价格为 $\bar{p}$，对应的供给量为 $\bar{x}$. 如果价格 $p<\bar{p}$，某些生产者仍然愿意生产部分产品，那么对于这些生产者而言，当前价格高于其愿意供给的价格，所以获得了收益. 所有生产者在当前价格 $\bar{p}$ 下获得的收益总和称为**生产者剩余**. 采用和前面消费者剩余一样的处理方法，我们可以得到生产者剩余（记作 PS）为
$$PS=\int_0^{\bar{x}}[\bar{p}-S(x)]dx.$$

综上所述，若某产品的价格-需求函数为 $p=D(x)$［见图 5-19(a)］，价格-供给函数为 $p=S(x)$［见图 5-19(b)］，$\bar{p},\bar{x}$ 分别为当前产品价格及产量，则在当前状况下的消费者剩余与生产者剩余分别为
$$CS=\int_0^{\bar{x}}[D(x)-\bar{p}]dx,$$
$$PS=\int_0^{\bar{x}}[\bar{p}-S(x)]dx.$$

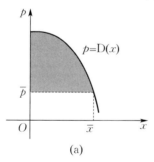
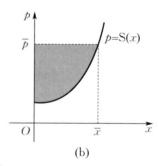

图 5-19

如果某产品的价格-需求函数与价格-供给函数分别为 $p=D(x),p=S(x)$，$(p^*,x^*)$ 是方程组 $\begin{cases}p=S(x),\\p=D(x)\end{cases}$ 的解，那么分别称 $p^*,x^*$ 为该产品的**均衡价格**、**均衡数量**.

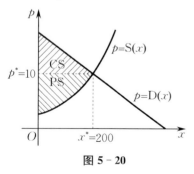

图 5-20

**例6** 假设某产品的价格-需求函数及价格-供给函数分别为 $p=D(x)=20-0.05x$，$p=S(x)=2+0.0002x^2$，求该产品的均衡价格与均衡数量，并求出相应的消费者剩余与生产者剩余（见图 5-20）.

**解** 联立方程组
$$\begin{cases}p=D(x)=20-0.05x,\\p=S(x)=2+0.0002x^2,\end{cases}$$

可得 $x_1^* = 200, x_2^* = -450$(舍去). 代入原方程组,得$(p^*, x^*) = (10, 200)$,相应的消费者剩余与生产者剩余分别为

$$CS = \int_0^{x^*} [D(x) - p^*] dx = \int_0^{200} (10 - 0.05x) dx = 1\,000,$$

$$PS = \int_0^{x^*} [p^* - S(x)] dx = \int_0^{200} (8 - 0.000\,2x^2) dx \approx 1\,067.$$

**3. 最大利润问题**

若已知边际成本、边际收入,欲求最大利润,仍可以用定积分进行计算.

**例 7** 已知生产某产品 $x$(单位:百台)的边际成本函数为 $C'(x) = 3 + \frac{1}{3}x$(单位:万元/百台),边际收入函数为 $R'(x) = 7 - x$(单位:万元/百台).

(1) 若固定成本 $C(0) = 2$ 万元,求成本函数、收入函数和利润函数;
(2) 求当产量为 2 百台时的成本、收入和利润;
(3) 当产量从 2 百台增加到 3 百台时,求成本、收入和利润的增量;
(4) 当产量为多少时,利润最大?最大利润是多少?

**解** (1) 成本函数(单位:万元)为

$$C(x) = C(0) + \int_0^x C'(t) dt = 2 + \int_0^x \left(3 + \frac{1}{3}t\right) dt = 2 + 3x + \frac{1}{6}x^2,$$

收入函数(单位:万元)为

$$R(x) = \int_0^x R'(t) dt = \int_0^x (7 - t) dt = 7x - \frac{1}{2}x^2,$$

利润函数(单位:万元)为

$$L(x) = R(x) - C(x) = -2 + 4x - \frac{2}{3}x^2.$$

(2) $C(2) = \frac{26}{3}$(万元), $R(2) = 12$(万元), $L(2) = \frac{10}{3}$(万元).

(3) 当产量从 2 百台增加到 3 百台时,成本、收入和利润的增量分别为

$$\Delta C = C(3) - C(2) = \frac{23}{6}(万元),$$

$$\Delta R = R(3) - R(2) = \frac{9}{2}(万元),$$

$$\Delta L = L(3) - L(2) = \frac{2}{3}(万元).$$

(4) $L'(x) = \left(-2 + 4x - \frac{2}{3}x^2\right)' = 4 - \frac{4}{3}x.$

令 $L'(x) = 0$,解得 $x = 3$,由于 $L''(x) = -\frac{4}{3} < 0$,所以当 $x = 3$(百台)时,利润最大,最大利润为 $L(3) = 4$(万元).

**4. 连续复利、现金流及现值计算**

在前面讨论极限 $\lim\limits_{x \to \infty} \left(1 + \frac{1}{x}\right)^x = e$ 时,曾介绍了连续复利计息的问题. 设现在投入本金

$A_0$,年利率为 $r$. 若一年分 $n$ 期计息,由于连续复利计息,则 $x$ 年后的本利和为

$$A = \lim_{n \to \infty} A_0 \left(1 + \frac{r}{n}\right)^{nx} = A_0 e^{rx}.$$

由上式可得 $A_0 = A e^{-rx}$,即对年利率为 $r$ 的连续复利,要在 $x$ 年达到本利和 $A$,现在的投资值(本利和现值)应为 $A_0 = A e^{-rx}$. 依此公式,若取 $r = 0.06$,要使本利和一年后达到 500 元,二年后达到 1 000 元,三年后达到 2 000 元,则本利和现值应分别为

$$500 e^{-0.06} \approx 470.88(\text{元}),$$
$$1\,000 e^{-0.06 \times 2} \approx 886.92(\text{元}),$$
$$2\,000 e^{-0.06 \times 3} \approx 1\,670.54(\text{元}).$$

以上问题是属于离散现金流的现值计算问题. 在实际中,我们还常需考虑连续现金流的现值计算问题.

设连续现金流(收入、利润、投资额等)为每年 $f(t)$ 元,这是个定义在某时间段 $[a,b]$ 上的函数. 对该时间段内的某一时刻 $t$ 和很小的时间间隔 $\Delta t$,积累的本利和约等于 $f(t)\Delta t$ 元. 现在我们来讨论时间段 $[a,b]$ 上,现金流函数 $y = f(t)$ 的现值 $P$ 的计算公式.

在 $[a,b]$ 上任取一个小时段 $[t, t + \Delta t]$,本利和为 $f(t)\Delta t$,则其现值微元应为

$$\Delta P = e^{-rt} f(t) \Delta t,$$

于是

$$P = \int_a^b e^{-rt} f(t) \, dt.$$

**例 8** 设收入现金流为 $f(t) = 8\,000$ 元/年,年利率(连续复利)$r = 0.1$,$a = 5$ 年,$b = 15$ 年,计算其现值 $P$.

**解** $P = \int_5^{15} 8\,000 e^{-0.1t} dt = \dfrac{8\,000}{-0.1} e^{-0.1t} \bigg|_5^{15} = \dfrac{8\,000}{0.1} (e^{-0.5} - e^{-1.5}) = 30\,672.04(\text{元}).$

**例 9** 某企业投资 1 000 万元,获得某大桥的过桥收费权,期限为 20 年. 假如在这 20 年中该企业收取的过桥费是均匀的,收入现金流为 $f(t) = 200$ 万元/年,按年利率为 5% 的连续复利计算,求投资净收入的现值和投资回收期.

**解** 已知 $f(t) = 200$ 万元/年,$r = 0.05$,$a = 0$,$b = 20$ 年,投资收入的现值为

$$P = \int_a^b e^{-rt} f(t) \, dt = \int_0^{20} 200 e^{-0.05t} dt = -\frac{200}{0.05} e^{-0.05t} \bigg|_0^{20}$$
$$= 4\,000(1 - e^{-1}) \approx 2\,528.48(\text{万元}),$$

所以投资净收入的现值为 $2\,528.48 - 1\,000 = 1\,528.48$(万元).

投资回收期是指收入的现值等于投资值所需要的时间长度. 设回收期为 $c$ 年,则

$$1\,000 = \int_0^c 200 e^{-0.05t} dt = -\frac{200}{0.05} e^{-0.05t} \bigg|_0^c = 4\,000(1 - e^{-0.05c}),$$

可解得 $c = -20 \ln \dfrac{3}{4} \approx 5.75$ 年.

■■■■ 小结 ■■■■

本节介绍了定积分在几何学、经济学上的一些应用.其目的不仅是提供一些简单的应用公式,还希望通过对本节的学习,能够深刻理解定积分的定义,能够举一反三,能够掌握针对不同的问题构造各种形式的定积分的方法.要做到这点,尤其需要深刻理解并能熟练运用微元法.

■■■■ 应用导学 ■■■■

本节给出的一些公式可以直接用于求解某些具体问题.例如,我们可以通过求平面图形面积的公式求椭圆面积、不规则平面图形的面积;或利用求旋转体体积的公式求椭球体、圆锥体的体积.

**习题 5-4**

**1.** 求由下列曲线所围成平面图形的面积:

(1) $y=\dfrac{1}{x}, y=x, y=0, x=3$;

(2) $y=\dfrac{1}{x}, y=x, y=2$;

(3) $y=x^2, y=2+x$;

(4) $y=x^2, y=\sqrt{x}$;

(5) $y=x^2, y=18-x^2$.

**2.** 求下列曲线的弧长:

(1) 曲线 $y=\ln x$ 在区间 $[\sqrt{3},\sqrt{8}]$ 上的弧;

(2) 抛物线 $y=\dfrac{1}{2}x^2$ 在区间 $[-1,1]$ 上的弧.

**3.** 求由椭圆 $\dfrac{x^2}{a^2}+\dfrac{y^2}{b^2}=1$ 绕 $x$ 轴旋转一周得到的椭球体的体积.

**4.** 假设国家统计局根据统计数据拟合得到 1989 年、2010 年的洛伦兹曲线分别为

$$f(x)=\dfrac{3}{10}x+\dfrac{4}{5}x^2, \quad g(x)=\dfrac{1}{2}x+\dfrac{7}{12}x^2.$$

求 1989 年、2010 年的基尼系数,并根据所得结果比较这两年的收入分配情况.

**5.** 给定以下价格-需求函数及价格-供给函数,求在均衡价格下的消费者剩余与生产者剩余:

价格-需求函数 $p=D(x)=25-0.004x^2$;

价格-供给函数 $p=S(x)=5+0.004x^2$.

**6.** 设某产品的边际收入函数为 $R'(x)=9-x$(单位：万元／万台)，边际成本函数为 $C'(x)=4+\dfrac{x}{4}$(单位：万元／万台)，其中产量 $x$ 以万台为单位．

(1) 试求当产量由 4 万台增加到 5 万台时利润的增量；

(2) 当产量为多少时利润最大？

(3) 已知固定成本为 1 万元，求成本函数和利润函数．

**7.** 求由曲线 $y=\dfrac{4}{x}$，直线 $y=x$ 及 $y=4x$ 在第一象限中所围成平面图形的面积．

**8.** 求由曲线 $y=\sqrt{x^2-1}$，直线 $x=2$ 及 $x$ 轴所围成平面图形绕 $x$ 轴旋转一周得到的旋转体体积．

**9.** 设位于曲线 $y=\dfrac{1}{\sqrt{x(1+\ln^2 x)}}$ ($\mathrm{e}\leqslant x<+\infty$) 下方，$x$ 轴上方的无界区域为 $G$，求 $G$ 绕 $x$ 轴旋转一周得到的空间区域的体积．

## 知识网络图

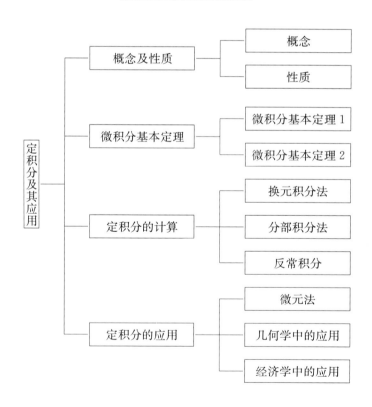

## 总习题五（A类）

1. 填空题：

(1) $d\left[\int_{x^2}^{-1} \ln(1+t^2)dt\right] = $ _____；

(2) 函数 $f(x) = \dfrac{1}{\sqrt{4-x^2}}$ 在区间 $[0,1]$ 上的均值为 _____；

(3) 已知函数 $f(x)$ 在区间 $[0,2]$ 上连续，且 $\int_0^2 f(x)dx = 6$，则 $f(x)$ 在区间 $[0,2]$ 上的均值为 _____．

2. 判断题：

(1) $\dfrac{d}{dx}\left(\int_x^0 \sin t^2 dt\right) = -\sin x^2$；　　　　　　　　　　　　　　　　（　　）

(2) $\dfrac{d}{dx}\left(\int_0^{x^2} \sin t\, dt\right) = 2x\sin x^2$；　　　　　　　　　　　　　　　（　　）

(3) $\dfrac{d}{dx}\left(\int_x^{x^2} \sin t\, dt\right) = 2x\sin x^2 - \sin x$；　　　　　　　　　　（　　）

(4) $\dfrac{d}{dx}\left(\int_a^x f(t)dt\right) = f(x) - f(a)$．　　　　　　　　　　　　　　（　　）

3. 某自行车公司生产某品牌自行车，该公司研发部门估计的边际成本函数为
$$C'(x) = 900 - \dfrac{x}{5}, \quad 0 \leqslant x \leqslant 1\,500,$$
其中成本函数 $C(x)$ 的单位为元，$x$ 的单位为辆/月．该公司现在的产量为 500 辆/月，现公司拟扩大生产规模到 1 500 辆/月．建立适当的定积分计算以下问题：

(1) 该公司因扩大生产所增加的成本；

(2) 该公司扩大生产规模后的成本；

(3) 该公司未扩大生产规模时每辆自行车的平均价格；

(4) 该公司扩大生产规模后每辆自行车的平均价格；

(5) 该公司扩大生产规模部分每辆自行车的平均价格（即 $500 < x \leqslant 1500$ 部分）．

4. 求下列定积分：

(1) $\int_0^{\frac{\pi}{2}} 2\cos\left(2x - \dfrac{\pi}{2}\right)dx$；

(2) $\int_1^{e^2} \dfrac{1}{x\sqrt[4]{1+\ln x}}dx$；

(3) $\int_0^4 \dfrac{x^2}{(1+x^3)^{11}}dx$；

(4) $\int_0^{\frac{\pi}{2}} \dfrac{\cos x}{e^{\sin^2 x}}dx$；

(5) $\int_{-\pi}^{\pi} \sin x \cos^3 x\, dx$；

(6) $\int_0^3 \dfrac{1}{(1+x)\sqrt{x}}dx$；

(7) $\int_1^4 x e^{2x}dx$；

(8) $\int_{e^2}^e x(\ln^2 x + 1)dx$．

5. 求由曲线 $y = \sin x$，$y = \cos x$ 与直线 $x = 0, x = \dfrac{3\pi}{2}$ 所围成平面图形的面积．

6. 求由曲线 $y = x^2$ 与 $y = 8 - x^2$ 所围成平面图形的面积.

7. 求由曲线 $y = x^2 - 4x + 5$ 与直线 $x = 3, x = 5, y = 0$ 所围成平面图形的面积.

8. 求由曲线 $4y^2 = x$ 与直线 $x + y = \dfrac{3}{2}$ 所围成平面图形的面积.

9. 设生产某产品的固定成本为 $C_0 = 25$ 万元,当产量为 $q$(单位:百件)时的边际成本函数(单位:万元/百件)为 $C'(q) = 2q - 5$,边际收入函数(单位:万元/百件)为 $R'(q) = 145 - 4q$.
(1) 求利润函数 $L(q)$;
(2) 当产量 $q$ 为多少时利润最大?并求出获得最大利润时的成本和平均成本.

## 总习题五（B类）

1. 选择题:
(1) 如图 5-21 所示,连续函数 $y = f(x)$ 在 $[-3, -2]$,$[2, 3]$ 上的图形分别是直径为 1 的上、下半圆周,在 $[-2, 0]$,$[0, 2]$ 上的图形分别是直径为 2 的下、上半圆周.设函数 $F(x) = \displaystyle\int_0^x f(t) \mathrm{d}t$,则下列结论正确的是( );

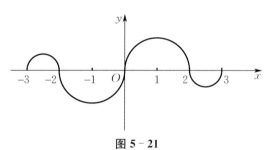

图 5-21

A. $F(3) = -\dfrac{3}{4} F(-2)$  
B. $F(3) = \dfrac{5}{4} F(2)$  
C. $F(-3) = -\dfrac{3}{4} F(2)$  
D. $F(-3) = -\dfrac{5}{4} F(-2)$

(2) 设函数 $f(x)$ 在 $[-1, 1]$ 上连续,则 $x = 0$ 是函数 $g(x) = \dfrac{\displaystyle\int_0^x f(t) \mathrm{d}t}{x}$ 的( );

A. 跳跃间断点　　B. 可去间断点　　C. 无穷间断点　　D. 振荡间断点

(3) 如图 5-22 所示,曲线段方程为 $y = f(x)$,若函数 $f(x)$ 在区间 $[0, a]$ 上有连续导数,则定积分 $\displaystyle\int_0^a x f'(x) \mathrm{d}x$ 等于( );

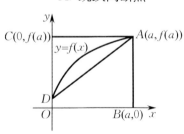

图 5-22

A. 曲边梯形 $ABOD$ 的面积  
B. 梯形 $ABOD$ 的面积  
C. 曲边三角形 $ACD$ 的面积  
D. 三角形 $ACD$ 的面积

(4) 使不等式 $\int_1^x \frac{\sin t}{t} dt > \ln x$ 成立的 $x$ 的取值范围是( );

A. $(0,1)$            B. $\left(1, \frac{\pi}{2}\right)$

C. $\left(\frac{\pi}{2}, 2\right)$       D. $(\pi, +\infty)$

(5) 设函数 $y=f(x)$ 在 $[-1,3]$ 上的图形如图 5-23 所示,则函数 $F(x) = \int_0^x f(t)dt$ 的图形为( ).

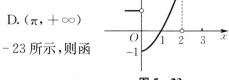

图 5-23

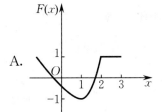
A.

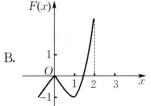
B.

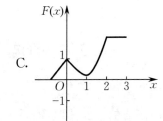
C.

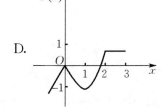
D.

(6) 设 $I = \int_0^{\frac{\pi}{4}} \ln(\sin x)dx, J = \int_0^{\frac{\pi}{4}} \ln(\cot x)dx, K = \int_0^{\frac{\pi}{4}} \ln(\cos x)dx$,则 $I, J, K$ 的大小关系是( ).

A. $I < J < K$     B. $I < K < J$     C. $J < I < K$     D. $K < J < I$

2. 填空题:

(1) 设函数 $f(x) = \begin{cases} xe^{x^2}, & -\frac{1}{2} \leq x < \frac{1}{2}, \\ -1, & x \geq \frac{1}{2}, \end{cases}$ 则 $\int_{\frac{1}{2}}^{2} f(x-1)dx = $ _____;

(2) 设 $f\left(x + \frac{1}{x}\right) = \frac{x + x^3}{1 + x^4}$,则 $\int_2^{2\sqrt{2}} f(x)dx = $ _____;

(3) 设可导函数 $y = y(x)$ 由方程 $\int_0^{x+y} e^{-t^2}dt = \int_0^x x\sin t^2 dt$ 所确定,则 $\left.\frac{dy}{dx}\right|_{x=0} = $ _____;

(4) $\int_1^{+\infty} \frac{\ln x}{(1+x)^2}dx = $ _____;

(5) 设 $\int_0^a xe^{2x}dx = \frac{1}{4}$,则 $a = $ _____.

3. 设函数 $f(x), g(x)$ 在 $[a,b]$ 上连续,且满足
$$\int_a^x f(t)dt \geq \int_a^x g(t)dt, \quad x \in [a,b], \quad \int_a^b f(t)dt = \int_a^b g(t)dt.$$

证明:$\int_a^b x f(x) \mathrm{d}x \leqslant \int_a^b x g(x) \mathrm{d}x$.

4. 设函数 $f(x), g(x)$ 在 $[0,1]$ 上的导数连续,且 $f(0)=0, f'(x) \geqslant 0, g'(x) \geqslant 0$. 证明:对于任意 $a \in [0,1]$,有
$$\int_0^a g(x) f'(x) \mathrm{d}x + \int_0^1 f(x) g'(x) \mathrm{d}x \geqslant f(a) g(1).$$

5. 设 $f(x)$ 是周期为 2 的连续函数. 证明:

(1) 对于任意实数 $t$,有 $\int_t^{t+2} f(x) \mathrm{d}x = \int_0^2 f(x) \mathrm{d}x$;

(2) $G(x) = \int_0^x \left[ 2f(t) - \int_t^{t+2} f(s) \mathrm{d}s \right] \mathrm{d}t$ 是周期为 2 的周期函数.

6. 设函数 $f(x)$ 在 $[0,3]$ 上连续,在 $(0,3)$ 内存在二阶导数,且
$$2f(0) = \int_0^2 f(x) \mathrm{d}x = f(2) + f(3).$$

证明:

(1) 存在 $\eta \in (0,2)$,使得 $f(\eta) = f(0)$;

(2) 存在 $\xi \in (0,3)$,使得 $f''(\xi) = 0$.

7. (1) 比较 $\int_0^1 |\ln t| [\ln(1+t)]^n \mathrm{d}t$ 与 $\int_0^1 t^n |\ln t| \mathrm{d}t (n=1,2,\cdots)$ 的大小,并说明理由;

(2) 设函数 $u_n = \int_0^1 |\ln t| [\ln(1+t)]^n \mathrm{d}t \ (n=1,2,\cdots)$,求极限 $\lim_{n \to \infty} u_n$.

8. 设 $D$ 是由曲线 $y = x^{\frac{1}{3}}$,直线 $x=a(a>0)$ 及 $x$ 轴所围成的平面图形,$V_x, V_y$ 分别是 $D$ 绕 $x$ 轴,$y$ 轴旋转一周得到的旋转体体积. 若 $V_y = 10 V_x$,求 $a$ 的值.

9. 求极限 $\lim\limits_{x \to +\infty} \dfrac{\int_1^x [t^2(\mathrm{e}^{\frac{1}{t}} - 1) - t] \mathrm{d}t}{x^2 \ln\left(1 + \dfrac{1}{x}\right)}$.

10. 设函数 $f(x), g(x)$ 在区间 $[a,b]$ 上连续,且 $f(x)$ 单调增加,$0 \leqslant g(x) \leqslant 1$. 证明:

(1) $0 \leqslant \int_a^x g(t) \mathrm{d}t \leqslant x - a, x \in [a,b]$;

(2) $\int_a^{a + \int_a^b g(t) \mathrm{d}t} f(x) \mathrm{d}x \leqslant \int_a^b f(x) g(x) \mathrm{d}x$.

# 习题参考答案

## 习题 1-1

1. $y = \begin{cases} 8.90, & x < 8, \\ 8.90 + 1.20(x-8), & 8 \leqslant x < 16, \\ 8.90 + 1.20 \times 8 + 1.80(x-16), & x \geqslant 16. \end{cases}$

2. $R(x) = \begin{cases} 3a, & x \geqslant a, \\ 3x - 1.1(a-x), & x < a. \end{cases}$

3. $L(x) = R(x) - C(x) = \begin{cases} -\dfrac{1}{2}x^2 + 3x - 2, & 0 \leqslant x \leqslant 4, \\ 6 - x, & x > 4. \end{cases}$

   这个函数的定义域为 $[0, +\infty)$.

4. (1) $L(x) = 5x - 2\,000$；(2) 400 单位.

5. (1) 9 件； (2) 9 元； (3) 因为 $L(2) < 0$.

## 习题 1-2

1. (1) 0； (2) 2； (3) 1； (4) 1.

2. (1) 单调增加,有界,极限为 $\dfrac{2}{3}$；  (2) 单调减少,无界,极限不存在；
   (3) 不单调,有界,极限不存在；  (4) 不单调,无界,极限不存在.

3. $\lim\limits_{x \to 0} f(x)$ 不存在. 提示:因为 $\lim\limits_{x \to 0^-} f(x) = \lim\limits_{x \to 0^-}(x+1) = 1$, $\lim\limits_{x \to 0^+} f(x) = \lim\limits_{x \to 0^+} x = 0$,即有 $\lim\limits_{x \to 0^-} f(x) \neq \lim\limits_{x \to 0^+} f(x)$.

4. $\lim\limits_{x \to 0} f(x) = 1$. 提示: $x = 0$ 是函数的分段点,两个单侧极限分别为
   $$\lim\limits_{x \to 0^-} f(x) = \lim\limits_{x \to 0^-}(1-x) = 1, \quad \lim\limits_{x \to 0^+} f(x) = \lim\limits_{x \to 0^+}(x^2+1) = 1,$$
   可知左、右极限存在且相等.

5. $\lim\limits_{x \to 0} \dfrac{|x|}{x}$ 不存在.

6. $\lim\limits_{x \to 0} f(x)$ 不存在. 提示: $\lim\limits_{x \to 0^+} f(x) = -1$, $\lim\limits_{x \to 0^-} f(x) = 1$.

## 习题 1-3

1. (1) 是； (2) 不是； (3) 是.

183

2. (1) 是； (2) 是； (3) 是； (4) 不是.

3. (1) ∞； (2) 0.

## 习题 1-4

1. (1) 不正确； (2) 不正确； (3) 不正确.

2. (1) 解法不正确,结果正确； (2) 解法不正确,结果正确； (3) 解法不正确,结果正确.

3. (1) $-\dfrac{8}{5}$； (2) $\dfrac{2}{3}$； (3) $\dfrac{1}{3}$； (4) $\dfrac{1}{4}$； (5) $-1$； (6) $\infty$； (7) 1； (8) 1.

## 习题 1-5

1. 1, 3.

2. (1) A； (2) B.

3. (1) $\dfrac{2}{5}$； (2) $x$； (3) $\dfrac{3}{5}$； (4) 0； (5) $\dfrac{1}{e}$； (6) $e^2$； (7) $te^{2t}$；

   (8) e； (9) $e^3$； (10) $\cos a$； (11) $-\dfrac{3}{5}$； (12) 1； (13) $e^{\frac{b-c}{a}}$； (14) $\dfrac{1}{e^3}$.

4. 20 年后的本利和为 6 640 元.

5. 初始投资是 67 667.70 元.

## 习题 1-6

1. 同阶,等价.

2. 否.

3. (1) 0； (2) $\dfrac{1}{\ln a}$； (3) $\ln 2$； (4) $\dfrac{1}{2}$； (5) 3； (6) 2； (7) $-2$；

   (8) 1； (9) $-\sin 2a$； (10) $\dfrac{2}{3}$； (11) $\dfrac{1}{3}$； (12) $e^3$.

## 习题 1-7

1. (1) $x = 1$ 为第一类间断点, $x = 2$ 为第二类间断点；
   (2) $x = a$ 为第一类间断点.

2. 连续,连续区间为 $(-\infty, +\infty)$.

3. $a = 1, b = 3$.

4. $k = \dfrac{3}{2}$.

5. (1) 0； (2) $\sqrt{2}$； (3) 1； (4) $\dfrac{\pi}{4}$； (5) $-\dfrac{2}{\pi}$； (6) 1.

## 习题 1-8

1. ~ 2. 略.

## 总习题一(A 类)

1. (1) D； (2) C； (3) A； (4) D； (5) C.
2. (1) (1,2)； (2) $y = u^2, u = \arctan v, v = x^2 + x - 1$；
   (3) $\dfrac{3}{2}$； (4) $f(1) = 3$； (5) $\ln 6$.
3. $\dfrac{1}{2}$.
4. $\dfrac{6}{5}$.
5. $n = 1\,993, a = \dfrac{1}{1\,993}$.
6. $a = 1, b = -1$.
7. 0.
8. $\dfrac{1}{e} + 1$.
9. $a = 2, b \in \mathbf{R}$.
10. $f(x)$ 在点 $x = 0$ 处仅右连续,不左连续,连续区间为 $(-\infty, 0)$ 和 $(0, +\infty)$.
11. (1) $x = 1$ 为第一类间断点, $x = -4$ 为第二类间断点；
    (2) $x = 0$ 为第一类间断点.
12. $\dfrac{1}{2}$.
13. 略. 提示:利用夹逼准则.
14. 略. 提示:利用零点定理.
15. $R(x) = \begin{cases} 500x, & 0 \leqslant x \leqslant 800, \\ 400\,000 + 450(x - 800), & 800 < x \leqslant 1\,000, \\ 490\,000, & x > 1\,000. \end{cases}$
16. 该种商品有两个盈亏平衡点: $x_1 = 2, x_2 = 6$. 当 $x < 2$ 时亏损,当 $2 < x < 6$ 时盈利,而当 $x > 6$ 时又转为亏损.
17. 提示: $L(p) = R(p) - C(p) = -900(p - 30)^2 + 90\,000$.
    由于利润是一个二次函数,容易求得,当价格 $p = 30$ 元时,利润 $L = 90\,000$ 元为最大利润. 在此价格下,销售量为
    $$Q = -900 \times 30 + 45\,000 = 18\,000 (单位).$$
18. 初始投资为 424 元.

## 总习题一(B 类)

1. (1) A； (2) A； (3) D； (4) B； (5) C； (6) D； (7) D； (8) C； (9) C.
2. (1) 2； (2) 1； (3) 0； (4) 1.
3. 补充定义 $f(1) = \dfrac{1}{\pi}$.

## 习题 2-1

1. $f'(0) = \dfrac{1}{2}$.

2. $-f'(x_0)$.

3. (1) 切线方程 $x + y - \pi = 0$,法线方程 $x - y - \pi = 0$; (2) $\left(\dfrac{\pi}{3}, \dfrac{\sqrt{3}}{2}\right)$.

4. $v = 6$ m/s.

5. 连续,不可导.

6. 不连续,不可导.

7. $a = 2, b = -1$.

## 习题 2-2

1. (1) $6x - 2e^x + 4$;    (2) $5^x \ln 5 + \dfrac{1}{x^2} + \dfrac{2}{x}$;

   (3) $xe^x(x\ln x + 2\ln x + 1)$;    (4) $\dfrac{1}{x(1-\ln x)^2}$.

2. (1) $2\sin x + x\cos x$;    (2) $\cot x(1 - \csc x) - x\csc^2 x$;

   (3) $-\dfrac{1}{\sqrt{1-x^2}}$;    (4) $-\dfrac{1 + 2x\operatorname{arccot} x}{(1+x^2)^2}$.

3. (1) $\sqrt{2}$;    (2) $\dfrac{3}{2}$;    (3) $\ln 3$.

## 习题 2-3

1. (1) $-\dfrac{3}{4}\sin x \cos\dfrac{x}{2}$;    (2) $\dfrac{1}{\sin x}$;

   (3) $2xe^{\sin x^2}\cos x^2$;    (4) $\dfrac{x}{(x^2+1)\sqrt{\ln(x^2+1)}}$.

2. (1) $3(10 - 16x)(4 - 2x)^2(3x + 5)^4$;    (2) $n\sin^{n-1} x \cdot \cos(n+1)x$;

   (3) $xe^{-2x}(2\sin 3x - 2x\sin 3x + 3x\cos 3x)$;    (4) $\dfrac{x\arccos x}{\sqrt{(1-x^2)^3}} - \dfrac{1}{1-x^2}$;

   (5) $\dfrac{1-2x^2}{\sqrt{1-x^2}} + \dfrac{1}{2\sqrt{x-x^2}}$.

3. $e^{f(x)}[f'(e^x)e^x + f(e^x)f'(x)]$.

## 习题 2-4

1. (1) $\dfrac{y - 2x}{2y - x}$;    (2) $-\dfrac{e^y}{1 + xe^y}$;    (3) $\dfrac{x + y}{x - y}$;    (4) $-\dfrac{e^y + ye^x}{e^x + xe^y}$.

2. $-1$.

3. (1) $\dfrac{(1-x)^5\sqrt{x+2}}{(2x+1)^4}\left[\dfrac{5}{x-1}+\dfrac{1}{2(x+2)}-\dfrac{8}{2x+1}\right]$;

(2) $(\cos x)^{\ln x}\left(\dfrac{1}{x}\ln\cos x-\tan x\ln x\right)$.

4. (1) $-\dfrac{1}{3\mathrm{e}^{2t}}$;  (2) $\dfrac{t}{2}$.

## 习题 2-5

1. (1) $6-\dfrac{1}{x^2}-\mathrm{e}^x$;  (2) $2\mathrm{e}^{-x}\sin x$;

(3) $2\arctan x+\dfrac{2x}{1+x^2}$;  (4) $-\dfrac{x}{(1+x^2)^{\frac{3}{2}}}$.

2. (1) $\mathrm{e}^x(n+x)$;  (2) $(-1)^n\dfrac{(n-2)!}{x^{n-1}}$ $(n\geqslant 2)$.

3. (1) $-\dfrac{x^2+y^2}{y^3}$;  (2) $-\dfrac{\sin y}{(1-\cos y)^3}$.

## 习题 2-6

1. (1) $\left[\dfrac{2}{x-1}\ln(1-x)+3^x\ln 3\right]\mathrm{d}x$;

(2) $\left[-\mathrm{e}^x(\cos x+\sin x)+\dfrac{1}{2}\sec^2\dfrac{x}{2}\right]\mathrm{d}x$.

2. (1) $\dfrac{y}{y-1}\mathrm{d}x$;  (2) $\dfrac{y}{y-x}\mathrm{d}x$;

(3) $\dfrac{\mathrm{e}^{x+y}-y}{x-\mathrm{e}^{x+y}}\mathrm{d}x$.

3. $\Delta y=0.030\,2, \mathrm{d}y=0.03, \Delta y-\mathrm{d}y=0.000\,2$.

4. (1) 0.99;  (2) 2.001 7;  (3) $-0.005$;  (4) 0.95;  (5) 0.008 7.

## 总习题二(A 类)

1. (1) C;  (2) D;  (3) C;  (4) B;  (5) B.

2. 连续,不可导.

3. $f'_-(0)=f'_+(0)=1$;可导.

4. (1) $\dfrac{1}{x^2}\tan\dfrac{1}{x}+\mathrm{e}^{-x}\left[\arctan\sqrt{x}+\dfrac{1}{2\sqrt{x}(1+x)}\right]$;

(2) $\dfrac{\mathrm{e}^x}{\sqrt{1+\mathrm{e}^{2x}}}$;  (3) $-\dfrac{1}{x^2}\left(\mathrm{e}^{\tan\frac{1}{x}}\sec^2\dfrac{1}{x}+\mathrm{e}^{\frac{1}{x}}\sec^2\mathrm{e}^{\frac{1}{x}}\right)$;

(4) $(\ln x)^x(\ln x+1)$;  (5) $\dfrac{\cos t-\sin t}{\sin t+\cos t}$;

(6) $\dfrac{1}{3}\sqrt[3]{\dfrac{1-x}{\sqrt[5]{x^2+2}}}\left[\dfrac{1}{x-1}-\dfrac{2x}{5(x^2+2)}\right]$.

5. ~ 6. 略.

7. $4x - 8y - 1 = 0$.

8. 略.

9. $-2.8$ km/h.

10. $0.25$ m²/s, $0.004$ m/s.

11. (1) $\left(\ln x + 1 - \dfrac{x}{\sqrt{1-x^2}}\right)dx$;      (2) $\dfrac{2(\cos 2x - e^{2x}\cos 2x + e^{2x}\sin 2x)}{(1-e^{2x})^2}dx$;

    (3) $\dfrac{2x^2 + y - xe^y}{x(xe^y - \ln x)}dx$;      (4) $\dfrac{1-y\sqrt{1-(x+y)^2}}{x\sqrt{1-(x+y)^2}-1}dx$.

12. $0.3$ m³.

## 总习题二(B类)

1. (1) D;   (2) C;   (3) C;   (4) D;   (5) B;   (6) C;   (7) D.

2. (1) $\lambda > 2$;   (2) $4a^6$;   (3) $\dfrac{(-1)^n 2^n n!}{3^{n+1}}$;   (4) $y = -2x$;   (5) 4;   (6) $-2$;   (7) $\dfrac{1}{e}$.

3. $\dfrac{1}{\ln 2} - 1 < k < \dfrac{1}{2}$.

## 习题 3-1

1. 略.

2. 验证略, $\xi = -\dfrac{\sqrt{3}}{3}$.

3. ~ 5. 略.

## 习题 3-2

1. (1) 1;   (2) $\dfrac{1}{6}$;   (3) $-\dfrac{1}{8}$;   (4) 1;   (5) 3;   (6) 0.

2. (1) 1;   (2) $\dfrac{1}{2}$;   (3) 0.

3. (1) 1;   (2) $e^{-\frac{1}{2}}$;   (3) e;   (4) 1;   (5) 1;   (6) $\dfrac{1}{2}$.

4. 略.

## 习题 3-3

1. 略.

2. (1) 在 $(-\infty, -1], [2, +\infty)$ 上单调增加，在 $[-1, 2]$ 上单调减少；

    (2) 在 $(-\infty, 0], [1, +\infty)$ 上单调增加，在 $[0, 1]$ 上单调减少；

    (3) 在 $(-\infty, +\infty)$ 上单调增加；

    (4) 在 $\left(-\infty, \dfrac{1}{2}\right]$ 上单调减少，在 $\left[\dfrac{1}{2}, +\infty\right)$ 上单调增加；

(5) 在 $(-\infty,0),(0,+\infty)$ 上单调增加;

(6) 在 $[0,1]$ 上单调增加,在 $[1,2]$ 上单调减少.

3. 略.

4. (1) 极大值为 $y\left(\dfrac{3}{2}\right)=\dfrac{27}{16}$;

(2) 极小值为 $y(0)=0$;

(3) 极小值为 $y(1)=0$,极大值为 $y(e^2)=\dfrac{4}{e^2}$;

(4) 极大值为 $y\left(\dfrac{3}{4}\right)=\dfrac{5}{4}$;

(5) 无极值;

(6) 极大值为 $y\left(\dfrac{\pi}{4}+2k\pi\right)=\dfrac{\sqrt{2}}{2}e^{\frac{\pi}{4}+2k\pi}$,

极小值为 $y\left(\dfrac{\pi}{4}+(2k+1)\pi\right)=-\dfrac{\sqrt{2}}{2}e^{\frac{\pi}{4}+(2k+1)\pi}\ (k\in \mathbf{Z})$.

5. (1) 最大值为 $y(4)=80$,最小值为 $y(-1)=-5$;

(2) 最大值为 $y\left(\dfrac{3}{4}\right)=\dfrac{5}{4}$,最小值为 $y(-3)=-1$;

(3) 最大值为 $y\left(\dfrac{\pi}{4}\right)=\sqrt{2}$,最小值为 $y\left(\dfrac{5\pi}{4}\right)=-\sqrt{2}$.

6. 底圆半径为 $\sqrt[3]{\dfrac{V}{2\pi}}$ 时用料最省,这时底圆直径与高的比为 $1:1$.

7. 矩形的宽为 $\dfrac{l+a}{4}$ 时围成的场地面积最大.

8. 把水下输油管建在到炼油厂 11 km 的地方.

## 习题 3-4

1. 略.

2. (1) 在 $\left(-\infty,\dfrac{1}{2}\right]$ 上曲线是凸的,在 $\left[\dfrac{1}{2},+\infty\right)$ 上曲线是凹的,$\left(\dfrac{1}{2},\dfrac{13}{2}\right)$ 为拐点;

(2) 在 $(-\infty,0)$ 上曲线是凸的,在 $(0,+\infty)$ 上曲线是凹的,没有拐点;

(3) 在 $(-\infty,-1]$ 和 $[1,+\infty)$ 上曲线是凸的,在 $[-1,1]$ 上曲线是凹的,拐点为 $(-1,\ln 2),(1,\ln 2)$;

(4) 在 $[\pi,2\pi]$ 上曲线是凹的,没有拐点;

(5) 在 $(-\infty,-1)$ 上曲线是凸的,在 $(-1,+\infty)$ 上曲线是凹的,没有拐点;

(6) 在 $(-\infty,2]$ 上曲线是凸的,在 $[2,+\infty)$ 上曲线是凹的,拐点为 $(2,2e^{-2})$.

3. $a=-\dfrac{3}{2},b=\dfrac{9}{2}$.

## 习题 3-5

1. (1) 水平渐近线 $y=1$,垂直渐近线 $x=0$;

(2) 水平渐近线 $y = 1$；

(3) 垂直渐近线 $x = 0$ 及 $x = 2$，斜渐近线 $y = 3x + 6$.

2. 略.

## 习题 3-6

1. (1) $C'(x) = 450 + 0.04x$；

   (2) $L(x) = 40x - 0.02x^2 - 2\,000, L'(x) = 40 - 0.04x$；

   (3) 1 000 件.

2. $\eta(1) = \dfrac{1}{3}, \eta(2) = 1, \eta(3) = 3$.

3. 140 单位.

4. 50 吨，300 元／吨.

5. (1) $R(x) = 280x - 0.4x^2 (0 < x < 700)$；

   (2) $L(x) = -x^2 + 280x - 2\,000$；

   (3) 140 台；   (4) 17 600 元；   (5) 224 元／台.

6. (1) $Q'(4) = -8$，它表示价格为 4 时，再上涨 1 个价格单位，需求量将减少 8 单位；

   (2) $\eta(4) = 0.54$，它表示当价格为 4 时，价格再上涨 1%，需求量将减少 0.54%；

   (3) 收入将增加 0.46%；   (4) 收入将减少 0.85%；

   (5) 当 $p = 5$ 时，收入最大.

## 总习题三（A 类）

1. (1) B；(2) A；(3) A；(4) D.

2. (1) $\sqrt{3}$；   (2) 增加；   (3) $-2$；   (4) $(\ln 3 - \ln 2)p$.

3. (1) √；(2) ×；(3) √；(4) √；(5) ×.

4. $\dfrac{1}{3}$.

5. 1.

6. 凹区间为 $\left(-\infty, -\dfrac{1}{2}\right)$ 及 $(3, +\infty)$，凸区间为 $\left(-\dfrac{1}{2}, 3\right)$，拐点为 $\left(-\dfrac{1}{2}, \dfrac{215}{16}\right)$，$(3, -148)$.

7. 极大值为 $y(e) = e^{\frac{1}{e}}$.

8. 半径：桶高 $= 1 : 2$.

9. 130 单位.

10. 140 单位.

11. ～ 13. 略.

## 总习题三（B 类）

1. (1) C；(2) D；(3) B；(4) B；(5) A；(6) D；(7) D；

(8) A；　(9) C；　(10) B；　(11) C；　(12) C；　(13) C；　(14) D；
(15) D；　(16) C；　(17) B；　(18) A；　(19) C；　(20) C；　(21) D.

2. (1) $1,-4$；　(2) $\frac{3}{2}e$；　(3) $e^{-\sqrt{2}}$；　(4) $-\frac{1}{2}$；

   (5) 6；　(6) 3；　(7) $(1+3x)e^{3x}$；　(8) 8 000；

   (9) $40-4p$；　(10) $y=4x-3$；　(11) $2e$；　(12) $(\pi,-2)$.

3. 略.

4. (1) $\frac{4}{3}$；　(2) $\frac{3}{2}$；　(3) $-\frac{1}{6}$；　(4) 1；　(5) $-\frac{1}{2}$；　(6) $\frac{1}{12}$；　(7) $e^{\frac{1}{3}}$.

5. (1) $\eta=\frac{p}{20-p}$；　(2) 推导略,当 $10<p<20$ 时,降低价格反而使得收入增加.

6. ~ 7. 略.

8. 在点 $(1,1)$ 处附近是凸的.

9. ~ 11. 略.

12. $n=2, a=7$.

13. (1) $L'(p)=-2\,000p+80\,000$；
    (2) $L'(50)=-20\,000$, 它表示在 $p=50$ 元/件时,价格再提高 1 元/件,总利润将减少 20 000 元；
    (3) $p=40$ 元/件.

14. 略.

15. $a=-1, b=-\frac{1}{2}, k=-\frac{1}{3}$.

16. (1) 略；　(2) $p=30$.

17. $a=1, b=1$.

18. 证明略. 提示:利用单调有界定理证明收敛. $\lim\limits_{n\to\infty} x_n=0$.

19. $f'(x)=\begin{cases}2x^{2x}(\ln x+1), & x>0,\\ e^x(x+1), & x\leqslant 0,\end{cases}$ $f(x)$ 有极小值 $f\left(\frac{1}{e}\right)=e^{\frac{2}{e}}, f(-1)=1-\frac{1}{e}$, 无极大值.

## 习题 4-1

1. (1) $x+\frac{2}{3}x^3+C$；　(2) $\frac{2^x}{\ln 2}+\frac{1}{3}x^3+C$；　(3) $\frac{2}{3}x^{\frac{3}{2}}-2x^{\frac{1}{2}}+C$；

   (4) $\frac{3}{5}x^{\frac{5}{3}}+C$；　(5) $\frac{1}{3}x^3+2x-\frac{1}{x}+C$；　(6) $\frac{8}{15}x^{\frac{15}{8}}+C$；

   (7) $\frac{e^x 3^{2x}}{1+2\ln 3}+C$；　(8) $-\cot t-t+C$；　(9) $\sin x-\cos x+C$.

2. $y=\ln|x|+1$.

3. $F(t)=t^2+3t$.

## 习题 4-2

1. (1) $-\dfrac{1}{22}(3-2x)^{11}+C$;  (2) $-\dfrac{1}{2}\ln|5-2x|+C$;

   (3) $-\dfrac{3}{2}(7-x)^{\frac{2}{3}}+C$;  (4) $-\dfrac{1}{3}\cos(3x+5)+C$;

   (5) $-\dfrac{1}{\ln x}+C$;  (6) $-\mathrm{e}^{\frac{1}{x}}+C$;

   (7) $-\sqrt{1-x^2}+C$;  (8) $\dfrac{1}{8}\ln|x^8-2|+C$;

   (9) $\arctan \mathrm{e}^x+C$;  (10) $\mathrm{e}^{2\sqrt{x}}+C$;

   (11) $\ln\left|\dfrac{x}{1+x}\right|+C$;  (12) $\dfrac{1}{2}\sec^2 x+\ln|\cos x|+C.$

2. (1) $\dfrac{5}{6}(x+3)^{\frac{6}{5}}+C$;

   (2) $\dfrac{3}{2}\sqrt[3]{(x+1)^2}-3\sqrt[3]{x+1}+3\ln|1+\sqrt[3]{x+1}|+C$;

   (3) $\dfrac{6}{7}x\sqrt[6]{x}-\dfrac{6}{5}\sqrt[6]{x^5}+2\sqrt{x}-6\sqrt[6]{x}+6\arctan\sqrt[6]{x}+C$;

   (4) $\arcsin x - \dfrac{1-\sqrt{1-x^2}}{x}+C$;

   (5) $\dfrac{x}{\sqrt{1+x^2}}-\dfrac{x^3}{3\sqrt{(1+x^2)^3}}+C$;

   (6) $2\sqrt{1+\mathrm{e}^x}+2\ln(\sqrt{1+\mathrm{e}^x}-1)-x+C.$

## 习题 4-3

1. (1) $-x\cos x+\sin x+C$;  (2) $\dfrac{1}{4}x^4\ln x-\dfrac{1}{16}x^4+C$;

   (3) $x\ln(1+x^2)-2x+2\arctan x+C$;  (4) $-\mathrm{e}^{-x}(x^2+2x+2)+C$;

   (5) $-\dfrac{1+\ln x}{x}+C$;  (6) $-\dfrac{\mathrm{e}^{-x}}{2}(\sin x+\cos x)+C$;

   (7) $x\ln^2 x-2x\ln x+2x+C$;  (8) $x\arctan x-\dfrac{1}{2}\ln(1+x^2)+C$;

   (9) $\dfrac{\ln|\sec x+\tan x|}{2}+\dfrac{\sec x\tan x}{2}+C.$

2. $\cos x-\dfrac{2\sin x}{x}+C.$

## 习题 4-4

(1) $\dfrac{x^3}{3}+\dfrac{x^2}{2}+x+\ln|x-1|+C$;

(2) $\dfrac{\ln|1+x|}{3} - \dfrac{\ln(1-x+x^2)}{6} + \dfrac{1}{\sqrt{3}}\arctan\dfrac{2x-1}{\sqrt{3}} + C$;

(3) $\dfrac{1}{2}\ln(x^2-2x+5) + \arctan\dfrac{x-1}{2} + C$;

(4) $\dfrac{2}{3}\ln|x+2| - \dfrac{3}{2}\ln|x+1| + \dfrac{5}{6}\ln|x-1| + C$;

(5) $\ln|x| - \ln\sqrt{x^2+1} + C$;

(6) $3\ln|x| - \ln|x-1| - 2\ln|x+1| + C$.

## 总习题四（A 类）

1. (1) $-\dfrac{1}{3}e^{-x^3} + C$;  (2) $\dfrac{1}{2}\arcsin x^2 + C$;  (3) $4e^{-2x}$;  (4) $F(e^x) + C$.

2. (1) √;  (2) ×;  (3) √;  (4) ×;  (5) ×;  (6) ×.

3. (1) $\dfrac{2}{5}x^{\frac{5}{2}} + \dfrac{1}{2}x^2 + 8x^{\frac{1}{2}} + C$;  (2) $\dfrac{1}{3}x^3 - x + \arctan x + C$;

   (3) $\ln|x| + \arctan x + C$;  (4) $e^x + \dfrac{x^{e+1}}{e+1} + e^e x + C$;

   (5) $\dfrac{1}{2}(x - \sin x) + C$;  (6) $-4\cot x + C$;

   (7) $\dfrac{1}{2}x^2 + 3x + 3\ln|x| - \dfrac{1}{x} + C$;  (8) $e^x + x + C$;

   (9) $-\dfrac{1}{x} - \arctan x + C$.

4. (1) $-\dfrac{2}{5}(2-x)^{\frac{5}{2}} + C$;  (2) $\dfrac{1}{10-4x} + C$;

   (3) $\ln(1+x^2) + C$;  (4) $\dfrac{1}{3}(x^2-3)^{\frac{3}{2}} + C$;

   (5) $\dfrac{1}{3}\ln^3 x + C$;  (6) $\ln|e^x - 1| + C$;

   (7) $\dfrac{1}{2}\arctan\dfrac{x}{2} + C$;  (8) $\sin x - \dfrac{2}{3}\sin^3 x + \dfrac{1}{5}\sin^5 x + C$;

   (9) $\ln|\csc 2x - \cot 2x| + C$.

5. (1) $\dfrac{2}{5}(x-1)^{\frac{5}{2}} + \dfrac{2}{3}(x-1)^{\frac{3}{2}} + C$;  (2) $\sqrt{2x-1} - \ln(\sqrt{2x-1}+1) + C$;

   (3) $\dfrac{x}{\sqrt{1-x^2}} + C$;  (4) $\dfrac{\arctan x}{2} + \dfrac{x}{2(1+x^2)} + C$;

   (5) $2\ln(\sqrt{1+e^x} - 1) - x + C$;  (6) $2(\sqrt{x} - \arctan\sqrt{x}) + C$;

   (7) $\dfrac{a^2}{2}\arcsin\dfrac{x}{a} - \dfrac{x}{2}\sqrt{a^2-x^2} + C$;  (8) $-\dfrac{\sqrt{(a^2-x^2)^3}}{3a^2 x^3} + C$.

6. (1) $x\ln(x^2-1) - 2x - \ln\left|\dfrac{x-1}{x+1}\right| + C$;  (2) $-xe^{-x} - e^{-x} + C$;

(3) $\frac{1}{3}x^3\arctan x - \frac{1}{6}x^2 + \frac{1}{6}\ln(1+x^2) + C$;

(4) $\frac{1}{4}x^4\ln^2 x - \frac{1}{8}x^4\ln x + \frac{1}{32}x^4 + C$;

(5) $\ln x(\ln\ln x) - \ln x + C$;  (6) $x\arcsin x + \sqrt{1-x^2} + C$;

(7) $\frac{x}{2}(\sin\ln x - \cos\ln x) + C$;  (8) $3e^{\sqrt[3]{x}}(\sqrt[3]{x^2} - 2\sqrt[3]{x} + 2) + C$;

(9) $\frac{1}{2}x^2\arccos x + \frac{1}{4}\arcsin x - \frac{1}{4}x\sqrt{1-x^2} + C$.

7. (1) $\frac{1}{2}x^2 - 4x + 16\ln|x+4| + C$;

(2) $\frac{1}{6}\ln\left|\frac{x-4}{x+2}\right| + C$;

(3) $\ln(x^2+4x+5) - 3\arctan(x+2) + C$;

(4) $\ln\left|\frac{x}{x+2}\right| - \frac{3}{x+2} + C$;

(5) $\ln\left|\frac{x+1}{x+2}\right| + \frac{1}{x+2} + C$;

(6) $\ln|x-1| + \ln|x^2+2x+2| - 3\arctan(x+1) + C$.

8. $C(x) = x^2 + 10x + 20$.

9. $R(x) = 78x - 0.6x^2$.

### 总习题四（B 类）

1. $x\ln\left(1+\sqrt{\frac{1+x}{x}}\right) + \frac{1}{2}\ln(\sqrt{1+x}+\sqrt{x}) - \frac{\sqrt{x}}{2(\sqrt{1+x}+\sqrt{x})} + C$.

2. $2(\sqrt{x}\arcsin\sqrt{x} + \sqrt{1-x} + \sqrt{x}\ln x - 2\sqrt{x}) + C$.

3. $e^x \arcsin\sqrt{1-e^{2x}} - \sqrt{1-e^{2x}} + C$.

### 习题 5-1

1. (1) 16;  (2) 30;  (3) $\frac{136}{3}$;  (4) $\frac{80}{3}$;  (5) $\frac{589.5}{3}$;  (6) $\frac{220.5}{3} + 3\cos a$.

2. (1) 12;  (2) 0;  (3) $8\pi$;  (4) 4.

### 习题 5-2

1. (1) $-1$;  (2) 4;  (3) 1;  (4) $\frac{b^{n+1}-a^{n+1}}{n+1}$;

(5) $\frac{10}{3}$;  (6) $\frac{e+e^{-1}-2}{2}$;  (7) $\frac{44}{3}$;  (8) $\frac{\pi}{2} - 1$.

2. (1) 第一年内折价: $V(0) - V(12) = \int_{12}^{0} V'(t)\mathrm{d}t = \int_{12}^{0} 5(t-24)\mathrm{d}t = 1\,080$(元);

(2) 第二年内折价：$V(12)-V(24)=\int_{24}^{12}V'(t)\mathrm{d}t=\int_{24}^{12}5(t-24)\mathrm{d}t=360(元)$.

3. 从开始使用计时 $t=0$，第 2 年年末到第 8 年年初对应的时间区间为 $[2,7]$，所以从第 2 年年末到第 8 年年初的维护费用应该为 $M(7)-M(2)$. 由已知条件得
$$M(7)-M(2)=\int_2^7 M'(t)\mathrm{d}t=\int_2^7[100t^2+50\,000]\mathrm{d}t=\frac{783\,500}{3}(元).$$

4. $\bar{P}=\dfrac{\int_{200}^{300}5\,000(3-\mathrm{e}^{0.002x})\mathrm{d}x}{300-200}=50(3x-500\mathrm{e}^{0.002x})\bigg|_{200}^{300}$
$=50[300-500(\mathrm{e}^{0.6}-\mathrm{e}^{0.4})]\approx 6\,742(元).$

5. (1) $\sin ax$；　　(2) $\sin^{\frac{2}{3}}(ax)$；　　(3) $2x\sin^{\frac{2}{3}}(ax^2)$；　　(4) $\mathrm{e}^x$；
(5) $\mathrm{e}^{x^2}$；　　(6) $\mathrm{e}^{x^2}-2x\mathrm{e}^{x^4}$；　　(7) $\mathrm{e}^{2x}\ln x^2$；　　(8) $1$.

6. $\dfrac{1}{2}$.

7. $2$.

## 习题 5-3

1. (1) $1$；　　(2) $1$；　　(3) $\dfrac{\pi}{6}-\dfrac{\sqrt{3}}{8}$；　　(4) $\dfrac{3}{2}(2\sqrt[3]{2}-1)$；　　(5) $0$；
(6) $\dfrac{1}{2}\left(\dfrac{1}{\mathrm{e}^4}-\dfrac{1}{\mathrm{e}^{16}}\right)$；　　(7) $0$；　　(8) $\dfrac{3\pi}{4}$；　　(9) $1-2\ln 2$；　　(10) $\dfrac{2}{5}$.

2. (1) $2\mathrm{e}^3$；　　(2) $\dfrac{2}{\mathrm{e}}-\dfrac{4}{\mathrm{e}^3}$；　　(3) $\dfrac{1}{2}\left(\dfrac{1}{2}\mathrm{e}^2-\dfrac{3}{2}\mathrm{e}^4\right)$；
(4) $\dfrac{5}{4}\mathrm{e}^4-\dfrac{1}{4}\mathrm{e}^2$；　　(5) $\dfrac{3+\sqrt{3}}{20}\mathrm{e}^{\pi}-\dfrac{3}{10}$；　　(6) $\dfrac{\pi}{4}-\dfrac{1}{2}$.

3. $\dfrac{1}{2}\ln 3$.

4. $\ln 2$.

5. $\dfrac{\pi^3}{2}$.

6. $-\dfrac{1}{18}$.

## 习题 5-4

1. (1) $\dfrac{1}{2}+\ln 3$；　　(2) $\dfrac{3}{2}-\ln 2$；　　(3) $\dfrac{9}{2}$；
(4) $\dfrac{1}{3}$；　　(5) $72$.

2. (1) $1+\dfrac{1}{2}\ln\dfrac{3}{2}$；　　(2) $\dfrac{1}{2}\ln\dfrac{\sqrt{2}+1}{\sqrt{2}-1}+\sqrt{2}$.

3. $\dfrac{4}{3}\pi ab^2$.

4. 1989年的基尼系数：$2\int_0^1 \left(x - \frac{3}{10}x - \frac{4}{5}x^2\right)dx = \frac{1}{6} \approx 0.1667$；

2010年的基尼系数：$2\int_0^1 \left(x - \frac{1}{2}x - \frac{7}{12}x^2\right)dx = \frac{1}{9} \approx 0.1111$.

该结果表明，2010年的收入分配公平情况比1989年稍微好一些.

5. $p^* = 15, x^* = 50$，

$$CS = \int_0^{x^*}[D(x) - p^*]dx = \int_0^{50}(25 - 0.004x^2 - 15)dx \approx 333.3;$$

$$PS = \int_0^{x^*}[p^* - S(x)]dx = \int_0^{50}(15 - 5 - 0.004x^2)dx \approx 333.3.$$

6. (1) $-\frac{5}{8}$ 万元；　　(2) 4 万台；

(3) $C(x) = \int_0^x C'(t)dt + C_0 = \int_0^x \left(4 + \frac{t}{4}\right)dt + 1 = \frac{1}{8}x^2 + 4x + 1$,

$L(x) = \int_0^x L'(t)dt - C_0 = \int_0^x \left(5 - \frac{5}{4}t\right)dt - 1 = 5x - \frac{5}{8}x^2 - 1$.

7. $4\ln 2$.

8. $\frac{4}{3}\pi$.

9. $\frac{\pi^2}{4}$.

## 总习题五（A 类）

1. (1) $-2x\ln(1+x^4)dx$；　(2) $\frac{\pi}{6}$；　(3) 3.

2. (1) √；　(2) √；　(3) √；　(4) ×.

3. (1) $\int_{500}^{1500}\left(900 - \frac{1}{5}x\right)dx = 700\,000(元)$；

(2) $\int_0^{1500}\left(900 - \frac{1}{5}x\right)dx = 1\,125\,000(元)$；

(3) $\dfrac{\int_0^{500}\left(900 - \frac{1}{5}x\right)dx}{500} = 850(元)$；

(4) $\dfrac{\int_0^{1500}\left(900 - \frac{1}{5}x\right)dx}{1\,500} = 750(元)$；

(5) $\dfrac{\int_{500}^{1500}\left(900 - \frac{1}{5}x\right)dx}{1\,000} = 700(元)$.

4. (1) 2；　　(2) $\frac{4}{3}(3^{\frac{3}{4}} - 1)$；　　(3) $\frac{1}{30}\left(1 - \frac{1}{65^{10}}\right)$；　　(4) $1 - \frac{1}{e}$；

(5) 0；　(6) $\frac{2\pi}{3}$；　　(7) $\frac{7}{4}e^8 - \frac{1}{4}e^2$；　　(8) $\frac{3}{4}e^2 - \frac{9}{4}e^4$.

5. $4\sqrt{2}-2$.

6. $\dfrac{64}{3}$.

7. $\dfrac{32}{3}$.

8. $\dfrac{125}{96}$.

9. (1) $L(q)=-3q^2+150q-25$; (2) $q=25$ 百件, $C=525$ 万元, $\overline{C}=21$ 万元/百件.

## 总习题五(B 类)

1. (1) C; (2) B; (3) C; (4) A; (5) D; (6) B.

2. (1) $-\dfrac{1}{2}$; (2) $\dfrac{1}{2}\ln 3$; (3) $-1$; (4) $\ln 2$; (5) $\dfrac{1}{2}$.

3. ~ 6. 略.

7. (1) $\int_0^1 |\ln t| [\ln(1+t)]^n \mathrm{d}t < \int_0^1 t^n |\ln t| \mathrm{d}t$; (2) 0.

8. $a=7\sqrt{7}$.

9. $\dfrac{1}{2}$.

10. 略.

# 参考文献

[1] 同济大学数学系.高等数学:上[M].7版.北京:高等教育出版社,2014.
[2] 吴赣昌.微积分:经管类:上[M].5版.北京:中国人民大学出版社,2017.
[3] 赵树嫄.微积分[M].4版.北京:中国人民大学出版社,2016.
[4] 陈文灯,杜之韩.微积分:上[M].北京:高等教育出版社,2006.
[5] 王中兴,刘新和,黄敢基.高等数学:上[M].北京:北京大学出版社,2019.